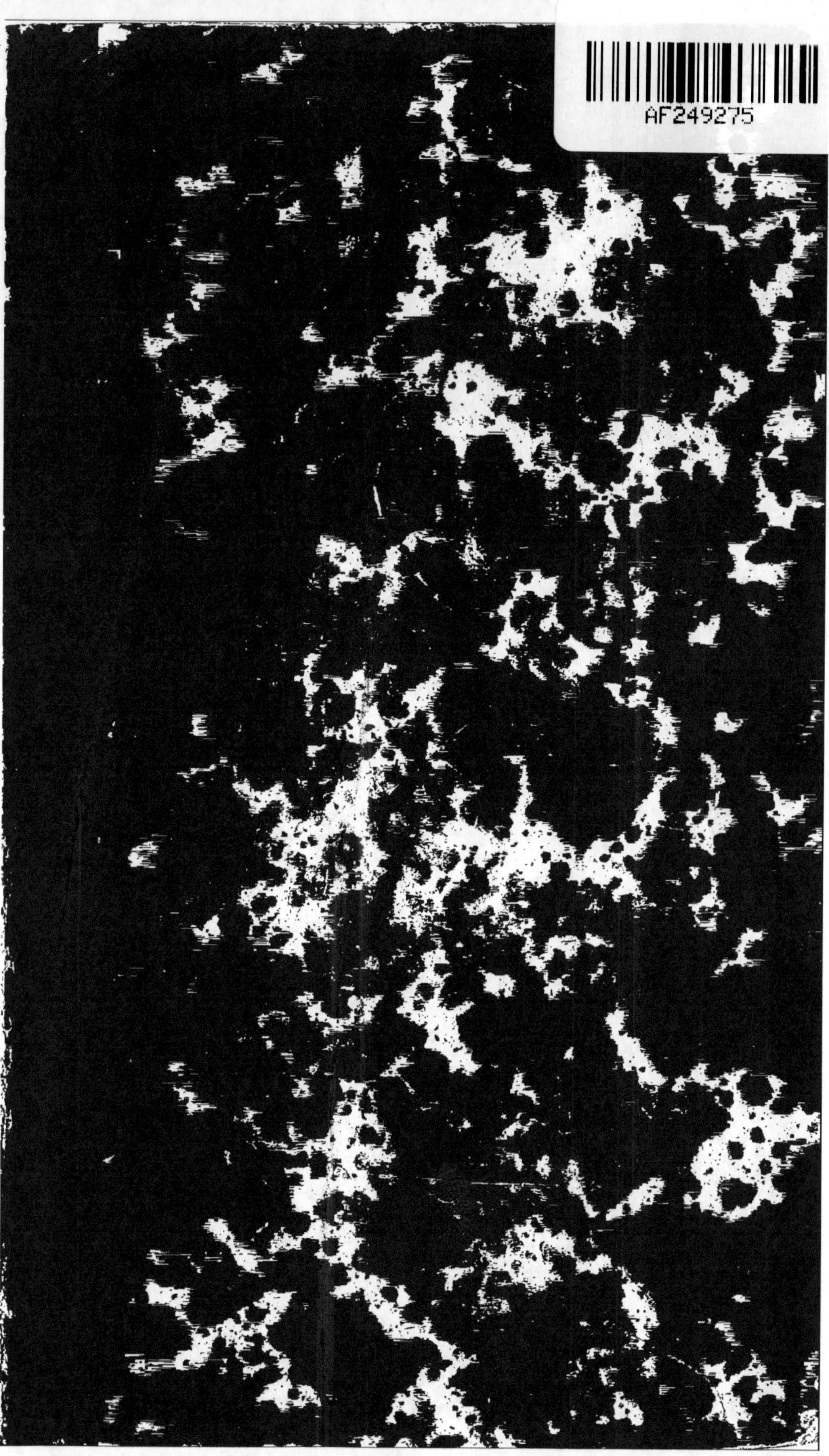
AF249275

COURS COMPLET

DE

PHYSIOLOGIE.

TOME SECOND.

DE L'IMPRIMERIE DE CH.-F. PATRIS,

RUE DE LA COLOMBE, QUAI DE LA CITÉ.

COURS COMPLET

DE

PHYSIOLOGIE;

OUVRAGE POSTHUME

DE J.-C.-M.-G. DE GRIMAUD,

CONSEILLER-MÉDECIN ORDINAIRE DU ROI,

PROFESSEUR EN MÉDECINE A L'UNIVERSITÉ
DE MONTPELLIER.

TOME SECOND.

PARIS,

MÉQUIGNON-MARVIS, Libraires, rue de l'École de
Médecine, n° 3, près celle de la Harpe.

1818.

Tous les exemplaires qui ne seront pas revêtus de ma signature seront réputés contrefaits; je déclare en conséquence que je poursuivrai les contrefacteurs et débitants de contrefaçons, suivant toute la rigueur des lois.

LEÇONS

DE PHYSIOLOGIE.

TRAITÉ D'ANGIOLOGIE.

LEÇON PREMIÈRE.

Du cœur.

Nous avons parlé des mouvements musculaires par lesquels l'animal agit sur les objets qui l'environnent, et s'ordonne par rapport à ces objets. Ces mouvements, comme nous l'avons dit, sont réglés par les sensations que l'animal doit à l'exercice de ses sens externes, ou plutôt au jugement qu'il porte sur ses sensations externes, ainsi que nous le dirons ensuite. Nous passons maintenant aux fonctions internes qui se rapportent au corps d'une manière exclusive. Ces fonctions sont réglées par le sens vital intérieur, dont les actes ne nous affectent que d'une manière confuse, vague, indéterminée, et ne peuvent pas devenir le sujet de la réflexion et de la conscience. Et quoique ces deux sens, le sens interne et le sens externe, paraissent différents d'abord par la différence des objets sur lesquels ils s'appliquent, et aussi parce que leurs actes respectifs ne les affectent pas de la même manière, cependant ils dépendent essentiellement d'un seul et même principe; car, comme nous l'avons dit plusieurs fois, la raison de l'existence d'un animal, la raison de l'ordre, du concert, de l'harmonie qui règne dans toutes ses fonctions, ne peut être que dans l'unité et la simplicité d'un principe qui contient en soi l'idée de ses fonctions, et qui est appliqué sans relâche à les diriger et à les produire.

La circulation dont nous allons parler d'abord, se fait par des mouvements bien évidemment musculaires, et des mouvements toniques; et ces deux mouvements, comme nous l'avons déjà dit, sont absolument de même ordre : ils agissent également sur la matière, pour la déplacer, pour changer ses rapports de situation et de distance, et non pas pour porter atteinte à sa qualité intérieure ou constitutive. Ces deux mouvements, le mouvement évidemment musculaire, et le mouvement simplement tonique, ne diffèrent que par des nuances et par différents degrés d'intensité.

Un usage bien évident de la circulation, ou du mouvement progressif du sang et des humeurs, c'est de porter et de distribuer le suc nourricier sur tous les points de la masse du corps, dont ces sucs doivent opérer la réparation et la nutrition. Ce mouvement progressif contribue aussi avec beaucoup d'avantage à la conservation des humeurs, en les présentant successivement aux différents organes secrétoires qui sont dispersés çà et là sur toute la masse du corps, et dont l'action non interrompue, dépouille les humeurs des sucs hétérogènes et étrangers qui s'y développent habituellement. Il ne faut pas croire cependant avec Stahl, que cette dépuration des humeurs par le mécanisme des organes secrétoires, soit le seul moyen de conservation qui soit au pouvoir de la nature. Nous avons reconnu dans la nature vivante, une force dont l'action se déploie pleinement sur toute la masse de la matière. Cette force pénétrante et intérieure que nous avons appelée avec les anciens, force digestive, cette force diffuse dans toute l'habitude du corps, arrête et fixe dans l'état de santé ses qualités naturelles, par des moyens que nous ne pouvons absolument comprendre, parce que nous sommes réduits, par notre manière de voir et de sentir, à n'agir que sur des surfaces; et cette force, diversement altérée dans l'état maladif, frappe les parties qu'elle anime d'un caractère de dépravation spécifique; caractère de dépravation qui devient l'objet le plus intéressant de l'étude du médecin, et qui sert plus qu'aucune autre circonstance, à marquer l'espèce réelle des maladies.

Le cœur, les artères et les veines, sont les principaux instruments de la circulation; je dis les principaux instruments, car il n'est pas douteux que le tissu spongieux n'y contribue aussi, et que le sang ne s'épanche habituellement dans différentes portions de ce tissu spongieux, lesquelles doivent dès-lors, contribuer à ce mouvement progressif. Les artères et les veines communiquent entr'elles par des anastomoses répétées, comme nous le verrons; et une des principales utilités de ces anastomoses multipliées, c'est de lier entr'elles, d'une manière plus intime, toutes les parties du système artériel et veineux, et de les subordonner également à l'action du cœur qui, par une irradiation toujours soutenue, anime et vivifie toutes les parties du système vasculaire.

Le cœur est donc le foyer ou le centre du système vasculaire, et c'est par lui que nous allons commencer.

Nous devons observer d'abord que le cœur présente une figure bien différente dans les différentes espèces d'animaux. Ainsi dans la plupart des insectes, dans la chenille, dans le ver à soie, dans la mouche, les scarabées, le cœur, ou plutôt l'organe qui répond au cœur des animaux plus parfaits, n'est qu'un tuyau cylindrique resserré par des espèces de brides d'espace en espace. Ce tuyau suit toute la longueur du corps et ne fournit point de vaisseaux, en sorte que dans ces animaux le mouvement des humeurs se fait dans un seul canal, et se fait sans doute par des ondulations alternatives, et qui se répètent en sens contraires. Dans une classe très-nombreuse d'animaux, dans toute la classe des polypes, selon MM. Trembley, Bonnet et Rosel, dans tous les animaux observés par Hill, on ne trouve rien que l'on puisse assimiler au cœur ni aux vaisseaux, et l'organisation de ces animaux paraît se réduire à un seul et unique intestin. Ces faits d'anatomie comparée, sont intéressants relativement à l'importance que l'on a attachée à la circulation, que l'on a regardée comme une fonction mère, de laquelle toutes les autres dépendent nécessairement, tandis que cette fonction s'exécute d'une manière bien différente dans diverses espèces d'animaux, que même elle manque absolument dans une grande quantité d'espèces. Et en général toutes les fonctions sont liées entr'elles, toutes sont généralement dépendantes ; et dans leur marche et leur révolution circulaire, comme le disait Hippocrate, on ne peut en assigner aucune qui ait un plus grand degré d'importance que toutes les autres.

Dans l'homme et dans les animaux qui respirent à sa manière, le cœur est double et il présente deux ventricules, et deux oreillettes : cette double composition du cœur est évidemment corrélative au poumon. Dans les animaux qui n'ont point de poumon, c'est-à-dire, qui n'ont point d'organe destiné à recevoir l'air en masse, les cavités droites du cœur manquent et le cœur n'est composé que d'une oreillette et d'un ventricule, en sorte que le nombre des cavités du cœur n'est pas relatif à la structure des animaux, comme le prétendait Aristote, mais à la manière dont ils respirent, comme l'a vu Galien.

Et ce cœur ajouté dans l'homme et les animaux qui lui ressemblent, ce cœur surajouté paraît de formation postérieure, et M. Haller dans ses recherches sur le développement du poulet, a vu un temps où le cœur ne présente qu'une seule oreillette et un seul ventricule, et ce n'est que dans la suite que les cavités droites s'y appliquent, s'y unissent intimement et finissent par composer un seul et même organe. (1).

---

(1) Hippocrate, ou du moins l'auteur du traité *De corde*, disait que dans le système animal, le ventricule gauche était d'un ordre plus élevé que le ventricule droit, et qu'il était pénétré de forces puissantes. C'était même

On a disputé long-temps pour savoir si le cœur était un muscle, et c'est l'opinion commune depuis Nicolas, fils de Stenon. Nous devons remarquer que les parties primitives ou les parties similaires, comme parlaient les anciens, qui entrent dans la composition de chaque organe, diffèrent non seulement par la différence de leur arrangement et de leur structure, mais surtout par un caractère spécifique bien plus important et qui est relatif à la différence des forces qui s'y exercent. Ainsi quoique les fibres qui entrent dans la composition du cœur paraissent analogues aux fibres des autres muscles, cependant elles portent des caractères de différence bien marqués et qui se multiplient à mesure qu'on les soumet à un plus grand nombre d'épreuves. La distribution de ces fibres est très-différente de la distribution des autres fibres musculaires; car au lieu que dans les autres muscles les fibres ont com-

---

dans ce ventricule qu'il plaçait l'âme. « *Mens enim hominis in sinistro ventriculo insita est et reliquæ animæ* » *imperat; nam insitus à natura ignis non est in dextro* » *ventriculo.*»

On ne peut pas penser que l'âme réside dans le ventricule gauche, mais il faut reconnaître que tous les viscères qui se trouvent dans la région épigastrique, font de cette région la région la plus vitale, et comme le centre du corps.

munément une disposition parallèle, le cœur est composé de différents plans superposés et dont les fibres sont tissues entr'elles d'une manière si embarrassée et si multipliée, qu'aucun anatomiste n'a pu encore les suivre et les développer d'une manière convenable. De plus, le mouvement du cœur est beaucoup plus indépendant de l'action des nerfs. Car au lieu que par rapport aux autres muscles la section ou la ligature des nerfs qui s'y distribuent y fait cesser brusquement le sentiment et le mouvement, la ligature des nerfs du cœur n'empêche pas que ses mouvements ne se soutiènent avec le même ordre et la même régularité, comme nous le dirons dans la suite. Enfin, la consistance du cœur est fort différente de celle des autres muscles. M. Hamberger a observé, et il est facile de s'assurer, que la saveur de la chair du cœur est fort différente de la saveur des autres muscles. Il va chercher ses objections dans sa cuisine. *A culinâ repetit objectionem,* dit M. Haller. Cette plaisanterie de M. Haller est mal entendue; pour connaître toutes les parties des substances autant qu'il nous est possible, il est clair que nous devons appliquer à ces substances tous nos moyens de connaissance. Or l'organe du goût est aussi un moyen de connaissance, et dès-lors ses rapports méritent d'être notés.

Le cœur est enveloppé d'une membrane extrê-

mement lâche; et il y a communément entre le
cœur et cette membrane une quantité de vapeurs
et même une humeur extrêmement légère, qui
doit contribuer avec beaucoup d'avantage à entretenir dans les fibres du cœur la mollesse qui est
nécessaire à l'exercice de leurs mouvements. Cette
vapeur, sur l'origine de laquelle il y a eu beaucoup
de disputes physiologiques, paraît fournie, comme
on l'établit aujourd'hui assez communément, par
la matière qui s'exhale, et de tous les points de la
substance du cœur, et de tous les points de la surface intérieure de cette membrane.

Cette membrane, qui enveloppe le cœur à l'extérieur, paraît nécessaire pour établir dans ses mouvements l'ordre et la régularité convenables. M. Haller a vu que, lorsque cette membrane était emportée
ou déchirée, le cœur, qui n'est plus contenu d'une
manière suffisante, se porte au hasard dans différentes portions de la cavité de la poitrine : chacune
de ses contractions se fait alors d'une manière très-
incomplète, et ses mouvements se succèdent avec
beaucoup de désordre et de confusion.

Les deux ventricules sont séparés l'un de l'autre
par une cloison mitoyenne qui est tissue de fibres,
lesquelles appartiènent bien évidemment aux parois
de chacun de ces ventricules. Il paraît, d'après

nombre d'observations, que quelquefois, et peut-
être même assez souvent, cette cloison présente des
trous qui la percent de part en part, et qui établissent une communication directe et immédiate
entre ces deux cavités. Gassendi, si connu par sa
candeur et sa bonne foi, rapporte avoir vu des trous
de cette espèce d'une manière bien évidente. Morgagni dit qu'il a trouvé quelquefois un ou deux
trous au-dessous de l'origine de l'artère pulmonaire;
et il n'est pas douteux que ces pores, qui restent
ainsi ouverts après la mort, ne soient beaucoup
plus ouverts pendant la vie, lorsque toutes les parties sont pénétrées de ce mouvement expansif attaché nécessairement à la vie.

Dans la cloison qui sépare les oreillettes, on démontre les traces d'un trou qui existait dans le
fœtus, et qu'on appèle fort improprement le trou
de *Botal*, puisque Galien l'a parfaitement décrit.
Ce trou ouvre une large communication entre l'o-
reillette droite et l'oreillette gauche, par laquelle
le sang passe tout d'un coup d'une de ses cavités à
l'autre. Ce trou se ferme par le moyen d'une membrane qui s'élève des bords inférieurs, et qui passe
par-dessus les bords supérieurs. Dans l'oblitération
successive de ce trou, il reste long-temps des conduits de communication qui sont coniques. Ils
offrent une base assez considérable qui répond à

l'oreillette droite, et une pointe fort resserrée qui s'ouvre dans l'oreillette gauche. Souvent cette pointe est entièrement fermée, et depuis long-temps, que la base est encore ouverte.

L'oblitération complète de ce trou ovale est quelquefois très-tardive, et souvent on a trouvé ce trou largement ouvert dans un âge même assez avancé. Cette ouverture s'est trouvée même quelquefois dans des personnes suffoquées ou noyées. Ces observations sont très-intéressantes contre l'hypothèse qui était autrefois très-répandue, et qui n'attribuait d'autre utilité à la respiration et au jeu des poumons que celle de faciliter le passage du sang de ses cavités droites, dans ses cavités gauches.

On vous a démontré les valvules qui sont placées à l'ouverture des ventricules dans les oreillettes. Ces valvules ne sont bien évidemment qu'un anneau membraneux, dont le bord flottant est partagé en différentes productions, mais qui est absolument uniforme et continu dans une portion considérable de sa base. Il n'est pas douteux que, de la manière dont ces valvulves sont placées, elles ne contribuent à assurer la direction du sang, puisqu'elles permettent au sang de couler sans obstacle des oreillettes dans les ventricules, et qu'elles s'opposent à son retour des ventricules dans les oreillettes.

Cependant il ne faut pas croire que ces membranes puissent empêcher complètement tout reflux du sang du ventricule dans les oreillettes. D'abord il est certain, comme l'a dit Senac, et comme l'avait dit Galien, long-temps avant lui, qu'à chaque contraction du ventricule, toute la quantité de sang comprise dans l'espace que forment ces valvules étendues, est repoussée dans l'oreillette, lorsque les valvules sont portées vers cette oreillette; mais, de plus, lors même que ces valvules sont parfaitement déployées, elles ne coupent point toute communication entre le ventricule et l'oreillette. M. Haller a observé souvent que le sang passait très-librement des ventricules dans les oreillettes, et que l'effet de ce reflux se portait assez loin dans les veines. Galien disait à cette occasion, avec beaucoup de raison, *nihil in corpore plane sincerum*, c'est-à-dire que les fonctions intérieures ne s'exécutent pas d'une manière précise, rigoureuse, mathématique; qu'il est de leur essence de comporter des aberrations plus ou moins étendues, et de balancer entre des limites qui ne sont pas posées d'une manière inébranlable.

SECONDE LEÇON.

Des mouvements du cœur et de la petite circulation.

Je parlerai dans cette leçon, des mouvements du cœur et de l'ordre dans lequel se présentent les mouvements de ses différentes parties; dans la leçon suivante, je parlerai de la cause de ces mouvements.

Les mouvements du cœur consistent dans des dilatations et des contractions qui se suivent dans un ordre constant et déterminé, dans un animal plein de force et de vigueur. Chaque contraction se fait avec une célérité extrême, et toutes les parties en sont frappées dans un instant indivisible. Ce n'est que dans un animal affaibli et languissant, que la contraction se fait d'une manière successive, et qu'on aperçoit sur la surface du cœur différents centres de mouvements qui ne se réunissent que dans un temps sensiblement commensurable. Dans l'acte de contraction, toutes les parties sont agitées et battues de frémissements et de palpitations très-manifestes.

Dans chaque contraction il n'est pas douteux que les cavités du cœur ne soient diminuées en tous sens. Il ne faut pas croire cependant que ces contractions soient pressées au point d'effacer et de faire entièrement disparaître ces cavités. Nous verrons qu'il reste dans chaque ventricule une assez grande quantité de sang, et M. Haller s'est assuré qu'en introduisant le doigt dans les cavités du cœur, ce doigt n'était qu'assez faiblement pressé à chaque contraction, quoique ces contractions parussent se faire avec autant de force que dans l'état ordinaire. Il est étonnant que cette observation, que M. Haller a répétée plusieurs fois, n'ait pas dissipé ses préjugés, et que ce grand homme ait soutenu constamment que le cœur était le principal, ou même le seul moteur du sang et des humeurs. On aperçoit à la première vue, que pour entretenir le mouvement des humeurs avec la constance, la vitesse et la facilité qu'il présente réellement, malgré les résistances multipliées, il faudrait de la part du cœur, des forces immenses, vraiment prodigieuses, et l'observation démontre au contraire que ses contractions se font d'une manière assez douce, puisque le doigt introduit dans sa cavité, n'est que légèrement pressé.

Dans la contraction, la pointe s'approche de la base, et réciproquement la base s'approche de la pointe, en sorte que le cœur est diminué dans le sens de sa longueur. C'est ce que M. Haller a vu constamment dans un très-grand nombre d'expériences, et sur quoi il n'est plus possible d'élever le moindre doute. Cette question a été agitée autrefois avec beaucoup de chaleur, et il y a une quarantaine d'années qu'elle fit beaucoup de bruit dans cette école, où quelques-uns prétendaient que la pointe s'écartait de la base, et que le cœur s'allongeait sensiblement. On s'adressa à l'académie des sciences. L'académie multiplia les expériences et ne décida rien. Quand on voit le médecin s'occuper avec tant d'opiniâtreté à des questions de cette espèce, et qui reviènent si souvent (1), on ne doit pas être surpris du peu de progrès que l'art a

---

(1) Et jusqu'à ce dernier temps, il faut avouer que ce sont des questions aussi misérables qui composaient toute la science physiologique, et il est bien facile de vous en convaincre en consultant les traités modernes écrits sur cette science. On doit une reconnaissance éternelle à M. de Haller, qui, en rassemblant avec précision et avec élégance toutes ces opinions futiles, et qui se détruisent les unes les autres, a fait sentir le vide de cette science, telle qu'elle était cultivée, et la nécessité de l'appuyer sur d'autres fondements. Je regarde son grand traité de physiologie comme l'ouvrage qui a contribué le plus efficacement à cette révolution qui se fait aujourd'hui dans toutes les parties de la médecine.

fait depuis le renouvellement des lettres. La manière des anciens, dont tous les travaux tendaient constamment vers des fins utiles, rendra toujours la lecture de leurs ouvrages infiniment précieuse aux esprits sages qui cherchent une solide instruction.

Non seulement dans la contraction, la base et la pointe s'approchent réciproquement, et la longueur totale du cœur est diminuée; mais de plus, le cœur se déplace en totalité; il se porte en avant; sa pointe décrit un arc de cercle, et vient frapper les parois de la poitrine, à peu près entre la cinquième et la sixième des vraies côtes du côté gauche. On attribue communément ce mouvement à l'oreillette gauche, qui étant adossée à la colonne vertébrale, et se remplissant de sang dans le temps de la contraction des ventricules, doit imprimer à tout le cœur un mouvement en avant. M. de Senac a fait observer que les grands vaisseaux qui partent du cœur, se redressent et se prolongent dans le temps de la contraction du cœur par le sang qui y est lancé, ce qui doit donner à cet organe un mouvement en avant. Ces causes sont probables; cependant elles ne s'appliquent pas avec avantage à toutes les circonstances du phénomène à expliquer. Car l'anatomie démontre que ce mouvement de projection du cœur en avant, a lieu dans les animaux dont le cœur est situé de manière que les causes assignées ne peuvent avoir aucune action.

La contraction du cœur est suivie de dilatation, et il ne faut pas croire, comme on le dit si communément, que cette dilatation soit l'effet d'un simple relâchement dans le mouvement musculaire, la dilatation alterne le plus souvent la contraction. Elle la suit dans un ordre déterminé, et elle dépend d'une force aussi réelle, et qui agit en sens contraire. Hamberger a observé, et il est facile d'expérimenter après lui, que dans l'état de dilatation, la chair du cœur présente une dureté et une solidité très-considérable. Gochlin a remarqué le premier, qu'en comprimant fortement le cœur d'un animal dans l'état de contraction, cette forte compression n'empêche pas la dilatation, qui dèslors, se fait avec un effort bien marqué. Langrish a observé avec raison, que la dilatation du cœur précédait bien visiblement l'entrée du sang dans ses cavités, et que par conséquent, cette dilatation ne peut être l'effet de l'impulsion. Cette remarque, qui avait déjà été faite par Galien, est surtout très-importante par rapport à la dilatation des artères, qui précède aussi l'entrée du sang dans leur cavité.

Quoique la dilatation du cœur soit bien manifestement active, il n'est pas nécessaire, comme

l'avait fait Galien, et comme Perrault, Hamberger et plusieurs autres l'ont fait depuis peu, de
reconnaître dans le cœur des fibres particulières,
qui soient chargées de l'exercice de ce mouvement.
Car il est très-vrai, comme l'a dit M. Haller, que
toutes agissent également dans la contraction ; mais
il faut reconnaître que les mêmes fibres et les mêmes
portions de fibres, peuvent en différent temps, être
agitées de mouvements à directions contraires, et
fournir également à la dilatation et à la contraction.
Nous verrons qu'il est bien des phénomènes, tels
que l'ouverture des prunelles, l'érection de la
verge, les mouvements des artères, qui supposent
une dilatation vive de la part des fibres musculaires. Cette dilatation me paraît prouvée aussi par
des faits qu'on observe souvent, je veux dire par
le mouvement de rebondissement et d'élévation que
présentent des muscles détachés du corps, et qui
reposent sur un plan.

Le chancelier Bacon, dans son histoire de la vie
et de la mort, dit que le cœur qui avait été arraché
vivant du corps d'un criminel, et jeté au feu immédiatement après, se détacha du sol et s'éleva à
différentes hauteurs, à plusieurs reprises successives. On a vu des têtes décollées, bondir avec force
et par des mouvements continués quelque temps.
Ces faits, qui ont dû être regardés comme des fables

par ceux qui ont réduit l'action des muscles à la
seule contraction , me paraissent dépendre de la
dilatation vive de quelques-unes des portions musculaires , parce qu'il n'est pas douteux que le principe de la vie ne puisse partager , et ne partage
effectivement un muscle en différentes portions ,
et qu'il ne puisse dans le même temps , exécuter
dans ces portions , des mouvements à directions
différentes , selon la variété des circonstances et
des besoins.

Après avoir examiné la contraction et la dilatation du cœur, si nous examinons les différentes
parties du cœur , et que nous recherchions l'ordre
dans lequel se répondent les différents mouvements
de ces parties, nous trouverons que les deux oreillettes se contractent à la fois , et qu'elles se contractent dans toutes leurs parties ; car la succession
que Boerrhave avait établie dans le mouvement
de contraction de ce qu'il appelait le sinus et l'o-
reillette , cette succession est absolument fausse ,
et il est très-certain que le sinus et l'oreillette ,
c'est-à-dire tout le sac compris entre l'origine des
veines et le ventricule, se contractent à la fois ,
et se contractent par un mouvement commun.
Dans le temps de cette contraction des oreilletes ,
les deux ventricules sont dilatés : l'instant suivant,
les oreillettes se dilatent; alors les ventricules se

contractent, et ils se contractent tous les deux à la fois, de même que les oreillettes. Les ventricules et les oreillettes, comparés entr'eux, sont donc opposés les uns aux autres ; ils sont antagonistes, comme on dit communément, c'est-à-dire, qu'ils exécutent dans le même temps des mouvements contraires.

Et en partageant en deux temps les mouvements du cœur, et y rapportant aussi les mouvements des parties contiguës, c'est-à-dire, des veines et des artères, nous voyons que dans le premier temps les ventricules se contractent de même que les origines des veines ; savoir, les veines caves supérieures et inférieures, et les veines pulmonaires ; et qu'alors les oreillettes et les artères sont dilatées ; et que dans le second temps, les oreillettes et les artères se contractent à leur tour, et que les veines et les ventricules sont dilatés ; et cette alternative, cet ordre de mouvement, se soutient constamment pendant toute la durée de l'animal, et se soutient même indépendamment de l'action et de la présence du sang, comme nous le dirons ailleurs. Car on peut l'observer encore dans un système vasculaire entièrement épuisé de sang.

Il n'est pas douteux que cet ordre de succession que nous venons d'observer dans les mouvements des différentes parties du cœur, d'accord avec la disposition des valvules, ne détermine la direction du mouvement du sang qui passe par ces différentes parties.

Ainsi, lorsque les veines caves se contractent, elles doivent porter le sang dans l'oreillette droite qui leur correspond. Il ne faut pas croire cependant, que toutes les contractions des veines caves n'aient d'autre effet que de pousser le sang vers l'oreillette; cette contraction qui est très-vive, et qui dépend des fibres musculaires dont les veines sont tissues dans une portion considérable de leur étendue, cette contraction imprime à tout le sang un mouvement de reflux par lequel il est porté vers l'origine des veines. Haller a observé quelquefois l'effet de ce reflux dans des veines très-éloignées. Ce reflux du sang veineux est très-différent de celui qui est causé par la compression que l'origine des veines caves éprouve de la part du poumon, dans le mouvement d'expiration, reflux qui a été bien constaté par les expériences de MM. de Lamare et Haller. Car ce reflux qui dépend de la contraction des veines caves, se fait dans des animaux qui ne respirent pas à la manière de l'homme, et chez lesquels les veines caves sont à l'abri de toute compression, et de la part du poumon et de la part des parois de la poitrine.

Le sang poussé par les veines caves dans l'oreillette droite, éprouve la contraction de cette oreillette, qui se resserre peu de temps après que le sang y a pénétré. Ce sang est poussé alors dans le ventricule droit, dans lequel s'ouvre l'oreillette. Il faut remarquer que le sang qui coule alors dans le ventricule, ne peut pas encore passer dans l'artère pulmonaire, parce que l'orifice de cette artère est fermé par une portion de l'anneau membraneux qui entoure l'orifice veineux du ventricule, et qui se trouve disposé de manière que lorsqu'il est appliqué par le sang sur les parois du ventricule, il couvre absolument l'orifice de l'artère pulmonaire, comme Galien l'avait vu parfaitement dans plusieurs endroits de ses ouvrages, entr'autres dans le septième livre de son traité *de usu partium*, où vous verrez avec étonnement, combien étaient exactes les connaissances que Galien avait sur cet objet.

La contraction de l'oreillette n'est pas toute employée non plus à pousser le sang dans le ventricule, et une partie de ce sang reflue dans les veines caves ; car ce reflux ne peut être empêché par les valvules d'Eustache, qui ne ferment pas complètement, à beaucoup près, l'ouverture de ces veines. M. Haller a observé souvent ce reflux du sang de l'oreillette droite dans les veines caves, et ce reflux est surtout très-considérable lorsque l'animal approche de la mort, et que la nature épuisée cesse de mettre dans ses actes, cette constance, cet ordre, cette régularité, qui caractérise son état de force et de pleine vigueur.

Le sang qui a été poussé dans le ventricule droit, est pressé de toutes parts par les parois de cette cavité, qui se contracte peu de temps après; et alors l'anneau valvuleux qui est porté du côté de l'oreillette, ferme à peu près cette ouverture, et le sang coule dans l'artère pulmonaire, dont l'orifice est parfaitement libre et ouvert.

Bientôt après, l'artère pulmonaire se contracte, et le sang, dont le reflux vers le ventricule droit est empêché par les valvules sigmoïdes qui se déploient, et qui ferment l'orifice de l'artère pulmonaire; ce sang, dis-je, coule vers le poumon; il passe dans le système veineux de cet organe, qu'on vous a démontré, et est conduit dans les cavités gauches du cœur, dans lesquelles il suit un mouvement absolument analogue à celui que nous avons décrit dans les cavités droites.

Ce mouvement du sang, ou son passage des cavités droites du cœur dans les cavités gauches, par la voie du poumon, est ce qu'on appèle la petite circulation. Cette petite circulation avait été parfaitement connue par Galien, et il l'a exposée dans son sixième livre *de usu partium*. Il y avait été conduit par l'inspection des valvules du cœur, et par la manière différente dont ces valvules sont situées.

Depuis le renouvellement de l'anatomie, cette petite circulation a été connue et décrite par plusieurs anatomistes, par Reald Columbus, disciple de Fallope; par Gaspard, Hoffman, André Césalpin, et entre autres par Michel Servet, l'infortuné Servet que Calvin fit brûler à Génève pour des opinions.

Il n'est pas douteux que la disposition des valvules ne doive contribuer avec beaucoup d'efficacité à assurer et à soutenir la direction du sang, telle que nous venons de l'exposer; mais il ne faut pas croire que cette disposition des valvules soit une circonstance d'une nécessité absolue. Nous ne saurions trop répéter que les ressources de la nature sont bien supérieures à toutes nos vues. Ainsi, des observations très-répétées ont démontré que les valvules ont été absolument détruites, ou déformées au point de n'avoir aucun usage, quoique le mouvement progressif des humeurs ne soit fait sans aucune lésion sensible. De toutes les observations de cette espèce, une des plus frappantes est sans doute celle que

rapporte M. de Haen, qui vit que toutes les parties contenues dans la poitrine, le cœur, le poumon, la plèvre, étaient unies si intimement entre
elles, et à toutes les parties voisines, qu'elles ne
pouvaient avoir que des mouvements généraux et
communs. Dès-lors la contraction et la dilatation
du cœur avaient été impossibles, et cependant il n'y
avait point eu pendant la vie de désordre sensible
dans les mouvements de la respiration, ni dans ceux
du pouls; la nature s'était habituée à cette dégénération étonnante, qui sans doute s'était faite lentement par progrès presque insensibles. Le mouvement des humeurs devait être entretenu par un
appareil déterminé de mouvements toniques faibles,
mais continuellement soutenus, que la nature avait
substitués aux mouvements plus forts et plus distincts qui ont lieu dans l'état de santé.

Les observations de cette espèce qui démontrent
les fonctions subsistantes à peu près sans altération
dans des circonstances où les organes qui en sont
chargés sont absolument déformés, quelquefois
même absolument détruits, prouvent bien la nécessité de considérer la vie dans un être distinct du
corps dont il se sert comme d'un instrument, mais
dont il n'est pas nécessairement dépendant, et qui
peut suppléer d'une infinité de manières aux vices
de conformation que les organes lui présentent.

LEÇON TROISIÈME.

Des causes du mouvement du cœur.

Je vous ai parlé des mouvements du cœur, et je
vous ai exposé l'ordre dans lequel se suivent les
mouvements de ses différentes parties ; maintenant
je vais parler des causes de ce mouvement.

J'ai déjà eu occasion de vous faire remarquer les
différences nombreuses que présente le cœur comparé aux autres muscles, et j'ai dit en général que
chaque organe vivant étant appliqué à des fonctions
différentes, était pénétré aussi de forces différentes,
et que la différence de ces forces se trouvait constamment d'accord avec son état ou sa constitution
matérielle. Les fibres du cœur présentent donc une
distribution très-différente de celle des autres muscles. Ces fibres ont aussi un degré de consistance
bien plus considérable ; elles ont une couleur et
une saveur particulières ; et M. Hamberger a observé
que l'eau bouillante ne fait point sur la chair du
cœur la même impression que sur la chair des autres
muscles, et que les chairs du cœur, après leur

coction, présentent plus de dureté et de fermeté que les autres muscles dans le même état.

Mais c'est principalement relativement à la cause des mouvements, que les différences du cœur d'avec les muscles proprement dits sont très-évidentes et très-importantes à remarquer.

Ainsi nous avons vu qu'en coupant ou en liant fortement un nerf, cette section ou cette ligature faite brusquement, éteignait tout à coup le sentiment et le mouvement dans les muscles auxquels ce nerf se distribue, en sorte que par cette opération le muscle se trouvait réduit à sa simple irritabilité; et quoiqu'il pût encore produire des mouvements par l'impression des différents stimulus, ces mouvements ne se rapportaient plus aux besoins de l'animal; et ils sont complètement indépendants du principe qui l'anime et qui le vivifie. Nous avons vu aussi qu'en irritant un nerf, cette irritation décide des mouvements convulsifs dans tous les muscles auxquels ce nerf se distribue, et cet effet a lieu également dans un muscle isolé par une forte ligature, lorsque l'irritation du nerf est faite sur la portion du nerf inférieure à la ligature. Aucun de ces phénomènes n'a lieu par rapport au cœur. On a donc irrité les nerfs du cœur sans que cette irritation ait produit aucune altération, ni dans l'intensité de ses mouve-

ments , ni dans leur ordre et leur régularité. On a
lié aussi et lié fortement la plus grande partie des
nerfs du cœur , et cette ligature n'a point empêché
que les mouvements s'exécutassent comme dans
l'état ordinaire.

Et quoique le cœur reçoive des nerfs en assez
grande quantité , il paraît cependant, comme l'a dit
Galien, que la plupart de ces nerfs se consomment
sur sa surface, et qu'il en est peu, et seulement quelques filets assez déliés qui pénètrent jusques dans l'intérieur de sa substance. Aussi arrive-t-il assez communément que les maladies du cœur ne s'accompagnent pas d'une douleur très-vive ; et on remarque
que ces maladies , qui vont même à détruire complétement la substance du cœur , ne portent souvent
dans toute leur durée aucune lésion très-notable
dans les opérations de l'âme ; et c'est une remarque
que Galien opposait avec raison à l'opinion d'Aristote qui prétendait que le cœur était le siége de l'âme
raisonnable. Il ne faut pas croire cependant, comme
quelques-uns l'ont dit, que le cœur soit absolument insensible ; c'est sans doute à cause de quelque
circonstance particulière et qui ne peut faire loi ,
que Harvey le trouva tel dans un gentilhomme anglais chez lequel cet organe était à découvert, et sur
lequel Harvey put faire souvent cette épreuve. Galien nous dit dans son ouvrage sur la philosophie

de Platon et d'Hippocrate, que plusieurs fois il avait mis le cœur à découvert dans des animaux vivants, et qu'en le pressant fortement par la pointe, il avait vu que ces animaux sujets de cette expérience donnaient tous les signes de la plus vive douleur.

Il faut remarquer à cette occasion, que le cœur est situé de manière qu'il peut être mis parfaitement à nu par des blessures qui ne pénètrent pas dans les cavités de la poitrine proprement dites, c'est-à-dire, dans les cavités où sont contenus les poumons, et qui dès-lors, n'affectent point la respiration. Car vous avez vu que le cœur est placé entre les deux sacs, dans chacun desquels un des poumons est contenu, et qu'il est dès-lors absolument séparé du poumon, et qu'il peut être mis complètement à nu, sans que l'air pénètre dans les cavités pulmonaires, et par conséquent, sans que la respiration soit lésée; et cette connaissance peut avoir des applications très-importantes dans la pratique. Galien nous dit que la partie antérieure du *sternum* se sphacéla ou se corrompit entièrement dans un jeune homme qui avait reçu une forte contusion à la partie antérieure de la poitrine. Tous les médecins appelés en consultation avec Galien, tombèrent d'accord que la guérison ne pouvait se faire qu'en coupant la partie du sternum sphacélée; mais ils soutinrent que l'opération ne pouvait se faire sans décider la mort en empêchant le jeu des poumons: Galien , d'après la connaissance qu'il avait de la structure de toutes ces parties, soutint que cette portion de sternum pouvait être détachée entièrement sans donner entrée à l'air dans les cavités où sont les poumons. Il fit lui-même cette opération ; il mit le cœur parfaitement à découvert; et quoiqu'une portion du péricarde se détachât, cependant, par des remèdes convenables , ce jeune homme recouvra une parfaite santé et plus tôt et plus facilement que Galien même ne l'avait cru. Barbette rapporte un exemple analogue ; et Fabricius a bien vu que c'était dans cette cavité où est contenu le cœur, et qui est absolument séparée de celle où sont les poumons, que devaient pénétrer exclusivement des blessures même considérables , qui percent la poitrine, et qui ne sont suivies d'aucune difficulté dans la respiration.

J'ai dit qu'en liant fortement la plus grande partie des nerfs du cœur, on n'a pas vu que cette opération altérât les mouvements de cet organe. Ce fait est acquis par une expérience encore plus décisive. Car si on arrache le cœur du corps d'un animal, ce cœur, dont toute communication avec le système nerveux est dès-lors absolument et complètement coupée , continue à se mouvoir et dans le même ordre que lorsqu'il battait dans le corps de l'animal;

et lorsque ces mouvements sont éteints on peut les rappeler par différents moyens d'irritation appliqués sur la substance, et surtout sur ces parois intérieures, qui sont les parties du cœur les plus éminemment irritables, comme vous pouvez le voir dans Haller, et celles qui répondent avec le plus d'effet aux différentes impressions irritantes.

L'action de l'air suffit quelquefois pour rappeler pendant quelque temps les mouvements du cœur; et c'est un fait de cette espèce qui décida le malheur du grand Vesale, restaurateur de l'anatomie. Car ce grand homme ayant ouvert une femme morte depuis peu, le cœur, exposé à l'air, par l'ouverture de la poitrine reprit ses mouvements, ce qui donna lieu à ses ennemis de l'accuser d'avoir ouvert une femme vivante. Vous pouvez voir cette histoire dans M. de Thou, et dans la préface qu'Hoffmann a mise à la tête de sa médecine rationnelle.

Cette permanence du mouvement est plus ou moins considérable dans les différentes parties du cœur : on observe assez généralement que les oreillettes sont plus irritables que les ventricules, et qu'elles se meuvent encore long-temps après le repos complet des ventricules. Galien avait bien vu que les parties du cœur les plus vivantes sont celles qui sont le plus voisines de la base, et que dans l'extinction successive du mouvement de ces différentes parties, on aperçoit encore des battements dans les parties voisines de la base, lorsque la mort est décidée et parfaitement consommée dans la pointe, et les parties qui l'avoisinent. L'irritabilité, ou la faculté qu'a le cœur, de continuer ses mouvements après la mort complète de l'animal, ou de reprendre et de renouveler ses mouvements sous l'application de différents stimulus, cette faculté est plus marquée dans les animaux à sang froid, que dans les animaux à sang chaud ; et il paraît que dans ces animaux à sang froid la vie est moins une et plus nettement partagée à différents organes, et que ces organes ou ces foyers de vitalité, n'ont pas autant besoin que dans les animaux à sang chaud d'agir les uns sur les autres pour leur durée ou leur permanence.

L'irritabilité est aussi plus vive et plus durable dans les jeunes animaux que dans les animaux plus âgés de la même espèce. M. Tozzetti a observé que le cœur d'un vieux chien ne donnait que peu de marques d'irritabilité, et que son mouvement était détruit sans retour, lorsque le viscère était encore pénétré de chaleur, et qu'au contraire le cœur d'un chien fort jeune battait encore vigoureusement long-temps après l'extinction complète de la chaleur ; en sorte qu'il paraît que la nature a attaché à

chaque organe toute la quantité de mouvements
qui lui est nécessaire pour fournir à tous les actes
qu'il doit exécuter pendant tout le cours naturel
de la vie. Stahl, à cette occasion, remarque avec
sagacité que les personnes d'une sensibilité vitale
très-délicate, sont très-sujètes aux maladies, parce
que, plus attentives à la santé de leur corps, elles
déploient tout l'appareil des mouvements maladifs
contre les causes les plus légères; que, pour elles,
les maladies sont beaucoup moins dangereuses,
parce que, par l'habitude qu'elles en ont, elles
conçoivent plus nettement, et développent plus
sûrement le système de moyens et d'efforts propres
à détruire ou à énerver les causes des maladies;
mais qu'à tout prendre, le terme de leur vie est
cependant beaucoup plus rapproché, parce que,
dans les maladies, les mouvements vitaux étant
forcés et se présentant avec une plus vive intensité,
ces personnes, plus souvent malades, vivent plus
en moins de temps, et qu'elles usent et consomment plus tôt la somme ou la quantité de mouvements qui doit fournir à la durée complète de
la vie.

D'après les expériences que j'ai rapportées, nous
voyons que l'action du cœur est indépendante, au
moins pendant un certain temps, de l'action des
nerfs, et que l'action des nerfs sur le cœur n'est pas

nécessaire pour son existence actuelle, mais seule-ment pour sa durée et pour sa permanence. Ce fait détruit tout d'un coup toutes les hypothèses mé-caniques qu'on avait imaginées pour l'explication des mouvements du cœur. Il est inutile que je rapporte ces hypothèses; vous pouvez les voir dans tous les livres modernes de physiologie; et assu-rément vous pouvez les ignorer sans conséquence. Je me bornerai donc à l'hypothèse de Boerrhave, qui a fait beaucoup de bruit, et qui a compté bien des sectateurs. Boerrhave imaginait que l'état de contraction était l'état où se trouvait nécessairement le cœur, quand sa substance recevait une quantité suffisante d'esprits animaux par les nerfs, et de sang par ses artères propres, qu'on appèle *artères coronaires*; et qu'au contraire, sa dilatation, qu'il regardait comme une véritable paralysie, était dé-cidée par toutes les causes qui empêchent l'afflux ordinaire du sang et des esprits animaux dans la substance du cœur. « Le cœur, en se contractant, » disait Boerrhave, pousse le sang dans les gros » vaisseaux qui en partent; et les nerfs qui se ré-» pandent dans le cœur sont tellement disposés, » que lorsque l'aorte est distendue par l'onde de » sang qu'elle reçoit, elle presse et comprime for-» tement ces nerfs. De plus, les valvules de l'aorte, » appliquées contre ses parois par l'impulsion du » sang qui coule dans sa cavité, se portent vers

» l'orifice des artères coronaires, et les ferment
» complètement, en sorte que le sang ne peut plus
» couler dans la substance du cœur. La contraction
» du cœur arrête donc nécessairement la pénétra-
» tion du sang et des esprits animaux dans la sub-
» stance du cœur, c'est-à-dire que cette contraction
» décide nécessairement une cause de paralysie,
» en sorte que la contraction doit être suivie, et
» nécessairement, de la dilatation qui doit subsis-
» ter jusqu'à ce que l'aorte, se contractant par son
» ressort naturel, rétablisse la liberté des nerfs et
» des artères coronaires. »

Et voilà comme Boerrhave, en s'appliquant exclusivement à quelques circonstances du phénomène, et aux circonstances les plus indifférentes
et les plus légères, établissait des théories vaines,
futiles, et qui, n'étant point tirées de la nature, se
dissipent comme des ombres, quand on les applique
à la nature; et, encore, comme l'observe avec raison M. Haller, les théories de Boerrhave n'ont-elles
d'autre avantage que de présenter avec plus d'élégance ce qu'avaient dit avant lui les auteurs de la
même secte.

L'hypothèse de Boerrhave sur la cause des mouvements du cœur, attachait à un fil la vie des animaux. On sait aujourd'hui que la compression

même totale des nerfs du cœur n'entraîne pas la suspension de ses mouvements. On sait que la plupart de ces nerfs sont placés de manière que l'aorte ne peut exercer sur eux aucune compression. Enfin on sait que l'origine des artères coronaires est placée au-delà des valvules semi-lunaires, en sorte que ces valvules, quelque étendues qu'elles puissent être, ne peuvent fermer l'ouverture de ces artères coronaires. Il est étonnant que ce fait anatomique, qui a été tant contesté, et qui n'est solidement établi que depuis quelques années, ait été parfaitement connu par Galien. Lib. VII *de Administ. anatom.* (1).

L'opinion la plus reçue aujourd'hui sur la cause des mouvements du cœur, est celle qui attribue ce

____

(1) Par la situation des artères coronaires, on voit que la substance du cœur reçoit le sang, et dans la contraction du ventricule et dans la contraction de l'artère aorte; en sorte que le sang coule dans les vaisseaux artériels par un mouvement continu, comme on s'en est souvent assuré en ouvrant ces vaisseaux. M. l'abbé Fontana a prétendu que les artères coronaires, recevant une portion de sang qui est repoussée vers le cœur, dans la contraction de l'artère aorte, affaiblit ainsi l'effort du sang contre les valvules, et que cette circonstance est nécessaire pour prévenir leur rupture.

mouvement à l'impression d'irritation que le sang
fait sur les parois des cavités du cœur; et ceux qui
affectent une plus grande exactitude, regardent la
partie rouge du sang, et même encore sa partie
ferrugineuse, qui entre, dit-on, dans la composition de cette partie rouge, comme la véritable cause
des mouvements du cœur.

Je ne rappèlerai point ici les observations qui
prouvent que la vie s'est soutenue quelquefois lorsque le système artériel était entièrement épuisé de
sang. Il y a quelques autres observations de cette
espèce dans M. de Haen, faites sur des gens chez
lesquels les mouvements du cœur et des artères
s'étaient exécutés jusqu'à la mort, avec une force
bien marquée. Je parlerai ailleurs de ces observations.

Mais il est facile d'observer contre cette hypothèse, 1° qu'il y a constamment dans les ventricules
du cœur une assez grande quantité de sang; car
M. Weibrecht, et après lui, M. de Senac, ont vu
qu'en liant fortement l'origine des veines caves de
manière qu'elle ne pût fournir de sang aux cavités
droites du cœur, ils ont vu qu'après la contraction
vive du ventricule, il restait dans le ventricule une
quantité de sang même assez considérable; et,
dès-lors, le cœur étant irrité d'une manière cons-

tante, on ne voit point dans cette hypothèse de causes de l'alternative qu'il présente dans ses mouvements.

2°. Nous avons déjà observé que le cœur continue long-temps ses mouvements dans le même ordre, quoiqu'il soit absolument épuisé de sang ; et Sechlin surtout, a remarqué pendant très-long-temps dans un animal à sang froid, cette alternative dans les mouvements des oreillettes et des ventricules, quoiqu'il ne passât pas une seule goutte de sang ou de quelqu'autre liqueur dans ses cavités.

Enfin l'irritation, comme je l'ai dit, est une cause aveugle, nécessaire, mécanique ; et une cause aveugle et mécanique ne produit pas l'ordre. Or, il y a de l'ordre dans les mouvements des différentes parties du cœur comparés entr'eux ; il y a de l'ordre dans les mouvements du cœur, comparés aux mouvements de tout le système artériel. Car le cœur et les différentes portions du système artériel, sont appliqués à une même fonction ; savoir, au mouvement progressif des humeurs ; et dès-lors, il doit y avoir un accord déterminé dans les mouvements de leurs différentes parties. Sur ce que nous disons ici de l'ordre préétabli dans les mouvements des différentes parties du cœur, M. Metzger a vu qu'une même cause d'irritation,

appliquée à la fois sur les oreillettes et les ventricules, décidait dans ces cavités, des mouvements
tout contraires, et qu'ainsi, elle contractait les
ventricules ou dilatait les oreillettes, ou réciproquement. Cette belle observation est absolument
curieuse pour l'hypothèse que nous attaquons ici.
*Cl. Mezgerus adeo certam legem esse reperit ut
etiam tunc auriculas et ventriculos alternis vi-
ribus moveri viderit cum utrique eodem tem-
pore stimulum admovisset. (Mezger ad versar.,
pag. 134, in Halleri auctuario ad ipsius alem.-
phys., pag. 63. Addendum istud ad tom. I,
pag. 419, lig. 20; se confert.)*

    Ainsi, quoiqu'on ne puisse pas nier que l'action
du sang sur le cœur ne le sollicite puissamment
à des mouvements, comme le prouvent les expériences de M. Haller, qui a vu que les cavités du
cœur les plus long-temps irritables, étaient celles
qui recevaient encore du sang; quand les autres
n'en recevaient plus; cependant cette action excitante n'est qu'une cause occasionnelle; cette action
doit être sentie par un principe qui vivifie le cœur,
et qui, en conséquence des impressions qu'il
éprouve, réagit par des mouvements qui ne se rapportent point exclusivement à ces impressions,
mais dont l'ordre embrasse le système du corps
entier.

Je dis que l'impression du sang sur le cœur et sur les vaisseaux contribue puissamment à leurs mouvements, mais seulement comme cause occasionnelle et non comme cause efficiente. Ceci n'est pas particulier au cœur, mais doit s'entendre également de tous les autres organes qui sont aussi très-efficacement disposés au jeu de leurs fonctions par l'action qu'exercent sur eux les différentes matières qui s'y trouvent. Ainsi le poumon est excité et comme électrisé par l'impression de l'air sur sa substance ; l'estomac, par l'action des aliments ; les intestins grêles, par les différents sucs qui y coulent, et surtout par la bile ; les gros intestins, par la présence des matières fécales, comme nous le dirons ailleurs.

A l'occasion de ce que nous disions sur le rapport qui existe constamment entre la sensibilité de chaque organe et les matières qui se trouvent dans ces organes, il est bien remarquable, comme l'a dit Galien, que la présence du sang dans quelques cavités, comme la vessie, l'estomac, les intestins, ou plutôt dans toutes les parties autres que le cœur, les vaisseaux et le tissu cellulaire, soit suivie quelquefois d'accidents si graves, comme de la petitesse du pouls, de la prostration totale des forces, d'un malaise inexprimable, de la défaillance, etc. Galien l'attribue, avec raison, à la connaissance

confuse qu'a le principe de la vie de la grande corruptibilité du sang quand il n'est plus soumis aux
forces vraiment balsamiques qui s'exercent dans le
système vasculaire.

LEÇON QUATRIÈME.

Du Pouls.

JE vous ai parlé du cœur, je vais passer maintenant aux artères, qui doivent être considérées comme des prolongements, comme des expansions de la substance même du cœur, et qui sont principalement destinées, comme disait Galien, à coordonner entre elles les différentes parties auxquelles elles se distribuent, en les soumettant toutes à l'influence du cœur et les faisant participer aux forces qui rayonnent de cet organe, centre principal de vitalité.

Nous avons dit que le cœur était agité de deux mouvements qui se succèdent dans un ordre déterminé pendant toute la durée de la vie : ces deux mouvements de contraction et de dilatation sont également actifs, et ils dépendent d'une force aussi réelle, mais qui s'exerce dans des directions contraires.

La même chose a lieu par rapport aux artères qui sont aussi agitées d'un double mouvement de contraction et de dilatation sans interruption. Ces mouvements se font d'une manière opposée à ceux du cœur, c'est-à-dire, que les artères se contractent lorsque les ventricules du cœur se dilatent, et qu'elles se dilatent lorsque les ventricules du cœur se contractent.

Ce double mouvement qui s'exerce sans interruption dans les artères est ce qu'on appèle le *pouls*.

On regarde communément la dilatation des artères comme étant absolument passive et comme dépendante de l'action du sang, que le cœur y jète et qui les remplit et les distend en forçant leur ressort, et on regarde la contraction comme l'effet nécessaire du ressort des fibres qui se rétablissent et reviènent à leurs premières dimensions, lorsqu'elles cessent d'être forcées par le mouvement du cœur.

Cette opinion des mécaniciens modernes était aussi celle d'Erasistrate, qui regardait les artères comme des tuyaux absolument sans vie, dilatées par l'impression d'une substance spiritueuse que le cœur y projetait, et qui, de cette manière, comme le remarque très-bien Galien, unissant des choses hétérogènes et entièrement opposées, ne pouvaient ordonner d'une manière convenable l'ensemble des phénomènes de l'économie vivante et les rapporter et les réduire à des principes simples et vraiment lumineux.

M. Weibrecht a remarqué, avec raison, contre l'opinion commune qui attribue la dilatation des artères à l'action du sang que le cœur y pousse à chaque pulsation, que cette quantité de sang distribuée sur toute l'étendue du système artériel ne pourrait produire dans chaque artère un mouvement aussi considérable que celui que l'expérience y démontre réellement. En effet, le ventricule gauche peut contenir à peu près deux onces de sang, et ce ventricule ne se vide point complètement. J'ai rapporté une expérience de Senac qui prouve qu'après chaque contraction il reste encore dans sa cavité une quantité de sang assez considérable. Mais en supposant même que ces deux onces de sang soient poussées dans l'aorte à chaque pulsation, comme on compte qu'il y a à peu près dix livres de sang dans tout le sytème artériel, il s'ensuit que les deux onces de sang que les artères reçoivent à chaque pulsation du cœur ne doivent augmenter leur capacité que d'une quatre-vingtième partie, parce que deux onces sont la quatre-vingtième partie de dix livres ou cent soixante onces; et comme l'artère radiale ou l'artère du poignet, que l'on touche ordinairement pour explorer le pouls, a à peu près trois lignes de diamètre, il s'ensuit que, dans sa dilatation, cette ar-

tère ne devrait augmenter que de la vingt-sixième
partie d'une ligne, quantité de mouvement trop
faible pour devenir sensible et appréciable, et qui
est infiniment moindre que celle qui a lieu réellement.

D'après cela, Weibrecht a prétendu que le pouls
ne dépendait pas de la dilatation des artères, mais
du mouvement des artères qui se soulèvent et se
déplacent en totalité par l'effort du sang contre la
crosse et la courbure de l'aorte. C'est ce qu'il a appelé le mouvement de locomotion des artères.

Cette opinion de M. Weibrecht qui n'est fondée
que sur l'impossibilité d'aucun mouvement sensible
dans les artères par cause de dilatation, cette opinion est nulle si les expériences démontrent une
cause de mouvement différente de leur dilatation
et de leur déplacement total ou de leur locomotion.

2° L'opinion de M. Weibrecht est contraire à
l'observation qui constate une dilatation ou une
augmentation de diamètre bien manifeste, même
dans de très-petites artérioles, ainsi que M. Haller
et beaucoup d'autres observateurs s'en sont convaincus plusieurs fois.

Mais ces deux opinions, l'opinion la plus com-

mune, et celle de Weibrecht pèchent également en
ce que toutes deux attribuent également la pulsation
des artères à l'action du sang contre les vaisseaux ,
quoique chacune suppose que cette action s'applique de différentes manières.

Or ce fait qui est la base de ces deux opinions est
détruit par des expériences multipliées et décisives.

D'abord Galien avait bien observé contre les sectateurs d'Erasistrate que les artères se dilatent avant
l'entrée du sang dans leurs cavités, de manière que,
comme il le dit, les artères ne se dilatent pas parce
que le sang pénètre dans leurs cavités, mais au contraire le sang y pénètre parcequ'elles se dilatent.
Cette remarque de Galien a été confirmée dernièrement par le célèbre M. Langrish relativement aux
cavités du cœur ; comme je l'ai déjà dit, nous devons observer ici que les ouvrages de Galien con-
tiennent une très-grande quantité de faits intéressants
acquis par des expériences anatomiques faites sur
des animaux vivants : et que, comme l'a reconnu
M. Haller, personne n'a approché peut-être de l'a-
dresse et de la dextérité de ce grand homme pour
faire des expériences de cette espèce; vous pouvez
consulter, pour vous en convaincre, et pour acquérir
des connaissances, ses différents ouvrages; *an sanguis in arteriis contineatur,* son traité *de admi-*

nistrationibus anatomicis, ses traités *de usu partium, de semine,* et son ouvrage *de decretis Hyp-
pocratis et Platonis.*

Je vous ai déjà parlé des observations qui ont
présenté quelquefois le système vasculaire presque
entièrement épuisé de sang. M. Lieutaud en rapporte quelques exemples. Mais une des observations
les plus frappantes est celle que rapporte M. de Haen,
dans la sixième partie de son *ratio medendi* chap. 6,
qui trouva dans une femme ouverte peu de temps
après sa mort, toutes les artères et les veines absolument épuisées, *nullus sanguis,* dit-il, *nec
in venis nec in arteriis fuit.* Une circonstance
bien remarquable de cette observation, c'est que le
pouls se soutint jusqu'à l'instant de la mort, et
qu'il fut toujours très-dur et très-fort. Nous pouvons
observer ici que les cas de cette espèce, c'est-à-dire,
l'épuisement ou la vacuité totale du système vasculaire est très-certainement un des cas qui contr'indiquent la saignée, quoiqu'ils puissent, comme
dans l'observation de M. de Haen, présenter les caractères du pouls que bien des praticiens regardent
comme des indices sûrs de la nécessité de ce genre
de secours. Mais quoi qu'il en soit, une conséquence
qui suit bien rigoureusement des observations de
cette espèce, c'est que les pulsations des artères ne
dépendent donc pas de l'action du sang. Car d'ail-

leurs pour sauver l'honneur de la physiologie ordinaire, il ne faudrait pas, comme l'a fait M. de Haen,
regarder ces faits rares comme des miracles, et les
rapporter à la puissance immédiate du souverain
être qui peut, quand il lui plaît, déroger aux lois qu'il
a établies pour le gouvernement de l'univers. Il y
a ainsi dans chaque homme une tendance singulière à l'anthropomorphisme et pour le physique et
pour le moral, dont le sage ne saurait se garantir
avec trop de soin.

Ce qui démontre bien évidemment que la dilatation des artères ne dépend point de l'impression
nécessaire et mécanique que fait sur leurs parois le
sang qui coule dans leur cavité, c'est qu'il est possible de faire disparaître le mouvement alternatif des
artères sans arrêter le mouvement progressif des humeurs qu'elles portent. Voici en quoi consiste cette
expérience : (1) on choisit une artère d'un assez
gros calibre, on la met à nu et on coupe les filets
de toile cellulaire qui l'attachent aux parties voisines,

---

(1) Expériences que Harvey rejetait d'une manière peu
décente, en soutenant qu'elle était impossible. Soyons plus
réservés, dit fort bien Morgagni, quand il est question de
faits attestés par des hommes justement célèbres. «*Pe-
» detentim quæ se presertim cùm de summis agitur viris.*»
(Morgagni, ep. 19, n. 29.)

on la lie fortement ; puis à une certaine distance de la ligature et inférieurement, on l'ouvre selon sa longueur, et on introduit dans sa cavité un tuyau dont les parois n'aient que très-peu d'épaisseur, en sorte que le calibre de l'artère n'en soit pas diminué sensiblement. On délie alors la ligature et l'on voit que l'artère bat comme à l'ordinaire dans toute sa longueur. Si on serre fortement les parois de l'artère sur le tuyau qui est dans sa cavité, les pulsations s'éteignent dans toute la portion de l'artère qui est inférieure à la ligature, et s'éteignent soudainement quoique le sang y coule librement. Vous pouvez voir les détails de cette expérience dans le septième livre *de admin. anat.* de Galien. Il la faisait ordinairement sur l'artère inguinale. Pour qu'elle réussisse, il faut la faire sur des artères qui ne fournissent pas de vaisseaux d'une certaine étendue , parce que ces vaisseaux suffiraient pour porter l'influence du cœur dans les parties inférieures à la ligature.

Je sais que cette expérience a été répétée sans succès par plusieurs anatomistes, par Vesale. Harvey, et dans cette ville, par Vieussens, docteur de cette université et célèbre anatomiste. Mais outre que les expériences négatives n'ont pas tant de force à beaucoup près pour détruire un fait, que n'en ont pour l'établir, des expériences positives, il faut remarquer que dans les expériences de Vesale, de Harvey, de

Vieussens, la pulsation de l'artère a sensiblement fai-
bli au-dessous de la ligature. Dans l'expérience de
Schultz , la pulsation s'est éteinte complètement ,
comme vous pouvez le voir dans une dissertation de
cet auteur qui a pour titre, *de eiast. effect.*, insérée
dans la collection des thèses de M. Haller, tome 3.
en sorte que l'expérience à réussi à Schultz comme
à Galien (1).

Enfin, en admettant les idées des mécaniciens
sur la nature du pouls , il est impossible de rendre
raison des modifications extrêmement variées qu'apportent dans le mouvement des artères les affections
différentes qu'éprouve le principe de la vie.

Il est fort ordinaire que le pouls, observé à la fois
sur deux artères radiales, présente dans le même
temps des accidents de mouvement différents. Ce
phénomène qui ne peut absolument recevoir d'explication dans l'hypothèse des mécaniciens , puis-

---

(1) « *Ligetur arterea undique fortiter circa fistulam...*
» *transitus sanguinis per fistulam est æque liber uc anteà*
» *per arterium fecit; nec mutatur vasis figura, et accidit*
» *quod sanguis multo violentius circulatur ob dolorem quo*
» *mox animal laborat... Certe cessabit pulsus omnis infrà*
» *fistulam, p. 668* ».

que le sang projeté par un seul choc dans les artères
doit s'y distribuer d'une manière égale, et avoir
partout des effets parfaitement uniformes, dépend
d'un fait plus général que nous avons déjà eu occasion d'observer, savoir, de la division du corps en
deux parties séparées par une ligne verticale qui
coupe le corps dans le sens de sa longueur. Cette
division, dont quelques traces peuvent être suivies
par l'anatomie, est surtout parfaitement démontrée
par les observations pratiques.

Une observation fort remarquable de ce genre,
est celle que rapporte M. Mutry, qui dans un cheval mort à la suite d'une piqûre vénéneuse à la jambe
droite, observa que toutes les parties gauches du
corps étaient parfaitement saines, tandis que tout le
tissu cellulaire du côté droit était infiltré d'une sérosité jaunâtre. Il suivit cette altération dans les
muscles qui étaient flasques du côté droit, dans le
poumon du côté droit qui était marqué de taches
noires, et surtout dans l'oreillette droite qui était
remplie de sérosités, et dont les parois étaient flasques,
molles et sans consistance.

Il n'est pas douteux que le pouls ne présente
quelquefois et souvent même des irrégularités, des
accidents de mouvement qu'on ne peut absolument
faire dépendre d'une seule et unique impulsion, et

qui attestent évidemment l'action d'une force, qui s'exerce dans les parois des artères

Mon objet n'est pas ici de considérer les causes de ces différentes modifications, et de rechercher jusqu'à quel point ces modifications se trouvent liées avec les affections de tel ou tel organe. Il me suffit d'en constater l'existence et de remarquer que, sous aucun rapport, elles ne peuvent dépendre d'aucun mouvement communiqué à l'artère par voie de choc ou d'impulsion. On peut trouver ces différentes modifications du pouls dans tous les praticiens; et M. de Haen qui est un de ceux qui ont le plus attaqué la doctrine de certains modernes sur le pouls, a connu et décrit une plus grande quantité de ces modifications différentes que les auteurs mêmes dont il attaque les prétentions, sans doute trop générales, mais qui méritent cependant une attention sérieuse. Consultez M. Fouquet, l'illustre M. Fouquet, qui certainement a travaillé le plus fructueusement pour la médecine pratique.

Les expériences et les observations que j'ai accumulées prouvent évidemment que le mouvement des artères dépend d'une force vitale particulière qui leur est inhérente, mais qui, pour se soutenir et agir dans un ordre convenable, a besoin d'être

constamment soutenu par l'influence ou l'irradiation du cœur, qui est donc le foyer ou le centre
qui anime et vivifie tout l'organe vasculaire. Aussi,
dans les opérations de l'anevrisme, c'est-à-dire dans
les opérations dans lesquelles on emporte une portion d'une artère, et on coupe sa continuité, le
pouls s'éteint constamment dans la partie inférieure
de l'artère sur laquelle on a fait l'opération, et toutes
les parties dans lesquelles cette artère se distribue,
perdent la chaleur et l'exercice du sentiment et du
mouvement. Cependant il est remarquable qu'au
bout d'un certain temps, cette portion inférieure
de l'artère, qui a été le sujet de l'opération de l'a-
nevrisme, s'anime et se vivifie de nouveau ; en sorte
que toutes les artères qui en émanent, battent avec
autant de force que dans l'état ordinaire ; c'est qu'a-
lors, la nature s'accoutume à cette dégénération, et
que les artères collatérales deviènent alors, pour
ainsi parler, des conducteurs suffisants de l'action
du cœur.

Morgagni nous a laissé une observation fort curieuse. Un chirurgien, dont l'artère avait été bles-
sée dans une saignée du bras, éprouva une tumeur
de cette artère qui rendit l'opération nécessaire.
L'opération réussit parfaitement ; c'est-à-dire que
l'on emporta complètement une portion assez considérable de l'artère principale du bras. Cette opé-

ration fut suivie, comme à l'ordinaire, de l'extinction du sentiment, du mouvement, de la chaleur,
et du pouls, dans toute la partie du bras inférieure
à l'endroit de l'opération. Au bout de trois jours
le pouls commença à se faire sentir, et quoiqu'il
restât pendant un temps assez long une grande faiblesse dans ce bras, cependant cette faiblesse se
dissipa peu à peu, et au bout d'un an, à peu près,
ce bras recouvra sa force et sa vigueur naturelles.
Le pouls y battait aussi vivement.

Au bout de trente ans, cet homme mourut, et
Molinelle, qui l'ouvrit, trouva que l'artère du bras
était interrompue dans une étendue de deux travers
de doigt; et les deux portions supérieure et inférieure de cette artère n'avaient de communication
que par le moyen d'une artère extrêmement petite,
et qui, dans son trajet, faisait des plis et des replis
très-multipliés. M. de Morgagni s'étonne avec raison
qu'une artère, qui ne pouvait fournir à l'artère du
bras qu'une si petite quantité de sang, et à raison
de son extrême ténuité, et à raison de ses plis et
replis répétés, eût pu entretenir dans cette artère
des battements ou des pulsations qui ne différaient
point en force de celles de l'artère de l'autre poignet. Ce fait ne peut se concevoir effectivement
qu'en reconnaissant, comme le disait Galien, que
les forces vitales se transmettent par des moyens

bien différents de ceux qui sont à notre pouvoir. *Facultatis enim participatione, non substantiæ complexione, viventia à non viventibus differunt.*

LEÇON CINQUIÈME.

De la circulation.

JE vous ai parlé du mouvement des artères et du pouls, et d'après les expériences que j'ai accumulées, vous avez vu que ce mouvement est aussi actif que celui du cœur; qu'il dépend absolument de la même force; que la seule différence qu'il y ait à cet égard entre le cœur et les artères, c'est que cette force motrice est essentielle au cœur, au lieu que les artères n'en jouissent que par leur communication avec le cœur; en sorte que les mouvements des artères s'éteignent lorsqu'on détruit leur sympathie avec le cœur, soit par la section, soit par de fortes ligatures.

Le mouvement des artères part du cœur et se dirige vers les extrémités, et par un progrès si rapide, qu'il semble frapper tout le système artériel dans un instant indivisible; ce n'est que dans certaines circonstances que ce mouvement s'opère par une succession manifeste et appréciable. MM. Weibrecht et Senac ont observé qu'en touchant à la fois plusieurs artères, ces artères battent

dans des temps sensiblement différents. C'est surtout lorsque l'animal est extrêmement affaibli, et
qu'il approche de la mort, que cette succession est
très-sensible dans les artères, ainsi que l'a observé
M. Haller; et souvent il arrive, comme l'a remarqué Hoffmann, que, dans les instants qui précèdent
la mort, le mouvement des artères change de
direction, et qu'il se porte, des extrémités, vers le
cœur, au lieu de se porter, du cœur, vers les
extrémités, comme dans l'état ordinaire. En général, ce renversement des mouvements qui se
portent, de la circonférence, vers le centre, est
une circonstance qui caractérise tous les états de
faiblesse, et qui se présentent dans le commencement de presque toutes les maladies, comme je le
dirai plus particulièrement dans le traité des fièvres.

Il n'est pas douteux que les mouvements des artères, tels que nous les avons observés, et qui,
dans l'état naturel, se dirigent donc du centre vers
les extrémités, ne contribuent avec beaucoup d'efficacité à imprimer une direction déterminée aux
humeurs qui sont contenues dans leurs cavités. Cependant il ne faut pas croire, comme on le pense
communément aujourd'hui, que ces artères n'aient
absolument d'autre usage que d'entretenir le mouvement de ces humeurs. Il faut voir de plus qu'elles
servent à lier et à rapporter à un même système

toutes les parties du corps vivant, et qu'elles soutiènent dans chaque organe l'exercice des fonctions
qui lui est départi. Le corps vivant peut être comparé, comme le faisait Galien, à la forge de Vul-
cain, dont chaque pièce, selon la fiction d'Homère,
faisait d'elle-même tout ce qu'elle devait faire, sans
le secours d'aucune impulsion étrangère. Chaque
organe du corps vivant est aussi pénétré de forces
spécifiques, par lesquelles cet organe fait tout ce
qu'il doit faire. Mais, pour que les forces inhérentes
à chaque partie puissent durer et subsister dans un
ordre convenable, il faut que l'organe qui en est
le sujet, communique librement avec le centre du
système auquel il appartient; et il faut que les
centres respectifs de ces différents systèmes agissent
les uns sur les autres d'une manière non interrompue, sans que nous puissions nous former aucune
idée de la nature de cette action, non plus que des
causes qui la rendent nécessaire.

Je dis qu'il faut, pour que la vie se soutiène et
pour que les fonctions marchent dans l'ordre convenable, je dis qu'il faut que les centres principaux
de vitalité agissent réciproquement les uns sur les
autres (1). Nous verrons dans la suite que le cerveau

____

(1) GAL., *lib.* HIPP. *de victus rat. in morbis acut.
comm.* 2.

est le centre principal des forces sensitives et motrices. Or l'exercice de ces forces s'arrête tout d'un
coup par les causes qui coupent la communication
qui doit exister et qui existe naturellement entre le
cœur et le cerveau. Vanhelmont, homme curieux et
dont les ouvrages contiènent une infinité de choses
intéressantes, mais trop injuste envers les anciens,
et qui trop souvent croyait dire des choses nouvelles
quand il n'y avait de nouveau que les mots barbares
qu'il imaginait, nous dit qu'un de ses amis, que
des voleurs avaient tenté d'étrangler plusieurs fois,
lui avait rapporté que dès que la corde lui serrait le
cou, il avait perdu tout usage du sentiment et du
mouvement. Il nous dit aussi qu'un astrologue qui
était curieux de savoir ce que les pendus éprou-
vaient, se passa une corde autour du cou, et qu'avant
de se suspendre, il chargea une de ses filles de
couper la corde dès qu'il remuerait le pouce. Cette
fille qui avait les yeux fixés sur le pouce, et qui
n'y voyait point le mouvement convenu, le laissa
suspendu quelque temps, et lorsqu'elle le regarda,
son visage était d'un rouge violet, la langue était
fortement tirée; et cet homme fut plus d'un mois
en danger de mort, en sorte que dès l'instant qu'il
fut suspendu, et que la pression de la corde eut
isolé, pour ainsi dire, le cerveau et le cœur, ou plus
généralement la région précordiale, l'un par rapport
à l'autre, les fonctions du cerveau furent complète-

ment arrêtées et suspendues. Wepfer a vu que l'amputation de la tête dans de très-jeunes chiens n'empêchait pas que le cœur ne continuât ses mouvements pendant des heures entières avec le même ordre et la même régularité (1). Nous avons vu, dans les leçons précédentes, que la ligature des nerfs du cœur n'éteignait pas soudainement les mouvements de cet organe. Il s'ensuit donc que, dans l'action réciproque du cerveau sur la région précordiale, et de la région précordiale sur le cerveau, c'est l'action de la région précordiale sur le cerveau qui est la plus importante. Cette proposition, qui est le simple énoncé des faits, a de fréquentes applications dans la pratique, qui présente souvent, comme nous le dirons ailleurs, des affections de la tête, qui ne sont que des répétitions sympathiques d'affections établies primitivement dans la région précordiale. Nous pouvons consulter sur cet objet, avec beaucoup d'avantage, l'ouvrage de Vanhelmont, et surtout son traité *de Actione regiminis, jus duumviratûs*, et surtout son fameux traité *de*

---

(1) Et si la ligature des artères carotides ne produit pas constamment la suspension du mouvement et du sentiment, ce qui cependant est arrivé quelquefois, il faut l'attribuer aux artères vertébrales, qui suffisent alors pour transmettre au cerveau l'action du cœur. (Morgagni, *ep.* 10, *n.* 24.)

Lithiasi, cap. 9. Vous y verrez que cette action sympathique, ou cette *actio regiminis*, comme il l'appèle, n'est pas une chose nouvelle, et qu'elle était bien connue de Galien, qui la regardait même comme un des caractères distinctifs de l'animalité ; car Galien disait positivement, *Facultatis participatione viventia à non viventibus differunt.*

J'ai dit que le mouvement des artères contribuait très-efficacement à assurer la direction du mouvement du sang qui y est contenu ; car il n'est plus nécessaire aujourd'hui de s'arrêter à l'opinion d'Erasistrate, qui a compté bien des sectateurs, et qui soutenait que les artères ne contiènent qu'une matière subtile, spiritueuse et aériforme. Tout le monde connaît qu'elles contiènent du sang, comme les veines, quoique assurément il ne soit pas démontré, ainsi que nous le dirons dans la suite, que ce sang soit absolument de même nature que celui qui coule dans les veines, quoi qu'en disent la plupart des sectateurs rigides de Harvey.

Nous devons suivre ici la direction du sang contenu dans les artères. Nous avons déjà suivi le mouvement du sang depuis l'origine des veines caves jusqu'au ventricule gauche. Nous avons dit que ce mouvement se faisait des veines caves dans l'oreillette droite, de l'oreillette droite dans le ventricule droit, du ventricule droit dans l'artère pulmonaire, de cette artère dans les veines qui lui répondent, et de ces veines pulmonaires dans l'oreillette gauche, enfin, de l'oreillette gauche dans le ventricule gauche. C'est là, comme nous l'avons dit, la petite circulation qui a été bien décrite par Galien, comme vous pouvez le voir dans le sixième livre *de Usu partium*, et, depuis le renouvellement des lettres, par plusieurs autres avant Harvey.

Maintenant le ventricule gauche se contracte et pousse le sang qu'il contient dans l'aorte. Ce sang parvenu dans l'aorte ne peut refluer dans le ventricule gauche; car ce reflux est empêché, en partie, par les valvules semi-lunaires. Je dis en partie, car d'ailleurs il est très-probable, comme l'a dit Stchelin, qu'une partie du sang de l'aorte peut refluer dans le ventricule (1); car, comme nous l'avons déjà remarqué d'après Galien, il n'y a rien de rigoureux et

---

(1) Je vous ai déjà dit que M. l'abbé Fontana prétendait que les artères coronaires, qui reçoivent une partie du sang qui est repoussé vers le cœur par la contraction de l'artère aorte, affaiblissait ainsi l'effort du sang vers les valvules, et que cette circonstance était nécessaire pour prévenir leur rupture.

d'absolu dans les fonctions qui se passsent dans les animaux, et chacune de ces fonctions, sans que leur intégrité soit notablement altérée, peut fournir des aberrations plus ou moins étendues, et chacune oscille et balance, pour ainsi parler, entre des limites plus ou moins éloignées.

Le sang de l'aorte poussé par sa contraction est donc porté vers l'extrémité de l'aorte, c'est-à-dire, qu'il est poussé dans toutes les artères du corps, qui sont toutes des productions de cette artère principale.

Cette direction du sang de l'aorte de son origine vers les extrémités est donc démontrée d'abord par les ligatures ; car si on lie fortement une artère, elle se gonfle, et d'une quantité très-considérable, dans toutes les portions comprises entre le cœur et la ligature ; au contraire, elle s'affaisse et se vide dans les portions inférieures à la ligature. Cette expérience a réussi plusieurs fois, mais elle ne réussit jamais que sur les grosses artères, et elle a été tentée inutilement sur les petites, et sur les artères mésentériques par M. Hallèr ; car, comme nous le dirons dans la suite, dans les petits vaisseaux le mouvement du sang est sujet à des variétés de directions extrêmement multipliées ; et même, pour qu'elle réussisse sur une artère de gros calibre, il faut que cette artère n'ait point de communication avec les artères voisines dans une portion assez considérable de son étendue.

Cette direction du sang des artères est confirmée par le microscope, c'est-a-dire, que quelques observateurs, à l'aide du microscope, se sont assurés que le sang artériel se portait du cœur vers les extrémités. Ces expériences microscopiques ne peuvent guère se faire, comme le disait M. Haller, que sur des animaux à sang froid. Ce qui prouve bien surtout combien il faut se défier du résultat des expériences de ce genre, c'est que Lewenhoeck, un des plus adroits de ces faiseurs d'expériences, et qui est un de ceux qui a le plus contribué à introduire dans la médecine des innovations qui ont été si funestes, Lewenhoeck a fini par croire que le sang roulait sans être contenu dans des vaisseaux ; que son mouvement était bien plus considérable dans les veines que dans les artères ; qu'il se meut dans les artères des extrémités vers le cœur ; enfin, que les battements du pouls ont lieu dans les veines, et non dans les artères. Il est bien étonnant qu'un homme sans lettres, comme Lewenhoeck, qui s'est contredit si souvent dans les mêmes objets d'expérience, se soit acquis une si grande autorité. C'était lui, à proprement parler, qui fournissait à Boerrhave les matériaux de ses hypothèses.

Le sang, poussé par les contractions répétées des artères jusqu'aux extrémités de ces vaisseaux, pénètre dans les veines; et ce passage du sang artériel dans les veines se fait en partie par des artères qui s'ouvrent immédiatement dans les veines, ce qu'on appèle *anastomoses*, et surtout par un tissu spongieux ou parenchymateux compris entre les extrémités des artères et les origines des veines, dans lequel le sang s'épanche avant de passer dans les veines. En effet, on est entièrement revenu aux idées des anciens sur la composition du corps ; on sait que la partie la plus essentielle de sa composition est une substance comme spongieuse ou parenchymateuse, qui en fait comme la base ou le fonds, qui est perméable de toutes parts, et par le moyen de laquelle les humeurs peuvent passer tout d'un coup et en ligne droite, d'une partie à la partie la plus éloignée, selon la disposition des mouvements d'oscillation et de vibration que la nature y établit et y soutient. Nous verrons que c'est dans cette partie spongieuse ou parenchymateuse que se passent tous les mouvements des humeurs qui intéressent véritablement le médecin. Car, comme le mouvement qu'ont les humeurs dans les gros vaisseaux a à peu près toujours la même direction, et que les moyens qui sont au pouvoir de l'art ne peuvent absolument rien pour la changer, il s'ensuit que ce mouvement des humeurs dans les gros vaisseaux, est un fait purement zoologique ou physique, et non pas médicinal, comme l'a très-bien dit le célèbre Rivière de cette université.

Le sang contenu dans les veines est animé d'un mouvement dirigé vers le cœur. Cette direction se prouve par les ligatures; car si on lie fortement une veine, cette veine se gorge de sang et se tuméfie entre ses extrémités et la ligature, et elle s'affaisse et se vide dans la portion comprise entre le cœur et la ligature. Cette expérience a été faite depuis très-long-temps; et pour qu'elle réussisse, il faut, comme nous l'avons déjà dit par rapport aux artères, choisir une grosse veine, et qui, dans un certain trajet, ne fournisse point de rameaux, au moins d'un grand diamètre.

La direction du sang veineux des extrémités vers le cœur, est encore prouvée par les valvules, c'est-à-dire, par des membranes qui sont tendues dans l'intérieur des veines, et qui sont disposées de manière qu'elles s'appliquent exactement sur les parois des veines par l'impulsion du sang qui coule vers le cœur, et qu'elles se déploient et ferment en partie la cavité de la veine par l'impulsion du sang qui tend à couler dans une direction opposée, c'est-à-dire, du cœur vers les extrémités. Ces valvules ont été démontrées par Cannani, vers le milieu du seizième siècle. Cependant, quelque avantageuses que soient ces valvules pour assurer et maintenir la direction du sang, il ne faut pas croire qu'elles puissent, lors même qu'elles sont pleinement étendues, fermer complètement l'ouverture des veines, et empêcher tout reflux du sang vers leurs extrémités; car l'anatomie démontre des valvules dans des veines, par rapport auxquelles le reflux est parfaitement acquis par les expériences répétées de MM. de Lamare, Tandon et Haller.

Une remarque intéressante par rapport aux valvules, c'est qu'elles sont plus répandues dans les veines de l'extérieur du corps que dans les veines des parties intérieures, et qu'il y a même, nombre de veines intérieures, comme toutes celles qui appartiènent à la veine des portes, qui en sont entièrement dépourvues. Ce fait se rapporte au principe que nous avons déjà exposé plusieurs fois, savoir que la nature affecte une beaucoup plus grande liberté par rapport aux fonctions qui se passent dans les parties intérieures, que par rapport à celles qui se passent à l'extérieur, et que les circonstances de celles-ci paraissent dépendre bien plus précisément de l'organisation ou de la structure des organes.

D'après la direction que les expériences démontrent dans le mouvement du sang veineux, ce sang est donc porté habituellement vers l'origine des veines, c'est-à-dire, dans le tronc des veines caves, d'où il est conduit dans les cavités droites du cœur.

Ce mouvement du sang tel que nous venons de le décrire, c'est-à-dire, ce mouvement par lequel le sang est porté des cavités gauches dans les cavités droites, en traversant successivement toute l'étendue des artères et des veines, est ce qu'on appèle la grande circulation, pour la distinguer de celle qui se fait à travers les poumons, et dont j'ai parlé. C'est cette circulation, dont je parlerai plus précisément dans la leçon suivante, qui a fait tant de bruit depuis près de deux siècles, et dont on attribue communément la découverte à Guillaume Harvey, médecin anglais, qui la publia en 1628, dans un ouvrage qui a pour titre : *Exercitatio anatomica de motu cordis et sanguinis in animalibus*, et qui mérite d'être consulté comme un des meilleurs qui aient été faits sur cet objet.

Cette découverte avait été portée, pour ainsi dire, au terme de maturité au siècle de Harvey, et il ne fit guère que rassembler et réunir en un seul corps les connaissances éparses qu'on avait avant lui sur cet objet.

Ainsi, on savait que les artères et les veines

communiquaient librement entre elles par leurs
extrémités, et c'est un fait que Galien a exposé
avec beaucoup de clarté dans nombre d'endroits de
ses ouvrages. On savait que les valvules étaient
situées de manière à gêner le mouvement du sang
du cœur vers les extrémités. Fabricius, qui avait
observé que la veine du bras liée fortement, présentait des nœuds d'espace en espace sur toute la
partie inférieure à la ligature, avait bien vu que ces
nœuds étaient dûs aux valvules. Enfin, André Césalpin avait connaissance de l'effet produit par les
ligatures sur les artères et sur les veines. Il savait
donc que, dans les artères, le sang coulait habituellement du cœur vers les extrémités ; que, dans
les veines, il avait une direction contraire, et qu'il
coulait des extrémités vers le cœur ; mais il croyait
que ce n'était que dans le sommeil que le sang revenait par les veines, et que ce n'était que dans l'état
de veille qu'il se portait du cœur vers les extrémités
par les artères.

Je ne rapporterai point ici les prétentions de
différents auteurs qui ont voulu rapporter à des
auteurs fort anciens la connaissance de la circulation du sang, telle que nous venons de l'exposer.
Je crois cependant devoir vous rappeler un passage
de Galien qui me paraît frappant, et que je tire du
sixième livre de son bel ouvrage *de locis affectis*.

Galien veut expliquer la métastase, ou le transport
du pus de la poitrine dans la vessie, et il dit que ce
pus est pris par la veine pulmonaire, et porté dans
le ventricule gauche, de là dans l'aorte, d'où il est
distribué dans les artères renales, et de là dans la
vessie urinaire. Ce passage prouve bien clairement
que Galien savait qu'au moins, quelquefois, le
sang peut couler des artères du cœur vers les extrémités.

LEÇON SIXIÈME.

Suite de la circulation.

JE vous ai exposé la direction du mouvement pro‑
gressif du sang et plus généralement des humeurs
contenues dans le système vasculaire. Nous avons
vu que dans les gros vaisseaux le sang est porté par
les artères, du cœur vers les extrémités du corps, et
qu'il est rapporté par les veines, des extrémités vers
le cœur. Voilà ce qui est bien constant, bien évi‑
demment acquis par les expériences d'Harvey ; et
ces expériences ne disent rien de plus. Mais on a été
beaucoup plus loin, on a voulu porter dans les opé‑
rations de la nature un absolu qui n'existe que dans
nos idées et qui est si commode pour notre faiblesse,
et on a prétendu que dans toute l'étendue du corps, il
n'était pas une seule portion du sang qui ne fût agi‑
tée sans interruption d'un mouvement local qui l'é‑
loignait ou le rapprochait du cœur uniformément,
selon qu'elle était contenue dans les artères ou dans
les veines.

C'est‑là la circulation prise dans le sens des Har‑
veyens qu'on a regardée dernièrement comme un

phénomène majeur et fondamental duquel dépendaient tous les faits de l'économie vivante, dans l'état
de santé et dans l'état de maladie, et sur lesquels on a
voulu asseoir une théorie qui allait complètement à
détruire ce que tant d'hommes de génie nous avaient
acquis avec tant de travaux et tant de soins.

Mon objet dans cette leçon est d'examiner ce qu'on
doit croire de la circulation prise dans le sens de
Harvey.

D'abord nous avons déjà remarqué que l'orifice des
veines caves dans l'oreillette droite ne présente
qu'une membrane peu étendue qu'on appèle valvule
d'Eustache, et qui ne peut fermer qu'une petite
partie de cet orifice. Dès-lors, dans la contraction
de l'oreillette droite, une partie du sang qu'elle contient doit passer dans les veines caves qui sont alors
dans un état de dilatation, et très-disposées par
conséquent à recevoir ce sang : ce reflux indiqué
par la structure des parties est confirmé par l'expérience, et M. Haller a saisi ce reflux du sang oc-
casionné par la contraction de l'oreillette droite
dans des veines, même éloignées du cœur, comme
les veines jugulaires, les veines mammaires, les
veines hépatiques, et les veines abdominales.

De plus, on sait que dans l'expiration, l'origine des

veines caves est pressée fortement par le poumon,
et que cette compression qui porte le sang en très-
grande quantité dans les veines de la tête, devient
la cause du gonflement qu'éprouve toute la substance du cerveau dans l'acte de l'expiration. Ce
reflux du sang veineux, produit par l'action du poumon sur l'origine des veines caves, a été observé dans
les veines jugulaires, sous-clavières, brachiales,
enfin dans presque toutes les veines d'un certain
diamètre. Voilà donc deux causes, savoir, la contraction de l'oreillette droite, et l'action du poumon sur les veines caves, dans l'acte de l'expiration,
appliquées sans relâche sur le sang des veines, qui
repoussent fortement le sang vers les extrémités, et
qui par conséquent troublent et intervertissent la
constance et la pérennité d'un mouvement établi
par les sectateurs rigides de Harvey.

Mais prêtons-nous pour un moment à cette hypothèse; voyons les conséquences qui en résultent,
comparons ces conséquences avec les observations,
et jugeons par la comparaison de la valeur de l'hypothèse.

L'anatomie démontre que les artères, dans leurs
divisions et subdivisions répétées, augmentent constamment de capacité, c'est-à-dire, que si on compare la capacité d'un tronc d'artère avec la capacité

de tous les rameaux qui en partent, la capacité de la somme des rameaux produits, est constamment plus grande que la capacité du tronc générateur ; et comme ceci a lieu à chaque division et qu'il y a, peut-être cinquante divisions successives, depuis l'aorte jusqu'aux dernières ramifications ou artères capillaires, il s'ensuit qu'en réunissant toutes ces capillaires et tous les rameaux de la dernière division, ces rameaux ainsi réunis, offriraient une capacité beaucoup plus grande que la capacité de l'aorte. Or on sait, d'après un principe très-simple d'hydraulique, qu'une liqueur animée d'une même force, et qui passe d'un canal dans un canal plus grand, perd de sa vitesse dans ce plus grand canal, et d'autant plus, qu'il y a plus de différence dans les capacités respectives de ces deux canaux, même sans avoir égard au frottement. Le sang qui coule de l'aorte dans les capillaires doit donc présenter dans les capillaires une vitesse d'autant moindre que celle qu'il a dans l'aorte, que la capacité de ces capillaires est plus grande que celle de l'aorte : en sorte que, si on voulait avec Keil que la capacité des capillaires fût 50,000 fois plus grande que celle de l'aorte, il faudrait que le sang dans les capillaires n'eût que la 50,000ᵉ partie de la vitesse qu'il a dans l'aorte. Voilà ce qui résulte de l'hypothèse. A présent, si nous consultons les observations, nous trouverons que Malpighi, Lewenhoeck, Haller, et Spal-

Ianzani ont vu quelquefois la vitesse du sang plus considérable dans les capillaires que dans les gros vaisseaux, quelquefois moindre, et qu'en prenant un terme moyen, les expériences ne démontrent point de différence sensible et soutenue dans les mouvements du sang, soit dans les plus gros vaisseaux, soit dans les plus petits.

Maintenant, si nous comparons le poumon avec tout le reste du corps, et que nous recherchions ce qui doit se passer dans ces deux parties, pour que l'uniformité de la circulation se soutiène, telle qu'on la suppose, nous trouverons que les deux ventricules du cœur doivent recevoir dans le même temps une quantité de sang égale. Or après cela, il faut, ou 1°. comme l'a dit Kruger, l'illustre Kruger, mort trop jeune, que la même quantité passe dans le même temps et à travers le poumon, et à travers tout le corps; et comme en supposant les temps égaux, les vitesses sont comme les espaces parcourus, il s'ensuit que la vitesse du sang dans le poumon, doit être à sa vitesse dans le reste du corps, comme la longueur du poumon est à la longueur de tout le corps, c'est-àdire, que d'après cette première supposition, la vitesse du sang sera moindre dans le poumon que dans le reste du corps.

Ou 2°. Il faut dire avec Boerrhave que la même

quantité de sang est fournie à la fois par les extrémités artérielles du poumon et par les extrémités
artérielles du reste du corps, et cette quantité est
celle que chacun des deux ventricules lance à chaque
pulsation. Or il est clair que pour que deux tuyaux,
d'embouchure inégale, fournissent, dans le même
temps, la même quantité de liqueurs, il faut que ces
liqueurs aient une vitesse qui soit réciproquement
comme les embouchures, ou en raison inverse des
embouchures : il s'ensuit que pour que les capillaires du poumon fournissent, dans le même temps,
la même quantité de sang que les capillaires du
reste du corps, il faut que dans les capillaires du
poumon, la vitesse du sang soit plus grande que dans
les capillaires du reste du corps, dans la même proportion que les capillaires du poumon ont une al-
véole plus petite que les capillaires du reste du corps.
Ainsi, dans cette seconde supposition, la vitesse du
sang dans les poumons sera beaucoup plus grande
que dans le reste du corps. Or, si nous consultons
les observateurs Malpighi, Lewenhoeck, Haller,
nous trouverons encore que la vitesse du sang, dans
les vaisseaux du poumon, est absolument égale à sa
vitesse dans le reste du corps.

Les observations démontrent, comme nous l'a-
vons dit, que la vitesse du sang est à peu près égale,
et dans les gros vaisseaux et dans les vaisseaux capil-

laires , sur lesquels on a pu saisir son mouvement.
Or , comme l'ensemble des capillaires présente une
embouchure plus considérable que l'embouchure de
l'aorte, il est évident que si, dans tous les capillaires,
le sang avait la même direction qu'il a dans les gros
vaisseaux , c'est-à-dire, s'il tendait , d'une manière
uniforme et sans interruption, à s'éloigner du
cœur, il est de toute évidence que tout le système
artériel serait bientôt épuisé, et que tout le sang
serait bientôt contenu dans les veines , puisqu'à
chaque battement du cœur , les artères fourniraient
beaucoup plus de sang aux veines qu'elles n'en re-
cevraient du cœur , et que cette différence serait de
50,000 à 1 ; c'est-à-dire, que les artères perdraient
50,000 onces de sang, tandis qu'elles n'en rece-
vraient qu'une seule, si on voulait , avec Keil, que
la capacité de l'aorte fût à la capacité des capillaires,
comme 1 est à 50,000 : pour maintenir, entre la quantité du sang artériel et la quantité du sang veineux,
le rapport que l'observation y démontre, il faut
donc que, dans une certaine partie de vaisseaux capillaires , le sang ait un mouvement différent de
celui que suppose Harvey , et cette partie des capillaires dans laquelle le sang se meut , selon les
lois harveyennes, est à celle dans laquelle il se
meut d'une manière différente , comme le diamètre
de l'aorte est au diamètre de tous les capillaires réunis;
et , comme l'aorte peut être considérée comme un

infiniment petit, relativement à la capacité de l'ensemble des petits vaisseaux, il s'ensuit que ce n'est
que dans la plus petite partie du corps que le sang
coule, conformément aux lois de Harvey; et que,
dès-lors, cette circulation, loin d'être un fait uni-
versel et fondamental, est, au contraire, un fait subordonné et très-particulier, et qui ne mérite qu'une
très-petite attention de la part du médecin, comme
le disait très-bien Rivière; d'autant plus, comme
je l'ai déjà remarqué, que ce mouvement des humeurs, suivant les lois de Harvey, a constamment
la même direction, et que cette direction se soutient d'une manière à peu près invariable, et que
le médecin ne doit s'occuper que des phénomènes
susceptibles d'être variés et modifiés par les moyens
qui sont en son pouvoir.

Dans l'ensemble de tous les petits vaisseaux et
dans tout le tissu parenchymateux, le sang a donc
des mouvements à directions extrêmement variées;
et ces vaisseaux et ce tissu parenchymateux, qui
embrassent tout le corps, et qui établissent une
liaison directe et immédiate entre toutes ses parties,
offrent le sujet dans lequel se passent et s'exercent
les phénomènes du mouvement des humeurs, qui
intéressent le plus véritablement le médecin,
comme nous le verrons plus particulièrement en
parlant des maladies. Mais vous voyez déjà bien

évidemment que , par le moyen de ces vaisseaux ,
qui sont hors du champ de la circulation harveyenne , les humeurs peuvent passer tout d'un
coup d'une partie à une partie très-éloignée, en
obéissant à l'appareil des mouvements d'oscillation
que la nature établit dans ces petits vaisseaux , et
que ce transport, cette fluxion , comme on dit
communément , se fait sans que ces humeurs soient
assujéties à passer par la voie du cœur et des gros
vaisseaux.

M. Haller a fait des recherches curieuses sur
le mouvement du sang , et vous pouvez consulter
le livre quatrième de ses *Elém. physiol.*, le premier volume de ses *Opera minora* , et son *Mémoire français sur le sang* , imprimé à Lau-
sanne.

Il a vu qu'après l'évulsion du cœur ou la ligature complète des gros vaisseaux, le mouvement du
sang se soutenait encore dans les petits vaisseaux,
et se soutenait à peu près comme dans l'état ordinaire. Ce phénomène a lieu principalement sur les
animaux à sang froid, chez lesquels , comme nous
l'avons déjà dit, les différents organes sont plus
indépendants les uns des autres , et ne se rapportent pas aussi précisément à un centre unique. Il a
observé aussi que lorsque ce mouvement faiblissait
ou lorsqu'il était absolument éteint, on pouvait

facilement le rétablir par différents moyens d'irritation appliqués sur les vaisseaux. Ces expériences prouvent bien, contre l'opinion de M. Haller, que le cœur, n'est pas le seul agent du mouvement des humeurs, et que s'il y contribue si puissamment, ce n'est pas par aucune force mécanique, mais en soutenant, d'une manière que nous ne pouvons absolument comprendre, les forces vitales distribuées sur toute l'étendue du système vasculaire. Ces forces inhérentes à chacune des parties du système vasculaire, se présentent surtout avec bien de l'évidence dans certains états maladifs. Nous pouvons remarquer ici que dans l'état ordinaire, les forces toniques sont tellement partagées et au cœur et au système artériel, qu'elles s'opposent, pour ainsi dire, des efforts égaux et contraires, et qu'elles s'équilibrent réciproquement. C'est cet équilibre qui arrête, d'une manière fixe, la capacité convenable et dans les artères et dans les ventricules du cœur. La rupture de cet équilibre décide des tumeurs ou expansions anevrismales, soit dans le cœur, lorsque ce sont les forces toniques des artères qui sont prédominantes, soit dans les artères, lorqu'elles se trouvent, par rapport au cœur, dans un état de faiblesse relative. Vous pouvez consulter, sur cet objet, MM. Barthez, Haller, Mukel (1).

———

(1) Nous verrons cependant ailleurs que les tumeurs

M. Haller a observé que dans un animal qui
n'est pas encore fort affaibli, les différents obstacles opposés au cours du sang dans les petits vaisseaux, n'arrêtent point son mouvement, mais changent seulement sa direction ; en sorte que le sang
évite sûrement les obstacles multipliés qu'on lui
oppose, et poursuit son mouvement dans les vaisseaux collatéraux qui sont libres. Il n'est pas douteux que les anastomoses fréquentes des vaisseaux
n'aient pour utilité principale d'assurer le mouvement du sang, en lui donnant la facilité d'éviter
les vaisseaux qui se refusent à son passage, et de se
porter vers ceux qui sont parfaitement libres.

Ces observations de M. Haller, détruisent tout
d'un coup tout ce qu'on a dit des inflammations
produites, d'une manière nécessaire, par des obs-
tructions ; et la facilité avec laquelle elles démontrent que le sang poursuit et achève son cours à
travers les obstacles multipliés qu'on lui présente,
annonce bien évidemment l'action d'un principe
intelligent soumis à des lois toutes particulières,
qui, répandu dans tout l'ensemble des vaisseaux,

---

anevrismales doivent être rapportées le plus généralement
à une disposition connue.... dans les vaisseaux qui éprouvent ces tumeurs, et vous pouvez consulter là-dessus les
questions de l'illustre M. Fouquet.

est appliqué à mouvoir les humeurs , et qui, tant qu'il est dans l'état naturel, tant qu'il jouit librement de ses droits, tant qu'il est en pleine possession de ses forces , sait prévenir à temps toutes les causes de stases, et proportionne constamment ses moyens à la fin qu'il se propose d'obtenir. Cela prouve , encore un coup , combien, pour se faire une idée lumineuse des maladies , il est important de les envisager d'une manière abstraite , et indépendamment de toute altération manifeste , bien plus souvent effet , que cause de ces maladies.

Enfin , M. Haller a expérimenté qu'en piquant ou en irritant un vaisseau , la piqûre ou l'ouverture de ce vaisseau décidait un appareil de mouvement bien sensible , qui embrassait, à une assez grande distance, tous les vaisseaux voisins , soit artériels , soit veineux, et qui était dirigé vers la piqûre ; en sorte que tout le sang contenu dans ces vaisseaux , changeait son mouvement , et se portait rapidement sur l'ouverture du vaisseau piqué ou irrité. Ces observations de M. Haller sont fort intéressantes et jètent un grand jour sur la nature des fluxions, c'est-à-dire , des affections dans lesquelles tous les mouvements toniques sont tendus sur une seule partie, et y font fluer toutes les humeurs en trop grande quantité relative ; elles démontrent aussi les avantages de la saignée dans les affections de cette espèce , puisque ces saignées , quand elles sont faites très-loin de la partie qui est le terme d'une fluxion , c'est-à-dire , sur laquelle tous les mouvements toniques sont fortement dirigés , invitent la nature à une nouvelle distribution de mouvements, et tendent dès-lors, avec beaucoup d'avantage , à décomposer ou à dissiper l'appareil de mouvements sur lequel la fluxion est établie ; mais c'est un objet sur lequel je reviendrai ailleurs avec plus d'avantage.

~~~~~~

LEÇON SEPTIÈME.

Du sang.

Je vous ai parlé du mouvement progressif du sang dans le système vasculaire, et nous avons vu que dans les gros vaisseaux le sang était constamment emporté du cœur vers les extrémités, et rapporté des extrémités vers le cœur; mais il en est bien autrement par rapport aux petits vaisseaux; car, comme ces petits vaisseaux réunis présentent une cavité infiniment plus considérable que celle de l'aorte; comme, d'un autre côté, les observations de Malpighi, de Levvenhoeck, de Haller, de Spallanzani, démontrent une égalité de vitesse, et dans les gros vaisseaux et dans les capillaires, il est évident que si tout le sang de ces capillaires avait la même direction que celui des gros vaisseaux, il est, dis-je, évident qu'à chaque battement du cœur, les extrémités capillaires des artères fourniraient aux veines qui leur répondent, beaucoup plus de sang qu'elles n'en reçoivent, et que, dès-lors, le système artériel serait bientôt épuisé. Nous sommes donc nécessairement conduits à reconnaître que le mouvement du sang, tel que
~~~~~~

le suppose Harvey, n'a lieu que dans les plus petites parties du corps et peut-être dans sa 50,000ᵉ. partie, si l'on admettait le calcul de Këil; en sorte que la circulation harveyenne, loin d'être un fait général, n'est, au contraire, qu'un fait très-particulier, et qui, comme je l'ai déjà dit, ne mérite qu'une legère attention de la part du médecin.

Maintenant je vais parler du sang.

Nous devons d'abord reconnaître que les différents moyens d'expérience que l'on applique sur le sang ne peuvent pas développer complètement la nature de ce fluide; car le sang qu'on étudie de cette manière, est un sang mort, cadavéreux, absolument privé de vie; et ce sont les effets de la vie qu'il nous importe de connaître. Vouloir découvrir les qualités réelles et constitutives du sang, en étudiant celui qui ne fait plus partie d'un corps vivant, n'est pas une prétention plus raisonnable que de vouloir étudier les mœurs d'un homme dans son cadavre.

Aussi les expériences de cette espèce donnent-elles des résultats extrêmement variés. Vanhelmont, dans son traité des fièvres, nous dit qu'il observa le sang de plus de deux cents paysans qui, selon la coutume du pays, s'étaient fait faire des saignées de précaution. Quoique tous ces paysans fussent tous vigoureux et bien portants, ce sang présenta des différences et des variétés indéfinies.

De Haen, qui a aussi répété ces expériences en grand, et qui a observé la même variété que Vanhelmont, a prétendu qu'il ne devait y avoir aucun rapport entre le sang contenu dans les vaisseaux, et celui qui en est tiré ; et que, dès-lors, l'inspection du sang ne pouvait être d'aucune utilité pour connaître la nature et l'événement d'une maladie. Cette conséquence est sans doute trop générale, comme l'observe M. de Barthez avec raison.

Le sang, soustrait à l'influence de la vie, se décompose, et les recherches que l'on fait sur ce sang ne peuvent donc porter que sur les produits de cette décomposition. Or, la décomposition du sang, de même que celle de toutes les parties vivantes, n'est pas un fait constant, et qui se présente toujours de la même manière. Cette décomposition s'opère, au contraire, d'une manière très-différente, et voilà ce qui doit exposer les expériences à des résultats indéfiniment variés, et dont les variétés ne sauraient être prévues. En effet, le mode ou l'espèce de la décomposition du sang est lié, par des rapports imperceptibles, mais nécessaires, avec l'état spécifique et particulier dans lequel se trouvait le sang, lorsqu'il était pénétré de vie. C'est une chose vraiment bien remarquable que l'influence de la vitalité s'étende si loin sur la mort apparente, en sorte que chaque partie du cadavre, dans tous les états successifs qu'il parcourt jusqu'à sa pleine et entière décomposition, ou jusqu'à sa réduction en éléments, porte des caractères dépendants de la vitalité précédente; caractères qui s'affaiblissent à mesure que la décomposition s'avance, et qui disparaissent enfin, plutôt parce qu'ils devienent insensibles, que parce qu'ils cessent réellement. M. de Buffon, dans le septième volume de ses suppléments, a publié un mémoire de M. Moublet, médecin de cette université, dans lequel ce médecin rapporte une observation frappante en preuve du fait que j'expose ici, c'est-à-dire, sur l'influence de l'état du corps pendant sa vie, sur la manière dont il se décompose après sa mort. M. Moublet nous dit qu'un homme extrêmement adonné à la boisson, mourut assez jeune d'une hydropisie ascite produite évidemment par son intempérance. Le cadavre fut déposé dans une fosse, et recouvert de terre. Quelque temps après on le retira de cette fosse, pour le transporter dans un caveau. On vit que le cercueil était rempli d'une quantité prodigieuse d'insectes absolument analogues à ceux qui se forment dans la lie du vin, ou plutôt qui se forment dans le marc du vin. Long-temps encore après que le cadavre eut été transporté dans le caveau, on remarqua une grande quantité de ces insectes qui sortaient à travers les fentes des pierres dont le caveau était recouvert; en sorte que ce corps, qui était pénétré et abreuvé de vin, pour ainsi dire, se décomposait de la même manière que le vin, donnait les mêmes produits, et fournissait les mêmes êtres vivants (1).

On pourrait tirer plusieurs conséquences curieuses de cette observation; mais on y voit bien

---

(1) Sur cette décomposition de la matière en êtres vivants, et différemment organisés, vous devez consulter les ouvrages de M. Muller, (*Sur la génération équivoque, Comm. Leipsic. t.* 21, *p.* 25.) du baron de Rusworn (*Traité des animalcules spermatiques et par infusion et de la génération*), qui, d'après des observations variées pendant très-long-temps, ont reconnu que l'hypothèse des germes préexistants ne pouvait point s'appliquer aux animalcules qui naissent dans les infusions et aux productions vivantes analogues; et qui ont conclu que dans ces deux cas la matière pouvait s'animer et s'organiser; non pas que la matière puisse s'organiser par la force de sa nature, mais par l'acte de l'esprit de vie qui pénètre et travaille habituellement toutes ses parties.

Les observations très-curieuses de M. Hunter ont prouvé que le sang tend puissamment à s'organiser, et à former des produits construits et disposés de la même manière que les vaisseaux. «*In vasa coagulatum se fringere*». (HALLER, *Auct.*)

évidemment que le corps vivant prend, à la longue, la teinte des aliments dont il a fait un long usage ; en sorte que, par la faiblesse relative de la force *altérante* ou *digestive*, ces aliments n'ont point été entièrement décomposés, et que leurs qualités subsistent évidemment dans la substance vivante à laquelle ils se sont assimilés. C'est ce que Vanhelmont appelait *vita media*, et ce que les anciens ont pafaitement connu.

Le P. Bonami soutient que toute fleur particulière, ou plutôt toute matière organisée quelconque, produit, par la putréfaction, une certaine espèce de vers (1). Mais c'est sur quoi nous reviendrons en parlant des liqueurs séminales.

J'ai dit que les expériences faites sur le sang soustrait à l'action de la vie, ne pouvaient pas nous faire connaître bien précisément les qualités réelles de cette humeur. Ces expériences, cependant, quand elles sont faites sur un sang récemment tiré du corps, peuvent encore démontrer dans ce sang des caractères d'une force plastique vitale, et émi-

______

(1) C'est aussi l'opinion de Kirker. *Tot corpuscula in afflavio concipiuntur, tot inde vermiculos De scrut. pestis.*—Voir Lancisi, p. 146, n. 2.

nemment susceptible d'organiser la matière qu'elle
pénètre et qu'elle anime. Vous pouvez consulter
sur cet objet un mémoire intéressant sur la sanguification de M. Thouvenel. C'est à cette force plastique, encore subsistante dans le sang, que l'on
doit la membrane qu'on appèle membrane de *Ruisck*, et que cet anatomiste formait en agitant avec
un rameau le sang au moment qu'il sortait de la
veine (1). M. de Haen est parvenu à préparer la
même membrane en moins de temps que Ruisck,
en plus grande quantité, en recevant le sang dans
une fiole, et le secouant fortement et tout d'un
coup dans cette fiole exactement bouchée. La membrane qu'on obtient par ce procédé est plus forte
et plus épaisse que celle qu'on se procure en battant
le sang en plein air, comme le faisait Ruisck. Cette
force plastique et concrescible est surtout fort marquée et fort durable dans les états inflammatoires.
Il est probable que la fièvre et la grande chaleur qui

---

(1) C'est à cette force plastique que le sang doit la propriété de s'organiser, et qu'il tend puissamment à former
des produits construits et disposés de la même manière
que les vaisseaux, selon la belle observation de John Hunter, observateur d'un vrai génie, à qui l'on doit tant d'importantes découvertes. C'est à des hommes de cette trempe
qu'il appartient d'observer la nature, et non à tant d'a-
veugles nés, qui vont sans cesse vous répétant *qu'ils ont vu.*

accompagnent cet état inflammatoire a pour utilité
de diminuer cette grande concrescibilité du sang,
et de le réduire à son degré ordinaire de fluidité,
en le chargeant d'une grande quantité d'air; car
l'air contribue puissamment à la fluidité, et la chaleur est un des grands moyens dont se sert la nature pour fixer et combiner l'air (1).

Le sang contenu dans les vaisseaux d'un animal

---

(1) Cette force plastique, qui subsiste encore dans le
sang tiré du corps, se présente sous deux modifications
différentes, et dans une partie muqueuse moins concrescible, qu'on appèle substance mucilagineuse, et dans une
partie beaucoup plus concrescible, qu'on appèle partie gé-
latineuse ou fibreuse. Une différence remarquable entre le
mucilage et la gelée, c'est que le mucilage contient beaucoup plus d'acide; il paraît même que la gelée ne diffère
du mucilage que parce qu'elle est complètement dépouillée d'acide; car si, comme le dit M. Thouvenel, on combine la gelée avec un acide végétal, on la ramène, par ce
procédé, à un état entièrement mucilagineux; nous pouvons observer que les premiers actes de la force digestive
se marquent par la production des acides; et que ces actes,
à mesure qu'ils se répètent, tendent, de plus en plus, à
produire des alkalis; en sorte que l'état d'alkalescence est
le terme vers lequel tend l'animalisation, et qu'une substance est d'autant plus animalisée qu'elle contient plus
d'alkalis, et que les alkalis sont plus développés.

vivant paraît dans un état d'expansion considérable. Rosa a expérimenté qu'en liant de part et d'autre une portion d'artère, le sang qui y est contenu perd, en se refroidissant, les $\frac{8}{9}$ de son volume. « *Arteriæ portionem in vivo animali utrinque li-* » *gavit, eumque calentem frigentemque secun-* » *dum omnes dimensiones expendit, atque hinc* » *arteriæ diametrum præter diminutionem quæ* » *ultra $\frac{1}{4}$ partem in summo frigore contigit à nond* » *ad tertiam redactum esse observavit. Grumo-* » *sum autem filum quod in arteriæ remansit ad* » *minorem arteriæ diametrum erat ut* 1 : 3 *;* » *ideo sanguis fluidus ad primum erat ut* 1 : 9 *;* » *ac proinde sanguis in arteriis plenis nonam* » *tantum capacitatis partem ex ipso replet.* » (MERIONDUS, *Thes. de motu sanguinis in animali languente.*) « *Idem* Rosa *observavit carotidem* » *bovis utrinque ligatam atque recisam vehe-* » *menter pulsare; ex quibus ipse (* Rosa *) non* » *solum expansilis vaporis existentiam certo* » *eruit, verum etiam arteriarum pulsationem* » *non ab ipsis arteriis aut à corde, sed ab insita* » *in ipso sanguine proprietate produci affir-* » *mavit.* » C'est à cette force du sang qu'il faut attribuer les mouvements qui se font quelquefois ressentir dans les anévrismes faux. « *Anevrisma* » *spurium non adeo manifestum, licet tamen hoc* » *aliquando fallere possit, uti ex historiá ex se-*

» *verino modo allegata patuit.* » (Van Swieten, tom. 1, pag. 269.)

La fluidité du sang ne dépend pas seulement de l'eau qu'il contient. On peut observer souvent de grandes variétés dans les degrés de fluidité du sang, sans que l'on puisse supposer avec apparence de raison qu'il se soit fait un dépouillement ou une séparation de ses parties aqueuses. Schultz rapporte qu'ayant ouvert l'artère crurale d'un chien, tandis que le sang jaillissait avec la plus grande force, il mit quelques gouttes de la liqueur de Dippel dans la gueule de ce chien ; la blessure de l'artère se ferma par un caillot qui se forma sur-le-champ. Stahl a vu le sang entièrement concret dans une attaque d'épilepsie. Ce sont des faits de cette espèce qui ont fait croire à un médecin italien, nommé Capilupi, que le sang n'était point fluide, mais qu'il formait naturellement un tissu fibreux et solide qui faisait partie des vaisseaux. Ces observations démontrent combien sont peu fondées les idées de certains médecins qui ont nié que le sang fût jamais susceptible d'épaississement. (1). La

---

(1) Les observations de M. Rosa ont démontré que le sang est habituellement pénétré d'une force tonique, qui dilate et resserre habituellement toute sa masse, et qui

fluidité du sang ne dépend pas non plus absolument de la chaleur : M. Hunter a vu que dans les végétaux la sève conservait sa fluidité à un degré de froid très-supérieur à celui de la congélation. (*Comm. Leips.*, t. 26, p. 280.)

Le sang est habituellement pénétré d'une couleur rouge fort vive et très-exaltée. M. Haller a vu que sa couleur était extrêmement faible, ou plutôt qu'elle était absolument jaune dans des grenouilles qui n'avaient pas mangé depuis long-temps, et que la couleur naturelle du sang se rétablissait dès que ces animaux avaient pris de la nourriture. Ce rétablissement de couleur se fait assez promptement

---

dès-lors peut faire varier indéfiniment ses degrés de consistance. M. Rosa a donc reçu, dans un intestin de poulet, du sang artériel d'un animal vivant, et il a vu que cet intestin, plein de sang, battait comme les artères avec lesquelles il n'avait point de communication. M. Rosa s'est convaincu que, dans l'état ordinaire, le sang artériel est dans un état d'expansion considérable; en sorte que son volume est à celui auquel il se trouve réduit, quand il est tiré des vaisseaux, et que sa vie est complètement éteinte, à peu près comme dix est à un. Il y a bien des états maladifs dans lesquels il faut avoir égard à cet état d'orgasme, de turgescence, et de vive expansion des humeurs; et c'est alors, pour le dire en passant, que l'application de l'eau froide produit d'excellents effets.

pour qu'on ne puisse l'attribuer à aucune autre cause qu'à l'impression que les aliments font sur l'estomac. M. Haller a observé souvent que la couleur du sang offre dans l'animal vivant des variétés fort multipliées et qui se succèdent très-promptement ; ces différences de couleur se présentent dans des portions de sang contiguës, en sorte que M. Haller a souvent aperçu deux colonnes dans le même vaisseau, dont l'une était d'une couleur rouge, et l'autre d'une couleur jaune. Ces phénomènes démontrent que la couleur du sang, de même que ses autres qualités, dépendent de forces bien différentes de toutes celles que les chimistes et les physiciens peuvent suivre avec avantage (1). Il paraît cependant que la couleur rouge du sang est due en grande partie à un principe que le sang tire absolument de l'atmosphère, et qui n'est autre chose que l'air pur. Nous verrons, dans la leçon suivante, que la chaleur qui brûle dans le sang est une véritable chaleur de combustion. Or, l'air pur est absolument nécessaire pour entretenir la combustion ; il paraît même, comme le disent quelques chimistes modernes, et comme l'avaient dit quelques anciens, que l'air pur

______

(1) Et d'après les objections de M. l'abbé Spallanzani, M. de Haller avait assuré que cet effet ne pouvait pas être attribué à la réfraction de la lumière. (HALLER, *Auct.*)

est le seul corps de la nature véritablement combustible, ou qui soit susceptible de combustion ou de déflagration. Cet air, qui est nécessaire pour entretenir dans le sang sa couleur et sa chaleur, passe non seulement par la voie du poumon, mais encore par l'organe de la peau, dont toutes les parties respirent sans cesse, pour parler comme les anciens, c'est-à-dire, sont agitées d'un double mouvement qui s'alterne sans interruption pendant tout le cours de la vie, savoir, d'un mouvement *d'expansion* par lequel elles chassent et poussent au-dehors les vapeurs dont elles sont pénétrées, et d'un mouvement d'inhalation par lequel elles attirent l'air pur, aliment de la flamme qui brûle dans toutes les parties du corps vivant (1). Nous reviendrons ailleurs sur cette espèce de respiration qui se fait par la peau. Je remarque seulement ici que M. l'abbé Richard a expérimenté sur lui-même qu'une partie du corps exposée à l'air non respirable, par exemple, à l'air

____

(1) *Principium alimentis spiritus... os, guttur, pulmo* » *et reliquæ perspiratio* (HIPP., *De alim. Cornaro, n. 6.*) » *Respirationem voco cum spiritus intro et foras per os* » *fertur; perspirationem quæ per totum corpus perinde fit.* (GAL. *De salub. diet. com. t. 2, p.* 155.) J'appèle respiration l'entrée et la sortie alternative par le poumon, et j'appèle transpiration le même phénomène qui a lieu par la peau.

méphitique, éprouvait un sentiment de stupeur et
d'engourdissement; et que M. Achard, de Berlin,
a vu qu'en introduisant de l'air atmosphérique dans
les chairs ou le tissu cellulaire d'un animal vivant, cet air subit la même altération que l'air qui
a servi à la respiration pulmonaire (1). Vous pouvez consulter sur cet objet ce qu'a dit Galien
dans son premier livre des fièvres, et son traité
de Utilitate respirationis, et ce qu'en a dit tout
récemment M. de Buffon dans son traité des éléments.

Ce qui prouve que la couleur du sang dépend de
l'air pur qui est fixé et combiné avec lui par le
moyen de sa chaleur, c'est que les expériences de
M. Cigna ont démontré que le sang tiré de la veine
et exposé à l'air, conserve assez long-temps sa couleur, sans altération dans la couche supérieure,
et que les couches inférieures qui se décolorent

---

(1) Enfin M. le comte de Milli a prouvé que la matière
gazeuse qui s'échappe de la peau est semblable à celle qui
sort habituellement des poumons. La peau respire donc
comme le poumon; et c'est sur cette identité de fonctions
qu'est fondée la sympathie établie entre ces deux organes,
sympathie dont la connaissance est si importante dans
l'histoire des maladies.

peuvent être rendues à leur couleur rouge primitive lorsqu'elles sont exposées à l'impression de l'air (1).

On pourrait objecter que la couleur du sang se développe complètement dans le poussin comme dans l'œuf ; mais on sait, et les expériences de M. Stéhelin ont démontré que la coque de l'œuf est percée de pores très-multipliés, à travers lesquels l'air passe avec facilité, et qui dès-lors établissent une communication directe et immédiate entre l'atmosphère et le corps du poussin.

A l'occasion de la formation du sang dans le poussin, nous devons remarquer que le sang contient une assez grande quantité de parties ferrugineuses ; et comme il n'y a pas un atome de fer dans les humeurs de l'œuf, ce fer est une nouvelle production animale ; ce qui démontre l'énergie puissante des facultés digestives, qui, comme nous

---

(1) M. Priestley a fait cette expérience d'une manière plus exacte. Il a vu, qu'en exposant à l'air pur, du sang coagulé depuis long-temps, qui avait pris une couleur noire, il redevenait rouge ; ce qui n'avait pas lieu quand il était exposé aux autres espèces d'air non respirable. (*Comm. Leipsic. t. 23, p. 467.* HALLER, *Auct. lib. 6, p. 70.*)

l'avons déjà dit, développe pleinement dans la matière toutes les formes dont elles sont chargées.

Vanhelmont a bien dit que, tant que le sang faisait partie du corps vivant, il était pénétré d'une faculté spécifique qui, répandue dans toutes ses parties, les anime d'une vie commune et en compose une substance simple, homogène et parfaitement identique, en sorte que les différentes humeurs dans lesquelles le sang se divise ne préexistent pas formellement dans le sang, mais sont des produits de sa décomposition et de l'extinction de sa vie (1); et il s'est élevé avec beaucoup de chaleur contre la doctrine de ceux qui établissent que le sang est composé de quatre humeurs, savoir, du sang proprement dit, ou d'une humeur rouge, de bile jaune, de bile noire, et de flegme ou de pituite.

Les raisons de Vanhelmont sont victorieuses contre les prétentions de l'école, mais les Scholas-

---

(1) Vanhelmont parle ici des différentes parties dans lesquelles le sang tend à se diviser ; le mucilage, la gelée qui ne paraissent différer qu'à raison de l'acide. Il semble que l'animalisation tend à distraire de plus en plus ce principe acide, qui paraît accompagner constamment ses premiers actes.

tiques avaient étrangement altéré les idées de Galien. Galien savait que le sang était parfaitement un, tant que la force vitale qui s'y exerçait était disposée convenablement, mais il savait que cette faculté vitale du sang était susceptible de différentes altérations, et il admettait dans le sang, non pas *formellement*, mais *potentiellement*, (*non actu sed potentiâ*) autant d'espèces différentes d'humeurs qu'il y avait d'espèces différentes d'altérations dont était susceptible la faculté qui anime et qui vivifie le sang.

Ce grand homme, appuyé sur une quantité prodigieuse de faits de pratique, avait cru pouvoir rapporter à quatre chefs principaux toutes les altérations dont était susceptible la faculté qui anime le sang, et qui détermine ses qualités constitutives, savoir, l'altération bilieuse, pituiteuse, etc. (1); c'est-à-dire, que Galien croyait que dans certaines maladies toutes les humeurs avaient une tendance à la dégé-

---

(1) Chacune de ces dégénérations affecte un système d'organes différents; la dégénération muqueuse ou pituiteuse s'exerce très-spécialement dans le système nutritif, qui comprend tout l'organe cellulaire, les vaisseaux lymphatiques, les glandes et la tête qui paraît être le centre de ce système.

La dégénération sanguine, phlogistique, affecte parti-

nération bilieuse, dans certaines autres toutes avaient une tendance à la dégénération pituiteuse ou catarrhale, etc. ; et c'est cet état particulier des humeurs qui était le caractère distinctif de chaque classe primitive, à l'exception de celles qui étaient purement nerveuses ou spasmodiques et qui ne dépendaient que d'un désordre dans la distribution habituelle des mouvements toniques, qu'il appelait *maladie de fluxion* ou *rhumatismale*.

Comme le sang est absolument de même nature que la substance qui fait le fonds des organes, et qu'on peut le regarder comme une chair coulante, selon l'expression heureuse de M. de Bordeu, les différentes altérations dont le sang est susceptible peuvent exister également dans chacune des parties solides ; en sorte qu'il y a autant d'espèces de ma-

culièrement le système artériel, dont le centre est dans la poitrine.

La dégénération bilieuse affecte le système des veines, dont le centre est dans le bas-ventre........ Aussi avez-vous dû remarquer que la tête présente une masse blanche, à peu près inorganique, qu'on pourrait, à bien des égards, regarder comme un amas de tissu cellulaire ; que la poitrine contient une grande quantité de grosses artères, et que le bas-ventre contient une plus grande quantité relative de veines que toute autre région.

ladies locales ou topiques, que de maladies générales; que ces maladies sont absolument de même
nature, et qu'elles ne diffèrent que par les circonstances de s'exercer, ou dans les humeurs contenues
dans les vaisseaux, ou dans la substance qui fait le
fonds de chaque organe.

Je reviendrai ailleurs sur ces idées de Galien, et
je tâcherai d'en faire sentir l'importance. Je me contenterai d'observer ici que cette dégénération bilieuse
que suppose Galien, est démontrée évidemment
par l'action de certains poisons, comme du venin
du serpent à sonnettes, qui décompose le sang tout
d'un coup et le convertit en une liqueur claire et
jaune très-analogue à la bile.

J'observe encore par rapport aux dégénérations
différentes dont les humeurs sont susceptibles, que
les affections *bilieuses* étaient, chez les anciens,
beaucoup plus communes qu'elles ne le sont de nos
jours : et qu'au contraire, les affections *catarrhales*, c'est-à-dire, les affections dans lesquelles
les humeurs ont une tendance marquée à la dégénération *muqueuse* ou *catarrhales* sont aujourd'hui
beaucoup plus fréquentes qu'elles ne l'étaient autrefois. C'est un changement bien sensible qui s'est
fait dans les maladies, que tous les praticiens atten-
tifs ont observé, et dont l'époque paraît remonter

à peu près au temps de l'irruption du mal vénérien ;
et comme ce mal vénérien paraît bien évidemment,
de l'aveu de tous les praticiens, une affection muqueuse ou catarhalle, il semble dès-lors avoir imprimé son caractère sur le système entier des maladies.

LEÇON HUITIÈME.

De la chaleur.

La physique nous démontre que tous les corps privés de vie jouissent d'une température égale et parfaitement uniforme, en sorte que s'ils nous présentent quelques différences à cet égard, c'est seulement parcequ'ils se prêtent à différentes mesures à la communication de notre chaleur propre. Ainsi un morceau d'étoffe qui est très-facilement altéré par notre chaleur, et qui s'échauffe promptement, nous paraît moins froid qu'un morceau de marbre dans lequel la propagation de la chaleur ne s'opère pas si librement.

. Chaque corps vivant est pénétré au contraire d'une chaleur qui lui appartient en propre et qui diffère plus ou moins de la chaleur des corps environnants. Cette chaleur, ou plus généralement, cette température affectée à chaque être vivant, est ce qu'on appèle sa température vitale.

Les expériences de M. de Buffon, celles de M. Adanson, et surtout celles de M. J. Hunter, *com.*

Leips., tome 23, pag. 460, ont démontré que cette chaleur propre ou vitale a lieu également dans les végétaux dont la température habituelle diffère à peu près d'un ou de deux degrés de celle de la terre (1).

La chaleur naturelle de l'homme est à peu près de 97 ou 98 degrés du thermomètre de Farenheit, et non de 92, comme l'a dit Boerrhave (2). On porte communément jusqu'à 108 degrés, la limite de sa plus grande intensité, et à 87 la limite de sa moindre intensité ; en sorte que les différences en plus, sont ici plus considérables que les différences

---

(1) M. Hunter a observé que la sève des végétaux, conserve sa fluidité à un degré de froid très-supérieur à celui qui l'en prive, quand elle n'appartient plus au végétal ; ainsi il a observé que la sève se congelait au 31ᵉ degré du thermomètre de Farenheit, quoiqu'elle restât fluide dans l'arbre, dont la température n'était qu'au 17ᵉ degré. (*Comm. Leipsic. t.* 26, *p.* 280.)

(2) Et à cette occasion, M. de Branum remarque qu'il faut que le thermomètre reste appliqué au moins un quart d'heure pour qu'il prène le véritable degré de la chaleur du corps..... Elle est plus forte que dans tous les animaux quadrupèdes ; elle est plus forte dans les oiseaux que dans les quadrupèdes, et surtout dans les petits oiseaux, chez lesquels elle excède de quinze à seize degrés la chaleur de l'homme. (*Comm. Leipsic. t.* 8, *d.* 680 *et* 681.)

en moins ; car la chaleur ne peut diminuer que de 8 ou 9 degrés, et elle peut augmenter de 12 ou 13.

On sait aujourd'hui que la chaleur animale ne peut être produite par le frottement des humeurs contre les parois des vaisseaux qui les portent ; cette théorie, qui a été fort accréditée, a été détruite principalement par les observations de M. Desamontons, celles de Branum, et surtout de M. de Haen, qui se sont convaincus qu'il n'y avait aucun rapport entre les degrés de la chaleur et les degrés de vitesse du sang (1). Vous pouvez

---

(1) Les expériences de Musgrave, Wasbreg, et surtout de Caveshill, prouvent bien aussi que la chaleur ne peut être rapportée au mouvement du sang. Caveshill a toujours vu qu'après avoir porté dans les nerfs de profondes lésions, la chaleur tombait brusquement dans toute la partie qui recouvre ces nerfs, quoique le mouvement des vaisseaux ne diminue pas dans la même proportion, il en a conclu que la génération de la chaleur dépendait de l'action des nerfs, mais à tort ; puisque ces expériences prouvent seulement que la chaleur est une fonction qui demande le concours du système nerveux, comme de tous les autres systèmes. Musgrave qui l'attribue à un peu de chaleur placée dans les nerfs, (*Comm. Leipsic. t.* 23, *p.* 483.) a conclu de ces expériences que la production de la chaleur ne dépendait, ni de la volonté, ni du mouvement du sang,

consulter sur cet objet le premier et le second volume du *Ratio medendi*, de M. de Haen, dont je vous conseille beaucoup la lecture (1).

La chaleur est constamment la même dans toute la durée de la vie (2); c'est-à-dire, que les différents âges de la vie n'apportent point de différence sensible et soutenue dans l'état de la chaleur. Cette loi a été principalement établie par les expériences nombreuses de M. de Haen, qui a trouvé que la chaleur était toujours la même dans tous les âges, comme dans tous les individus (différence, à cet égard, entre les végétaux et les animaux. *Comment. de Leips.*, *tom.* 23, *pag.* 461). Galien avait déjà fait des observations analogues, qu'il rapporte dans son traité des *Eléments*. Il a vu aussi que la chaleur

---

ni de l'action des nerfs, mais seulement du principe qui soutient la vie de l'animal et du végétal. C'est précisément ce que disait Galien il y a dix-sept siècles.

(1) M. Hunter, (*Comm. Leipsic. t.* 23, *p.* 461.) remarque surtout victorieusement contre l'hypothèse qui fait dépendre la production de la chaleur du mouvement du sang, que des animaux, dans lesquels il ne se fait point de circulation, résistent à des degrés de froid extrêmes.

(2) M. Branum, (*Comm. Leipsic. t.* 18, *p.* 681.) où du moins les variétés ne sont guère que d'un degré ou d'un degré et demi.

était la même dans l'enfance et dans la vieillesse ; il est étonnant qu'il ait pu rencontrer aussi juste , sans le secours des instruments dont nous nous servons maintenant. Il est vrai qu'il a dit, dans le même endroit, que les gens d'un âge fort avancé sont plus froids que les jeunes gens , ce qui est contraire à l'observation de M. de Haen ; mais il paraît que cette assertion de Galien doit s'entendre de la cause productrice de la chaleur , et non de la chaleur produite ; de la chaleur en puissance , et non de la chaleur actuelle ; et ces choses sont bien différentes, puisqu'il n'est pas douteux qu'un homme jeune et vigoureux ne puisse supporter impunément des degrés de froid qui tueraient un vieillard. Mais ce sont des distinctions qui, quoiqu'absolument nécessaires , parce qu'elles ne sont que l'énoncé des faits , sont cependant rejetées par bien des modernes.

M. de Haen s'est aussi assuré , par des expériences souvent répétées, et en appliquant des thermomètres sur la région du cœur et vers les extrémités , que la chaleur était répartie d'une manière uniforme , sur toute l'étendue du corps , et qu'elle n'était pas plus considérable dans une partie que dans une autre (1). Il est cependant très-vraisem-

____

(1) Il paraît aussi que la chaleur est un peu plus vive

blable que chaque organe est pénétré d'une plus
vive chaleur dans l'instant qu'il est appliqué à
l'exercice de sa fonction; mais ce sont là des différences trop légères et trop fugitives, pour pouvoir
être saisies par nos instruments.

Mais c'est surtout dans certains états maladifs ,
que la nature intervertit , d'une manière bien évidente, cette égalité de distribution , et qu'elle
divise et partage le corps en différentes parties,
dans chacune desquelles elle entretient , dans le

---

dans les parties intérieures, au moins dans les viscères du
bas-ventre ; mais tout au plus d'un ou d'un degré et demi,
selon les expériences qu'a faites M. Branum sur la chaleur
de l'urine, à l'instant de son émission ; chaleur qui doit
être celle des parties intérieures. Par rapport à ces deux
lois que nous venons d'énoncer, il y a quelque différence
dans les végétaux comparés aux animaux. M. Hunter a vu
que les racines paraissent pénétrées d'une plus grande chaleur que le tronc et les feuilles ; et comme dans les animaux, les parties intérieures ont aussi un peu plus de chaleur, on peut donc assimiler les racines des plantes aux
organes digestifs des animaux, et regarder le végétal
comme un animal renversé, comme disait très-bien Aristote. M. Hunter a aussi vu que les animaux, dans le premier âge, avaient moins de chaleur que dans un âge plus
avancé. (Sur les exceptions, voyez Branum, *Comm. Leips.*
t. 18 , *p.* 681 ; et Haller, *Auct. lib.* 4, *sect.* 2, *p.* 16.)

même temps, des accidents de température très-différents et absolument opposés. On sait que l'haleine peut être froide dans les derniers instants de la vie; Galien attribuait, avec raison, ce phénomène au refroidissement ou à l'extinction des forces vitales du poumon, qui est le plus faible de tous les organes, et qui, assez communément, est celui qui meurt le premier de tous.

On a observé quelquefois que le sang était décidément froid, quand toutes les parties de l'habitude du corps étaient pénétrées du degré ordinaire et exclusif de chaleur. Vous en pouvez voir des exemples dans le bel ouvrage de M. Morgagni, dans celui de M. de Haen; ces observations prouvent bien manifestement, contre une opinion assez généralement étendue, que le sang n'est pas le foyer exclusif de la chaleur; elles sont très-intéressantes contre la théorie de M. Crawford, dont nous allons parler tout à l'heure.

Une circonstance bien remarquable dans l'histoire de la chaleur animale, c'est qu'elle se soutient constamment au même degré, quelque différente que soit l'intensité des causes qui agissent sur elle, pour l'altérer en plus ou en moins. La chaleur se conserve donc à un degré fixe dans une atmosphère dont la température est beaucoup plus froide que

celle du corps ; et, comme la chaleur tend toujours à se mettre en équilibre, et qu'elle passe, par
un mouvement non interrompu, du corps plus
chaud dans l'atmosphère plus froide, il s'ensuit
qu'il doit se faire, à chaque instant, une nouvelle
production de chaleur, et que la quantité de chaleur produite, doit être d'autant plus grande, que le
froid relatif de l'atmosphère est plus considérable;
en sorte que dans des latitudes extrêmes, comme
dans celles de Tornéo, de Jenisséa, de Kéringu, il
faut que l'homme produise à chaque instant de
2 à 500 degrés de chaleur, au thermomètre de
Farenheit, puisque sa chaleur propre est de 97 à
98, et que dans ces climats extrêmes, selon les
observations de Martine et de Gmelin, le thermomètre tombe 123, 124 et 130 degrés au-dessous
du terme de la congélation et même jusqu'au 135e
degré, terme de la congélation du mercure (Gallus,
dans la ville Serapel. — Haller, auct., lib. 6, *pag.*
66. — Hunter, *Comment. Leips.*, tom. 23, *pag.*
460).

Dans les climats très-chauds, au contraire, dont
la température peut être supérieure au 108e degré
du thermomètre de Farenheit, la chaleur de
l'homme, qui ne s'élève donc qu'à ce terme de
108 degrés, reste dès-lors au-dessous de la chaleur
de l'air environnant. Ainsi, M. Linings a vu à la

Caroline que le thermomètre baissait lorsqu'un homme en plongeait la boule dans sa bouche ou sous les aisselles. M. Ellis a vu la même chose en Géorgie, et vous pouvez consulter les observations analogues que M. Haller a rassemblées dans le cinquième livre de sa grande physiologie, dans les *addenda*.

On a tenté récemment beaucoup d'expériences, pour constater la propriété qu'ont les animaux de résister à la communication de la chaleur environnante. Ces expériences ont démontré dans l'homme la propriété de résister à une chaleur extrême (1). Vous pouvez consulter sur ce sujet le huitième volume des suppléments de M. de Buffon. M. du Tillet a vu une jeune fille rester dans un four quelque temps, pendant que le pain s'y cuisait.

---

(1) Vous pouvez voir dans les *Transactions philosophiques*, année 1775, les expériences de MM. Fothergill, Solander et Banck, qui ont fait construire des chambres de plain-pied, qu'ils ont échauffées par des tuyaux de chaleur, pratiqués dans le plancher, et dans lesquels on versait de l'eau bouillante. M. Fothergill a soutenu une chaleur de cent trente degrés, quoique sa température propre n'excédât pas le centième degré. MM. Solander et Banck ont soutenu jusqu'à deux cent dix et deux cent onze. M. de Buffon donne le détail de ces expériences dans le huitième volume de ses suppléments.

(*Comm. Leips.*, tom. 23, p. 449.) On a vu une jeune fille soutenir pendant quinze minutes une chaleur de 135 degrés du thermomètre de Réaumur, c'est-à-dire, 335 du thermomètre de Farenheit. Cette propriété est encore plus considérable dans les animaux à sang froid (1).

En sorte que si nous rassemblons les variétés de température que la chaleur vitale peut soutenir sans altération, nous verrons que ces variétés présentent une étendue ou une latitude qui embrasse 400 ou 500 degrés du thermomètre de Farenheit. Pour que la chaleur puisse ainsi se soutenir d'une manière fixe sous des températures si différentes, il faut donc que les forces qui la produisent, proportionnent constamment leur intensité à la diversité de ces températures ; et si le passage brusque, et non ménagé, d'une température à une température fort opposée est communément nuisible, et si le corps ne peut le supporter, c'est par la difficulté que trouve la nature à régler et à établir tout d'un coup les proportions de mouvements convenables à chacune. Aussi ces grandes et soudaines varia-

---

(1) Il faut que la peau soit couverte, et qu'elle soit à l'abri de l'impression immédiate de la chaleur. (HALLER, *Auct. lib.* 5, *p.* 14.)

tions de température sont-elles indifférentes dans ceux qui en ont l'habitude, et chez lesquels, par conséquent, la nature règle plus facilement et plus sûrement l'appareil des mouvements de chaleur sur l'intensité différente des causes qui tendent à l'altérer. C'est ainsi qu'il faut concevoir l'observation de M. l'abbé Chappe, qui a vu que les Russes, après avoir passé quelquefois plus de deux heures dans des bains excessivement chauds, sortaient tout en sueur, et allaient impunément se jeter et se rouler dans la neige, par le froid le plus rigoureux.

Il est extrêmement probable que la chaleur vitale est une véritable chaleur de combustion, ou qu'elle dépend d'une espèce de feu allumé dans toutes les parties, et qui les décompose de la même manière que le feu ordinaire décompose et détruit les matières combustibles :

1° C'est que l'air pur, qui est le seul moyen de combustion, est d'une nécessité aussi indispensable pour entretenir la vie des animaux, que pour entretenir la flamme.

2° C'est que la quantité habituelle de chaleur qui brûle dans chaque espèce d'animal est d'autant plus considérable, que cet animal reçoit une plus grande quantité d'air pur ; et quoique l'air pur

passe dans le corps par toutes les parties qui sont
en contact immédiat avec lui, il n'est pas douteux
cependant que le poumon ne soit l'organe principal
par lequel l'air pénètre dans le corps. Or, comme
l'a très-bien vu M. de Buffon, la quantité de chaleur, dans chaque espèce d'animal, est assez généralement proportionnelle à l'étendue et à la capacité
du poumon.

3° C'est que, selon les expériences de M. Priestley, l'animal qui respire altère et déprave l'air de la
même manière qu'un corps qui y brûle; en sorte
que les produits de la respiration sont vraiment des
matières *fuligineuses*, comme disaient les anciens;
c'est-à-dire que ces produits sont chargés des débris de la décomposition de matières inflammables,
comme le sont les produits de la véritable combustion.

4° Enfin, c'est que la chaleur vitale produit très-
communément des phénomènes d'électricité, ou
des phénomènes de feu rendu libre, et que, quelquefois même, il est arrivé que la quantité de feu
rendu libre a été si considérable, qu'il s'est fait
des déflagrations spontanées par lesquelles des corps
vivants ont été tout à coup complètement décomposés et réduits en cendres. M. le marquis de
Maffey nous a laissé l'histoire de la marquise de

Bandi de Cézenne, dont tout le corps, à l'exception de la main droite, fut ainsi décomposé par une flamme allumée spontanément. Les papiers publics de l'année dernière ont fait mention d'un fait analogue (1); et une circonstance commune au sujet de ces observations, c'est que tous deux avaient depuis long-temps l'habitude de boire beaucoup de liqueurs inflammables, soit prises intérieurement, soit appliquées extérieurement. M. . . . . a recueilli plusieurs faits de cette espèce dans un mémoire lu à la société royale de Londres en 1745; et ces observations sont d'autant plus remarquables, qu'on sait que la combustion des cadavres est très-difficile, et ne peut se faire qu'à l'aide d'un feu très-violent et très-long-temps soutenu. Je vois que l'académie de Caen propose, pour sujet d'un prix pour le mois d'octobre 1785, de déterminer « 1° quel est l'agent, le mécanisme » de pareils embrâsemens; 2° s'il est possible à » l'art d'en préparer un semblable, et qui puisse

____

(1) Vous pouvez consulter, sur ces déflagrations spontanées, une dissertation de M. Dupont, *De spontaneis incendiis corporis humani*, soutenue à Leyde en 1763. (*Comm. Leips. t.* 21, *p.* 120.) Il a rassemblé plusieurs exemples de ce genre, et l'*Encyclopédie*, article *Chaleur*, de l'illustre et éloquent M. Venel, professeur de cette université.

» en peu de temps consommer les cadavres auxquels
» on l'appliquera ; 3° d'indiquer la composition de
» cet agent, et la manière de s'en servir. »

Les faits que je viens de rapporter démontrent donc des analogies frappantes entre la chaleur animale et la combustion. Mais quoiqu'on puisse regarder la chaleur animale comme une véritable chaleur de combustion, selon le système des anciens, qui vient d'être renouvelé par M. de Buffon, comme on peut le voir dans son traité des éléments ; cependant il s'en faut bien que ce feu soit livré à l'action nécessaire de l'air extérieur, comme le feu ordinaire ; car la chaleur animale se soutient constamment au même degré sous des températures fort différentes. Il faut dès-lors qu'il y ait un ordre établi et constamment soutenu entre l'intensité des mouvements générateurs de la chaleur, et la température du milieu environnant. Or, cette harmonie si constante entre les mouvements qui produisent la chaleur et la variété des causes qui tendent à l'altérer en plus ou en moins, ne peut se rapporter à aucune cause aveugle et mécanique (1).

____

(1) On parle beaucoup aujourd'hui de la théorie du docteur Crawford, qui réduit la production de la chaleur animale à un phénomène purement chimique, et qui l'attri-

J'ai déjà dit, et je dois rappeler ici que M. de Haen a quelquefois observé que la chaleur montait

---

bue à la combinaison de l'élément du feu avec le sang du poumon, par l'intermède du phlogistique qui s'en échappe. M. Crawford imagine que la chaleur élémentaire contenue dans l'air atmosphérique, et qui y réside d'une manière cachée (et la chaleur, dans cet état, il l'appèle *chaleur latente* ou *spécifique*), en est dégagée et comme précipitée par l'action du phlogistique; et qu'alors elle se fixe et se combine avec le sang; où, par cet état de combinaison, elle se transforme en chaleur sensible et manifeste, et devient ainsi la cause de la chaleur dont le corps est pénétré.

Lorsque l'air vital, dit-il, entre dans le poumon, sa base ou l'oxigène (comme disent quelques chimistes), se combine avec le phlogistique qui s'échappe du sang pulmonaire, parce que cette base a plus d'affinité avec le phlogistique qu'elle n'en a avec la matière de la chaleur; et le feu qu'il contenait en si grande quantité passe dans le sang, où il devient chaleur sensible et appréciable au thermomètre; parce que l'état aqueux du sang ne lui permet point de tenir en combinaison, et d'une manière latente, une aussi grande quantité de chaleur.

M. Crawford admet une matière particulière qu'il appèle *matière de chaleur :* il croit que cette matière se trouve combinée en très-grande quantité dans les corps qui sont sous la forme de gaz, et que dans cet état de combinaison elle est inappréciable au thermomètre. Il croit encore que cette matière se trouve combinée en grande quantité dans les corps qui sont sous une forme

quelquefois brusquement de quelques degrés à
l'instant de la mort, et qu'elle se soutenait à ce

---

aqueuse, mais en quantité moindre que dans un état gazeux ; et qu'enfin ces corps sous forme concrète ou . . .
en contiènent très-peu. Ces principes de la chaleur sont
admis aujourd'hui par presque tous les chimistes.

Cette théorie est peut être une des entreprises les plus
hardies que la chimie ait faites sur la médecine. On se
rappèle ici ce que disait Boerrhave, que la chimie reste
asservie à la médecine ; elle pourra devenir utile, mais on
aura toujours lieu de craindre, quand elle aspirera à lui
donner des lois.

Il n'y a point de médecin, dit fort bien l'illustre M. Léo-
nard, auteur de la traduction allemande du dictionnaire
de M. Macquer, article *Gaz nitreux*, qui puisse se fami-
liariser avec l'idée que toutes les parties qui entrent dans
la composition du corps vivant ne coucourent point d'une
manière active à la production de la chaleur, et qu'elles se
comportent, par rapport à ce phénomène, de la même manière qu'un vaisseau de verre qui contient de l'acide vitriolique, et dans lequel on développe la chaleur en **y**
jetant de l'eau.

La théorie de M. Crawford suppose que la matière de la
chaleur diffère essentiellement du phlogistique. Or c'est ce
qui n'est point du tout démontré ; et il est très-douteux
qu'il y ait entre ces deux substances d'autre différence
que celle qui résulte de l'état de liberté et de fixite.

Et cette théorie suppose que le poumon est le seul organe dans lequel le phlogistique du sang se dégage et
devient le moyen de précipitation de l'élément de la cha-

degré d'élévation pendant deux ou trois heures
après que la mort paraissait entièrement consom-

---

leur. Elle suppose aussi que cet élément de la chaleur
s'échappe seulement par la peau. Or c'est ce qui est contraire à l'observation de M. Ingenhous et de quelques
autres, qui ont vu que le phlogistique transpire de la peau
comme du poumon.

La théorie de Crawford établit que le sang chargé (et
d'une manière nécessaire) de chaleur dans le poumon,
la porte dans toutes les parties auxquelles il se distribue.
Ainsi il faudrait qu'il y eût chaleur partout où il y a du
sang, et du sang en mouvement; et qu'il y eût du froid
partout où le mouvement du sang est supprimé. Or c'est ce
qui est contraire à l'observation. M. de Haen a vu dans
des membres paralysés que la chaleur était complètement
éteinte, quoique le mouvement des artères se soutînt
comme à l'ordinaire. M. Jaune qui a écrit contre cette
théorie de M. Crawford (*Journ. de méd. ang. t.* 6, *part.* 2,
p. 144, *année* 1786.) dit qu'il a vu plusieurs cas où le pouls
était absolument insensible, non-seulement au poignet,
mais dans l'artère axillaire, quoique la chaleur ne fût
point au-dessous du degré naturel. On pourrait rapporter
ici les observations rassemblées en grand nombre par
MM. Hume, de Haen, Bank, Fordyce, Martine, Caveshill, pour prouver qu'il n'y a point de rapport entre le
mouvement du sang et l'état de la chaleur. (*Leçons de
myologie* et surtout les observations de Morgagni.)

La théorie de M. Crawford ne peut s'appliquer non plus
au fait de la conservation de la chaleur dans des états

mée. Ce fait me paraît analogue aux mouvements convulsifs qui, au moins, dans les jeunes gens, accompagne presque toujours ce dernier acte de la vie (1). On peut également le considérer comme

---

d'asphyxie complète, lorsque les mouvements de la respiration sont absolument supprimés, et encore moins à la permanence de la chaleur après la mort. Or c'est un phénomène qui a été constaté par un grand nombre d'observations.

Mais le plus grand défaut de cette théorie chimique et nécessaire, sur la production de la chaleur, c'est qu'elle ne s'applique point à la circonstance la plus importante de ce phénomène; c'est-à-dire à son état à peu près toujours le même, sous des accidents de température absolument opposés.

(1) La fonction de la chaleur paraît unir d'une manière très-intime les différentes parties d'un système vivant, et rendre l'action d'influence de ces parties les unes sur les autres, d'une nécessité plus indispensable pour le soutien de la vie. Nous avons déjà remarqué que les fonctions sont plus indépendantes les unes des autres dans les animaux à sang froid, et cette indépendance se montre bien évidemment dans les végétaux qui, dans l'ordre des êtres animés, peuvent être considérés comme les êtres froids par excellence. M. Mustel rapporte, à cette occasion, dans les transactions philosophiques, une expérience qui est fort intéressante; il dit que pendant l'hiver il reçut une branche d'arbre dans un verre convenablement échauffé, et il vit que cette branche produisit des feuilles.

le produit d'un état comme convulsif dans les forces génératrices de la chaleur.

---

et des fleurs ; tandis que les autres parties du même arbre, exposées en plein air, ne donnèrent aucune marque de végétation. (*Comm. Leips. t.* 21, *p.* 105.)

FIN DE L'ANGIOLOGIE.

LEÇONS

DE PHYSIOLOGIE.

NÉVROLOGIE.

NÉVROLOGIE.

LEÇON PREMIÈRE.

Cerveau. Ses membranes. Ses mouvements dépendants des veines et de la respiration.

Nous passons à un appareil d'organes très-généralement répandus dans le système animal ; je veux parler du cerveau, et des nerfs, que l'on doit considérer comme des prolongements ou des expansions de la substance même du cerveau. Nous trouverons ici bien de fausses vues, bien des préjugés uniquement fondés sur l'extrême importance que l'on attache à la matière, et nous aurons souvent occasion de répéter ce que nous avons déjà dit, d'après Hippocrate, savoir : que toutes les fonctions d'un animal marchent en cercle, que toutes se portent des secours réciproques et nécessaires, et que, d'après la chaîne qui les unit et les coordonne, il n'en est pas une seule dont il soit vrai de dire que toutes les autres en dépendent par voie de conséquence. Et par exemple, nous pouvons déjà remarquer que, quoiqu'on établisse très-généralement que les nerfs sont les organes immédiats et exclusifs de la sensibilité, cependant cette sensibilité, c'est-à-dire, la propriété par l'exercice de laquelle un être aperçoit et juge les rapports de convenance et de disconvenance qu'ont avec lui les objets qui l'environnent, cette propriété appartient peut-être à tout ce qui a vie, aux végétaux comme aux animaux, et que dès-lors elle n'est pas la caractéristique de l'animalité, et que très-certainement au moins, cette faculté de sentiment existe d'une manière bien évidente dans la classe des zoophytes qui paraissent remplir l'intervalle jeté entre le règne animal et le règne végétal, et que, d'après les observations les plus exactes, les zoophytes, bien étudiés par M. Donati, ne présentent point d'organes qui soient corrélatifs aux nerfs proprement dits.

Je parlerai d'abord du cerveau, et dans cette leçon, je ne parlerai que des phénomènes accessoires et pour ainsi dire étrangers. Ce ne sera que dans les leçons suivantes que je traiterai de la substance du cerveau et des nerfs, et que je tâcherai d'exposer les phénomènes qui leur appartiènent en propre.

Le cerveau est recouvert de différentes membranes superposées. La plus intérieure, qu'on appèle pie-mère, est la seule qui lui soit propre ; c'est la seule qui l'accompagne généralement, constamment, qui s'accommode à toutes ses circonvolutions, et qui fournisse différentes productions qui, par divers endroits, pénètrent dans l'intérieur de sa substance et en parcourent toute l'étendue. La seconde, extrêmement délicate, est placée sur la pie-mère, et ne s'applique point comme elle sur toute l'étendue des circonvolutions du cerveau. Cette seconde membrane a été appelée par les anatomistes hollandais, qui la découvrirent en 1666 (Blasius Swammerd), membrane arachnoïde à raison de sa finesse extrême.

Enfin, la troisième membrane, la plus extérieure comme la plus épaisse et la plus forte, est appelée dure-mère. On y distingue communément deux lames ou deux feuillets. Et cette distinction est fondée parcequ'il y a des endroits, comme vous le verrez, où ces feuillets se séparent et laissent entre eux un espace plus ou moins considérable. La lame interne fournit différents prolongements, lesquels pénètrent dans la substance du cerveau et partagent le corps de ce viscère en différentes portions distinctes et détachées les unes des autres.

La lame la plus externe est immédiatement appliquée sur la surface du crâne. Elle s'accommode avec une extrême précision à toutes ses inégalités. Elle y est étroitement attachée, d'abord par des vaisseaux très-multipliés et par un tissu cellulaire très-rapproché. Cette adhérence de la dure-mère avec le crâne, est surtout très-fortement établie à l'endroit des sutures, et elle se fait par des filaments très-nombreux, qui passent à travers ces sutures, et qui se confondent intimement avec le péricrâne.

Cette membrane qui paraît donc avoir pour principale utilité de couvrir le cerveau, d'assurer d'une manière fixe la situation respective de ses différentes parties, et aussi de servir de périoste au crâne, a été regardée par quelques médecins comme un centre principal de vitalité. Ce système, enseigné par Pachioni, a été accrédité par Baglivi, homme de génie, et enlevé trop jeune à la médecine. Baglivi regardait donc toutes les membranes comme des prolongements différents de la dure-mère, et il croyait que cette membrane, à raison de la disposition de ses fibres, était continuellement agitée d'un mouvement de contraction et de dilatation, qui non seulement agitait toute la substance du cerveau et excitait le cours des esprits animaux, mais qui produisait encore dans tout le système membraneux des vibrations et des oscillations dont la constance, l'ordre et la régularité entretiènent d'une manière convenable le jeu des fonctions, tandis que le désordre de ces oscillations toujours dépendant de l'irrégularité des mouvements de la dure-mère, devient la cause de la plus grande partie des affections maladives.

Ce système de Baglivi ou de Pachioni a beaucoup de rapport avec celui de la Case, exposé dans le traité de l'homme physique et moral ; la seule différence, c'est que les oscillations qu'on attribue aux fibres vivantes, sont rapportées au balancement continuel du diaphragme, avec lequel on suppose que chaque partie est liée par l'intermède du tissu cellulaire.

Un grand défaut commun à ces deux systèmes, c'est qu'ils ne peuvent s'appliquer qu'à un certain ordre de phénomènes, c'est-à-dire, aux phénomènes dépendants des forces toniques ou des forces qui s'exercent dans les parties solides pour changer leur situation, et non pour changer leurs qualités intérieures ou constitutives, et qu'ils ne donnent aucun moyen de concevoir les faits dépendants de la force digestive. Or, ces faits, comme nous l'avons déjà remarqué, et comme nous le verrons plus particulièrement dans le traité des maladies, sont précisément ceux qu'il importe le plus au médecin de considérer.

Un autre défaut capital de ce système et de tous les systèmes des solidistes, c'est de rapporter tout à la force de percussion ou d'impulsion, et de ne voir dans les organes vivants, d'autre moyen d'action que celui de la continuité, tandis que les qualités des organes vivants se transmettent à distance, et d'une manière toute particulière ; que chacun des organes a une sphère d'action plus ou moins étendue ; qu'un des points de cette sphère peut exclusivement recevoir l'influence de cet organe, sans qu'aucun des points intermédiaires en ressente l'effet. C'est cette action que Vanhelmont appelait *actio regiminis*, que Galien avait parfaitement connue, et à laquelle on est conduit nécessairement quand on saisit les faits dans toutes leurs circonstances.

Au reste, nous pouvons observer que les objections de M. de Haller, contre les hypothèses de Baglivi, ne sont pas concluantes. M. de Haller objecte d'abord que la dure-mère est fortement attachée au crâne, et qu'ainsi elle ne peut avoir de mouvement ; mais cette force adhérente n'est vraie que de la lame externe, et cette adhérence, quelle qu'elle soit, ne peut absolument empêcher l'exercice des mouvements de frémissement et d'ondulation, tels que les demande Baglivi. M. de Haller objecte encore que les fibres de la dure-mère sont tendineuses et non charnues ; mais, quand ce fait anatomique serait bien établi, encore M. de Haller ne pourrait-il pas dépouiller ces fibres de tout principe d'irritabilité ; car nous avons prouvé, par plusieurs faits, que l'irritabilité n'est

point exclusivement attachée à la fibre musculaire
ou charnue, et que nombre d'expériences ont
démontré cette propriété vitale dans des parties qui
sont, de l'aveu de tous les anatomistes, destituées
de fibres charnues : aussi est-il certain, contre
l'opinion de M. de Haller, que l'irritation vive de
la dure-mère excite des mouvements convulsifs de
tout le corps, surtout lorsqu'elle a été irritée dans
les endroits où elle est fortement tendue.

Nous avons déjà remarqué, et nous devons rappeler
ici que naturellement la substance du cerveau ne contient point de graisse. Ce fait prouve bien évidemment
combien est peu fondé ce qu'on dit communément
de la sécrétion de cette humeur, qu'on attribue à la
transsudation de l'huile du sang à travers les pores
dont les vaisseaux sont percés ; car le cerveau reçoit
une très-grande quantité de sang, les vaisseaux s'y
distribuent et s'y composent de la même manière
que dans toutes les autres parties du corps ; ces
vaisseaux sont également percés de pores, également
ment enveloppés de tissu cellulaire, c'est-à-dire,
que le cerveau présente réunies, toutes les circonstances dont on suppose le concours suffisant pour
la génération de la graisse, tandis que cette génération ne s'y fait pas. Il faut donc l'action toujours
subsistante d'un principe ordonnateur, qui assem-
ble la graisse dans les parties où elle doit remplir

quelque usage, et qui, dans l'état naturel, l'écarte sûrement de toutes celles où sa présence pourrait devenir nuisible.

Une circonstance remarquable, par rapport à la distribution du sang dans le cerveau, c'est que les veines qui reçoivent le sang des artères, comme partout ailleurs, s'ouvrent bientôt, après leur naissance, dans des veines d'un très-gros calibre, qu'on appèle sinus, et qui sont contenues dans des espaces ménagés entre les deux lames de la dure-mère. La plupart des sinus communiquent entr'eux ; en sorte que dans les différentes situations de la tête, le sang passe facilement de l'un dans l'autre ; tous vièdent s'ouvrir dans les veines jugulaires ou vertébrales, dont ces sinus sont bien évidemment des productions ; car, par exemple, dans le sinus transverse, il est facile de se convaincre que les membranes qui le composent sont des prolongements ou des continuations des membranes des veines jugulaires.

Ces sinus qui sont distribués çà et là, et qui répondent à différentes portions du cerveau, et qui contièrent habituellement une grande quantité de sang, peuvent être considérés comme autant de centres de chaleur que la nature a distribués tout autour du cerveau ; car quoique la chaleur dépende de forces diffuses dans toute l'habitude du corps vivant, et qui s'exercent dans chacune de ses parties; quoique le sang n'en soit pas le foyer exclusif, et qu'il arrive même quelquefois que le sang perde sa chaleur, quoique toutes les autres parties la conservent, comme cela avait lieu chez des personnes à qui on avait tiré du sang froid; quoique la peau fût pénétrée de sa chaleur ordinaire; observation que j'aurais pu ajouter à celles que j'ai proposées ci-devant contre la théorie de M. Crawford; cependant on ne peut douter que le sang ne soit habituellement pénétré d'une très-grande quantité de chaleur. Aussi la chaleur, dans chaque espèce d'animal, est-elle proportionnelle à la quantité de sang; et de plus, il est facile de prouver que, de toutes les parties du corps, le sang est celle qui contient en plus grande quantité l'élément de la chaleur ou le principe matériel du feu. C'est à raison de la chaleur qui le pénètre que le sang, surtout le sang artériel, se trouve naturellement dans un état d'expansibilité considérable, en sorte que le volume qu'il occupe pendant la vie est à celui qu'il occupe après la mort, à peu près comme 10 est à 1, suivant les expériences de M. Rosa.

Ce qui semble confirmer l'usage que nous attribuons aux sinus du cerveau, c'est qu'une disposition analogue se retrouve dans la moelle épinière qui, dans toute sa longueur, est accompagnée de deux grosses veines situées latéralement, et qui, d'espace en espace, communiquent entre elles par d'autres veines couchées en forme d'arc sur le plan postérieur de la moelle épinière.

Mais quoi qu'il en soit, un autre usage bien évident des sinus du cerveau, c'est de servir de réservoir au sang dans toutes les circonstances très-nombreuses dans lesquelles cette humeur est repoussée vers la tête. C'est relativement à cet usage que les veines jugulaires sont les plus dilatables de toutes les veines, et que les sinus, principalement les sinus longitudinaux, sont fortifiés par des bandes transversales situées d'espace en espace.

Nous avons déjà dit que dans les gros vaisseaux, qui sont les seuls cependant dans lesquels on puisse admettre la circulation harveyenne, il s'en faut bien que le sang coule avec cette constance et cette régularité de mouvements que suppose cette circulation ; et nous avons remarqué qu'une cause puissante qui tend à troubler cette régularité de mouvements, c'est l'action de l'oreillette droite qui, à chaque contraction, repousse avec force dans les veines caves une partie du sang qu'elle contient ; une cause analogue et bien plus puissante est celle qui dépend de l'exercice de la respiration.

Dans l'inspiration, le sang de toutes les veines se porte avec force vers le poumon, ou plutôt vers le cœur, et cette accélération de mouvement ne doit pas seulement être attribuée à la facilité plus grande que le sang trouve alors à traverser le poumon, mais encore et principalement à l'excitation que l'air porte sur le poumon; car c'est une loi générale dans le corps vivant, que tout organe vivement excité, devient un centre de fluxion qui attire et dirige vers lui le mouvement de toutes les parties voisines.

Au contraire, dans l'expiration, la poitrine qui se resserre en tous sens, comprime l'origine des veines caves, comme M. de Lamure l'a bien vu le premier; et l'effet de cette pression est de repousser le sang veineux, du cœur vers les extrémités. Ce reflux, qui a été observé dans toutes les veines d'un certain calibre, et que M. de Lamure a suivi jusque dans les veines iliaques, est surtout très-considérable dans les parties supérieures. Le sang des veines jugulaires, à chaque acte d'expiration, est donc poussé avec force vers le cerveau; et une circonstance de structure remarquable, c'est que les veines qui s'ouvrent dans le sinus longitudinal, sont toutes dirigées d'arrière en avant; et comme le reflux du sang dans ce sinus longitudinal se fait d'arrière en avant, il s'ensuit que ces veines échappent à ce reflux, et que dès-lors l'effet de ce reflux est nul ou à peu près nul sur le mouvement des humeurs dans le cerveau.

Ce reflux du sang dans le cerveau ébranle et soulève toute sa substance, en sorte que le cerveau est incessamment agité d'un double mouvement de dilatation et de resserrement, lequel correspond aux mouvements de la respiration : le cerveau se gonfle et se tuméfie donc dans l'expiration, et se resserre et s'affaisse dans l'inspiration. Ce mouvement est très-facile à sentir dans les nouveaux nés ; car si on presse un peu fortement la fontanelle, c'est-à-dire, la portion du sommet de la tête qui n'est point encore ossifiée, on sent des battements très-distincts, et qui correspondent aux mouvements de la respiration. Il est facile d'apercevoir ce mouvement en emportant une certaine portion du crâne, et surtout en rompant les adhérences de la dure-mère avec le crâne ; car on voit que la dure-mère s'élève à chaque expiration, et qu'elle s'abaisse à chaque inspiration. Ces mouvements sont bien évidemment indépendants de la dure-mère, car ils subsistent encore dans toute leur force lorsque la dure-mère est emportée, et que la substance du cerveau est entièrement à nu.

Ces mouvements du cerveau, correspondants à ceux de la respiration, ont d'abord été aperçus par le célèbre M. Schlichting, qui publia ses expériences

en 1744; et ils ont été bien confirmés par les expériences de MM. de Lamure, Haller, Valstorff,
Valsalva, et Sproegel. (1)

Il arrive cependant que les mouvements du cerveau attachés à la respiration se présentent dans un
ordre contraire. Morgagni (dans son bel ouvrage *De
causis et sedibus morborum*, épist, 19ᵉ) rapporte
qu'il observa dans un chien, pendant assez long-
temps que dura son expérience, que les veines jugulaires se gonflaient dans le temps de l'inspiration et
s'affaissaient dans le temps de l'expiration. Il remarque que dans l'homme il est assez ordinaire

---

(1) On explique ordinairement, d'après ce reflux du
sang dans le cerveau, pourquoi la douleur de tête devient
plus vive dans les grands efforts d'expiration, et pourquoi le
vomissement, qui suppose donc toujours de grands efforts
d'expiration est pernicieux dans les affections de la tête. Cependant ce phénomène n'est peut-être pas aussi nécessaire
et aussi constant qu'il nous le paraît; et ce n'est pas sur des
causes de cette espèce qu'il faut se régler pour l'emploi des
remèdes. L'émétique est certainement contraire dans les
affections essentielles de la tête, surtout quand ces affections sont phlogistiques, ou comme phlogistiques; mais l'é-
métique est le plus grand remède contre les affections de la
tête, quand elles dépendent des premières voies, comme
cela est si ordinaire.

Je dis que cette cause de reflux de sang vers la tête n'est
peut-être pas aussi nécessaire qu'elle nous le paraît.

d'apercevoir un phénomène analogue, savoir, que le visage rougit dans l'inspiration, et qu'il revient à sa couleur naturelle dans l'expiration. Radnieski a vu quelque chose de semblable. Voyez HALLER, *Opera minora*, tome 1, page 470.

SECONDE LEÇON.

Des forces toniques du cerveau.

La masse du cerveau, comme nous l'avons dit, est incessamment ébranlée et soulevée en tous sens, d'abord par le mouvement des grosses artères sur lesquelles porte et s'appuie la base de cet organe, mais surtout par l'action du sang, qui, à chaque acte d'expiration, est repoussé fortement dans les veines du cœur vers les extrémités. Mais ces mouvements sont étrangers au cerveau ; ils lui sont communiqués, et si on avance assez communément qu'ils contribuent avec avantage à disposer cet organe à l'exercice de ses fonctions, ce sont de simples conjectures qui ne peuvent être ni prouvées, ni rejetées, et qui sont uniquement fondées sur la disposition où nous sommes d'attribuer à tout quelque utilité, tandis qu'il peut y avoir, et qu'il y a certainement dans les corps vivants, des phénomènes qui suivent par voie de conséquence de phénomènes plus importants, et qui dès lors n'ont point d'utilité, ou qui en ont au moins de fort différente de celle que nous sommes portés à leur supposer. Nous ne pouvons donc pas voir de quelle manière ces mouvements communiqués au cerveau, sont utiles relativement aux fonctions qu'il a à remplir; et surtout ce serait raisonner d'une manière bien vague, bien arbitraire, mais qui ne serait pourtant pas sans exemple, que de partir de l'effet de ses mouvements, pour prononcer sur l'essence ou la nature des fonctions que le cerveau a à remplir.

Une observation importante que nous pouvons cependant déduire de l'existence de ces mouvements communiqués au cerveau, c'est que, comme l'a très-bien vu M. Schlichting, en supposant comme on le fait très-généralement, que les idées ou les perceptions dépendent de traces ou d'images sensibles, gravées et imprimées dans la substance du cerveau, ces images ou ces traces sensibles seraient dans un mouvement continuel; que dès-lors, l'état de l'âme serait pour ainsi dire, un état habituel de vertige, et que ne voyant rien de fixe dans la situation respective de ses idées, il lui serait impossible de les comparer, ou du moins, il lui serait impossible de découvrir les résultats fixes de ses comparaisons, et d'asseoir aucun jugement solide. Nous aurons occasion de revenir sur cette hypothèse, proposée d'abord par des philosophes comme une simple façon de parler, admise ensuite par quelques-autres, comme une chose réelle, et qui est devenue un principe d'explication pour les métaphysiciens modernes. Je remarque

qu'une grande raison de la supériorité des philosophes anciens, sur les philosophes modernes, c'est
que les anciens prenaient le ton des médecins, ou
qu'ils étaient médecins eux-mêmes, au lieu que la
métaphysique moderne est livrée à des hommes
qui ne s'occupent que d'abstractions, et qui né-
gligent d'étudier l'homme dans l'homme-même.

Indépendamment de ces mouvements communiqués au cerveau par l'action des artères, et l'impulsion du sang veineux, et qui sont les moins essen-
tiels, le cerveau est pénétré dans toute sa substance
d'une force qui lui est inhérente, et qui excite dans
toutes ses parties des vibrations continuelles, et entretient dans chacune le ton qui lui est propre. Cette
force, qui est analogue à celle qui s'exerce dans
toutes les parties vivantes, se trouve habituellement
dans le cerveau, à un degré très-faible, au point
que ce n'est guère que dans l'état maladif qu'elle
prend une intensité qui la produit d'une manière
non équivoque; c'est donc dans l'état maladif, ou
l'état contre nature qu'il faut aller chercher des
preuves qui constatent son existence.

M. Schlichting, observateur plein de sagacité,
et à qui nous devons la découverte des mouvements
du cerveau attachés à la respiration, a expérimenté
qu'en plongeant un stylet dans le cerveau d'un

chien, il excitait des mouvements convulsifs dans tout le corps; et, en introduisant le doigt dans cette blessure, il a senti et fait sentir à différentes personnes témoins de cette expérience, que le doigt était pressé par la substance du cerveau, et que cette pression se faisait par frémissements répétés, lesquels correspondaient bien distinctement aux mouvements convulsifs dont tout le corps était battu.

Dans les mémoires de l'Académie des sciences, pour l'année 1701, on trouve l'observation d'un criminel jeune et vigoureux, qui, pour prévenir son jugement, prit son élan de quinze pieds, et courut de toutes ses forces se jeter la tête contre le mur du cachot où il était renfermé. Cet homme tomba roide mort, sans prononcer une seule parole, ni jeter un seul cri. Littre, qui l'ouvrit sur-le-champ, ne trouva autre chose, sinon que la substance du cerveau était plus dure et plus compacte que de coutume; il vit aussi que le cerveau ne remplissait pas, à beaucoup près, toute la capacité du crâne, comme il arrive ordinairement. Or, il n'est pas douteux que cette mort prompte ne fut l'effet de la contraction spasmodique de tout le cerveau, contraction bien annoncée par l'espace vide compris entre le crâne et le cerveau.

M. Meckel, célèbre anatomiste, de Berlin, et

plusieurs autres, ont souvent observé qu'à la suite d'affections maniaques, le cerveau était d'un tissu plus ferme et plus rapproché que dans l'état ordinaire. Il n'en faut pas conclure que cette dureté du cerveau soit la cause réelle de la manie, car Willis, qui a disséqué beaucoup de maniaques, n'a pas trouvé cette dureté du cerveau; d'un autre côté, nous sommes si peu instruits de la manière dont s'exercent les opérations de l'âme, que nous ne sommes pas fondés à attribuer ces opérations à tel ou tel degré de consistance du cerveau. Cependant nous devons recueillir les faits observés par Meckel, Henri de Hears, Littre, Santorini, Valsalva, Morgagni, et les recueillir en preuve de la propriété qu'a le cerveau de se contracter d'une manière plus ou moins sensible, sous l'impression de différentes causes de maladie (1).

Après nous être convaincus que le cerveau est susceptible d'affections véritablement spasmodiques, si nous considérons son influence sur le reste du corps, nous verrons qu'il est beaucoup de maladies qui dépendent de spasmes plus ou moins considérables, plus ou moins profondément établis dans la substance du cerveau.

---

(1) Voyez aussi Morgagni, *Epist* 8, n. 18.

Willis, dans son traité *De animâ brutorum*, nous dit qu'un homme de cinquante ans était, depuis plusieurs années, sujet à une douleur de tête qui revenait périodiquement (cette circonstance d'être assujéti à des retours réglés et périodiques, est un des grands caractères des affections spasmodiques), et qui s'accompagnait d'un extrême engourdissement des sens, et d'une grande pesanteur de tête. Ces accidents cédèrent à l'application de différents topiques, et, bientôt après, cet homme fut sujet à des coliques atroces, qui se terminaient au bout de vingt-quatre heures, sans aucune évacuation sensible; et une circonstance remarquable, c'est que chaque accès de colique était constamment précédé d'une douleur de tête avec vertige et engourdissement, et que très-souvent une affection de la tête et du une bas-ventre s'alternaient et se présentaient réciproquement.

Hoffmann, dans sa *Médecine ration. system.*, nous rapporte l'observation d'une colique très-vive, qui, depuis sept jours, résistait aux remèdes les mieux indiqués, et qui céda assez promptement à l'application, sur la tête, d'un épithème calmant et sédatif.

Ce sont des observations de cette espèce qui avaient fait penser à Charles Pison, auteur d'un excellent ouvrage *De morbis à colluvie serosâ ortis,* que toutes les coliques dépendaient de la tête. Cette prétention est sans doute excessive, et Pison a eu tort d'avancer que la sérosité épanchée dans la tête, était la seule cause de ces affections du bas-ventre ; mais, en réduisant à sa juste valeur l'idée de ce grand médecin, il faudra toujours reconnaître qu'il est des affections spasmodiques du bas-ventre, qui sont des dépendances sympathiques de semblables affections, établies primitivement dans la tête.

Si le cerveau peut frapper le bas-ventre, le bas-ventre peut exercer sur la tête la même influence (1). Il est bien prouvé, par les faits de pratique, qu'il est beaucoup d'apoplexies produites sympathiquement par des affections des intestins, de manière que les violentes contractions spasmodiques des intestins se réfléchissent sur le cerveau, le compriment fortement et décident la mort, en arrêtant tout d'un coup l'influence du cerveau sur le reste du corps (2).

---

(1) Et, en général, c'est une chose bien embarrassante, dans bien des cas de maladie, de déterminer si les symptômes qui paraissent, dépendent d'une affection primitive de la tête, ou d'une affection de la région précordiale. (*Stahl, Schroeder, t.* 2, *p.* 366 *et* 367.)

(2) *Experientiâ teste apoplexiam sæpe incurrunt qui*

Ces apoplexies, ainsi décidées par la contraction spasmodique du cerveau, peuvent ne laisser dans le cerveau aucune trace sensible de leur existence; car l'altération que cette compression du cerveau a portée sur l'origine des nerfs, peut très-bien n'être pas de nature à tomber sous les sens. Cette proposition est même susceptible d'être démontrée par l'expérience; car, comme l'a fait Valsalva, si on lie fortement les nerfs du cœur vers le cou, l'animal s'affaiblit peu à peu, et meurt au bout de quelques jours; et, quoique cette mort soit bien certainement décidée par l'altération des nerfs du cœur, cependant cette altération est si légère et si délicate, qu'elle échappe à l'anatomiste le plus

---

spasmis in abdomine maxime aliquandiu fuerunt detanti qui scilicet colicis passionibus præsertim spasmodicis hipocondriacis malo doloribus ex calculo vesciæ item cystidis fellæ nec non diuturna alvi strictura laborant. (FRÉDÉRIC HOFFMANN, SCHROFDER, *t.* 2, *p.* 564, 558.)

M. Metzger, qui a écrit une fort bonne dissertation sur les coups à la tête (*De læsionibus capitis*), après avoir reconnu la nécessité d'ajouter aux autres espèces d'apoplexies l'apoplexie par commotion du cerveau, demande, avec beaucoup de raison, s'il ne peut pas arriver que des causes intérieures décident dans le cerveau un état analogue. « *An* » *eadem mutatio quæ commotione fit ab internis, quoque* » *causis in cerebro produci..... non temere negaveritis.* » (*Adv. med. t.* 1, *p.* 62)

exercé. Une circonstance vraiment bien remarquable dans cette expérience de Valsalva, c'est que la ligature des nerfs du cœur, est plus décidément mortelle que la section complète de ces nerfs, ce qui prouve bien que, dans toutes les expériences de cette espèce, il faut toujours avoir égard aux lésions faites sur un principe sensitif, qui réagit d'après la manière différente dont il est affecté.

Mais ce n'est pas seulement sur le bas-ventre que peuvent se faire ressentir ces affections du cerveau; elles le peuvent également sur toutes les parties du corps, et sur celles principalement que leur faiblesse relative, soit naturelle, soit acquise, rend plus susceptibles de ces impresssions sympathiques (1).

---

(1) Ainsi, quoique le plus généralement, les coups à la tête affectent le foie, et qu'il soit très-ordinaire d'y trouver des abcès, cependant ces abcès se trouvent aussi quelquefois dans des parties différentes du foie, dans la poitrine, dans les parties extérieures du cou (MORGAGNI, *ep.* 51, *n.* 21.), ce qui détruit toutes les hypothèses qu'on a données de la génération de ces abcès au foie, à la suite de lésions à la tête, déduites des circonstances de structure particulière au foie. MM. Bertrandi et Pouteau avaient attribué ce phénomène à des désordres qu'éprouve la circulation du sang dans le foie. MM. Cheston et Mac-bride l'ont rapporté, avec plus de vérité, chez ceux qui

Il est bien des circonstances, par exemple, dans lesquelles il faut reconnaître dans la tête la cause primitive des maladies qui déploient dans la poitrine leurs symptômes évidents. Je me bornerai à une seule observation, que je tire de Morgagni. Cet auteur nous dit qu'un cardeur de laine devint sujet à l'asthme. Dans un de ses accès, que l'on regardait comme un accès d'asthme convulsif, on donna de l'opium. Cet homme mourut peu de temps après qu'il eut pris cet opium. Morgagni, qui l'ouvrit, trouva que la substance du cerveau était beaucoup plus molle qu'à l'ordinaire : il présuma dès-lors, avec beaucoup de raison, que cet asthme dépendait d'un affaiblissement extrême du cerveau, et il ne doute point que l'opium n'ait pu contribuer à accélérer la mort en complétant, pour ainsi dire, la paralysie du cerveau, et décidant la chute totale de ses forces toniques.

---

avaient éprouvé ce symptôme, à une sympathie nerveuse. (*Comm. Leips. t.* 15, *f.* 38. *Idem. t.* 20, *p.* 456.) Et une circonstance remarquable en faveur de cette opinion, c'est que ces abcès, comme l'a vu Marchetis, sont ordinairement précédés d'une douleur vive à la partie postérieure et latérale du cou, où, comme vous le savez, il y a une très-grande quantité de nerfs. Cette douleur ne peut point être attribuée, comme l'ont fait quelques-uns, à l'action du pus qui tombe de la tête; car souvent on n'a trouvé dans la tête aucune trace de pus, et même aucune lésion sensible. (CHESTON, *Comm. Leips. t.* 15, *p.* 39.)

Ce sont des observations de cette espèce qui font sentir l'importance et la vérité du dogme des anciens, qui, dans différentes affections de la poitrine (1), recommandaient de s'occuper de l'état de la tête, et qui regardaient comme un des plus puissants moyens curatifs de ces espèces d'affections, l'application sur la tête de remèdes fortifiants. « *Per » hæc tria qui plane deplorati non sunt omnes » servantur, per sanguinis missionem, purga- » tionem, et ea quæ caput roborant* », dit Galien, en traitant de l'hémophtysie.

Ces moyens curatifs sont entièrement négligés aujourd'hui, parce que les modernes, appliquant exclusivement toutes leurs recherches à l'état de cadavre et de mort, ont dû nécessairement perdre de vue les effets dépendants de l'action respective des organes les uns sur les autres ; action qui n'a lieu que dans l'état de vie, et qui, très-souvent ne se produit avec évidence que dans les dispositions maladives.

Nous avons déjà eu occasion de remarquer que

____

(1) Et surtout dans les affections pituiteuses ; car la tête est véritablement le siége de la pituite ; la pituite est vraiment opposée au sang, comme nous le verrons ailleurs, et vous avez vu combien il y a peu de sang dans la substance du cerveau.

le corps est partagé en deux grandes portions égales, par une ligne perpendiculaire qu'on suppose le couper dans le sens de sa longueur : cette division, que l'anatomie peut saisir en quelques endroits, est surtout bien évidemment démontrée par les observations de pratique. Cette division a donc également lieu par rapport au cerveau ; et une circonstance remarquable relativement à cette division, c'est que les lésions manifestes et sensibles d'un des côtés du cerveau, produisent leur effet sur des parties du corps qui sont situées dans le côté opposé, de manière que les lésions de l'hémisphère droit du cerveau décident communément la paralysie de tout le côté gauche du corps, et réciproquement. Ce fait a été principalement acquis par les observations de Valsalva, de Morgagni et de Petit, et il peut être utile pour l'administration des topiques et des saignées locales ou dérivatives ; car ces remèdes ne doivent point être appliqués sur le côté sain, puisque ce côté répond au côté du cerveau dans lequel l'affection réside très-probablement.

Nous ne devons pas attribuer ce phénomène à l'entrecroisement des fibres du cerveau, car l'anatomie ne démontre cet entrecroisement que par rapport à une très-petite portion du cerveau, et nous ne devons pas juger de la structure des parties par l'effet que nous leur voyons produire. Car enfin notre intelligence n'est pas la mesure de l'intelligence de la nature ; et, pour parvenir à ses fins, elle peut employer des moyens très-différents de tous ceux que nous sommes portés à supposer.

Pour concevoir ce phénomène, il me paraît qu'on doit supposer, comme l'a déjà fait Vanhelmont, que, dans l'état naturel, les forces toniques sont distribuées d'une manière uniforme sur toute l'étendue du cerveau, en sorte que les deux hémisphères du cerveau se balancent réciproquement et se tiènent en équilibre, en s'opposant des efforts égaux et contraires ; et lorsqu'un des hémisphères est affaibli par quelque cause de lésion, l'hémisphère opposé, qui n'est plus équilibré avec avantage, se contracte comme spamosdiquement, et cette contraction qui presse l'origine des nerfs qui en partent, décide la paralysie de tout ce côté, ou du côté opposé à celui du cerveau, sur lequel a porté la cause sensible de lésion.

Comme cet affaiblissement respectif d'un des hémisphères du cerveau dépend beaucoup de l'état habituel de ces hémisphères, on voit qu'une même cause de lésion peut décider des contractions spasmodiques dans l'un ou dans l'autre hémisphère, selon que l'un ou l'autre, à raison de son état habituel, est plus susceptible de ces contractions ; et

c'est la raison des variétés que présente ce phénomène. Car on observe quelquefois que la paralysie,
décidée par les lésions du cerveau, se trouve du
même côté que ces lésions ; et on voit bien que
ces variétés ne peuvent se concevoir en attribuant
ces paralysies à l'entrecroisement des fibres du cerveau.

LEÇON TROISIÈME.

De la structure du cerveau, de sa sensibilité et de l'électricité de sa substance.

J'AI parlé d'abord des mouvements qui affectent tout le cerveau, et qui sont dépendants de l'exercice de la respiration et du jeu continuel des artères. J'ai passé ensuite à un mouvement plus essentiel qui s'exerce sans cesse dans chacune de ses plus petites parties : et comme dans l'état naturel ce mouvement ne se présente qu'à un degré extrêmement faible, c'est principalement dans les faits de pratique qu'il a fallu chercher des preuves de son existence. Vous devez consulter sur cet objet l'ouvrage de Klockocf, *De morbis animi ab infirmato tenore medullæ cerebri dissertatio.* Voy. Com. Lips., tom. 4, p. 28.

Mais l'examen de ces différents mouvements ne nous a point encore conduits à la considération des fonctions propres du cerveau, ou des usages qu'il remplit dans l'économie animale.

Je dois passer rapidement sur les hypothèses anatomiques, touchant la configuration et la structure du cerveau. Nous avons déjà dit plusieurs fois, que les fonctions qui s'exercent dans les parties intérieures dépendent de forces diffuses dans toute l'étendue de ces parties, et qui dès-lors, ne sont point organiques. S'il fallait de nouvelles preuves de cette vérité, nous les trouverions ici d'une manière bien évidente, puisque le cerveau ne présente qu'une masse informe, entièrement homogène, similaire et parfaitement inorganique, et que dans son extrême mollesse, il doit nécessairement prendre d'un instant à l'autre des accidents de forme très-variés, en sorte que l'on pourrait dire avec quelque apparence de vérité, que les différentes parties que l'on démontre dans le cerveau, sont plutôt des productions de la méthode anatomique, que des parties dont l'organisation soit vraiment arrêtée et décidée par la nature.

Je dois dire cependant un mot de deux opinions qui, jusqu'aujourd'hui, semblent partager les anatomistes sur la composition intérieure du cerveau. Le cerveau est, comme on sait, composé de deux substances ; l'une plus molle, de couleur cendrée, c'est la substance corticale ; l'autre d'une couleur blanche, qui est d'une consistance beaucoup plus ferme, c'est la substance médullaire. Malpighi a prétendu que la substance corticale était un amas de petites glandes, c'est-à-dire, de petits corps qui contiènnent une cavité bornée de toutes parts, par une membrane sur laquelle les vaisseaux sanguins se distribuent en forme de réseau ; il a cru que chacune de ces glandes est munie d'un canal excréteur, et que c'était l'assemblage de ces canaux excréteurs qui formaient la substance médullaire, et ultérieurement, la substance des nerfs. Rhuisck a prétendu au contraire que la substance corticale n'était qu'un composé de vaisseaux dont les dernières ramifications étaient d'une finesse, et d'une ténuité extrême.

On aperçoit d'abord que ces deux opinions, qui ont partagé et qui partagent encore les anatomistes, sont fondées sur la prétention de réduire le cerveau à n'être qu'un simple organe de sécrétion, et plus généralement, ces opinions anatomiques sont des dépendances de l'idée où l'on est communément, que les organes vivants n'agissent les uns sur les autres que par voie d'impulsion et par moyen de contiguïté, en sorte que, pour concevoir leur action réciproque, on serait obligé d'établir entr'eux une communication ou une continuité non interrompue, tandis qu'au contraire, ces organes vivants sont pénétrés de forces toutes particulières qui s'étendent et se propagent suivant des lois que nous ne pouvons connaître *à priori*, et sur lesquelles l'observation a seule le droit de nous éclairer.

Mais la fausseté de ces hypothèses anatomiques

est démontrée par des considérations plus positives. D'abord il est bien certain que ni Malpighi, ni aucun de ses sectateurs n'a jamais démontré rien de glanduleux dans la substance du cerveau ; et si Bidloo a fait graver ces glandes, c'est que Bidloo était crédule ou trompeur au point de faire graver toutes les descriptions qu'il lisait. (1) L'hypothèse de Rhuisck est encore plus défectueuse. Il est en effet bien évident que les recherches anatomiques doivent avoir pour unique objet de nous faire connaître les rapports qu'ont entr'elles les parties qui entrent dans la composition des organes : or Rhuisck altérait et

---

(1) Les hidatides qu'on trouve quelquefois dans le cerveau, et qui ont à peu près la forme des glandes, ne prouvent point sa composition glanduleuse. On sait que ces hidatides, qu'on trouve surtout dans le cerveau de certains animaux, et très-spécialement dans celui des moutons, on sait aujourd'hui qu'ils sont dus à des espèces de vers, (*Hydra hydatula*, Linne. *Tænia hydatoïdea*, Pallas.) et que ce sont véritablement des productions animées, ce qui paraît démontrer bien évidemment combien est peu fondée l'hypothèse de la génération univoque, c'est-à-dire, l'hypothèse qui attribue constamment la génération à des germes préexistants : et certainement on ne peut guère concevoir comment ces germes pourraient pénétrer en nature dans des parties aussi intérieures du corps vivant. (*Comm. de Leips. t.* 15, *p.* 246. *Idem. prim. decad. sup. p.* 697.)

changeait ces rapports de deux manières. D'abord ses injections forçaient nécessairement le diamètre des vaisseaux, et donnait à ces vaisseaux une capacité qu'ils n'ont pas ordinairement. D'un autre côté, les différents moyens de dessication auxquels il exposait ses pièces préparées, enlevaient une grande partie de la substance muqueuse ou parenchymateuse, dans laquelle les vaisseaux se distribuent. Rhuisck intervertissait donc bien évidemment le rapport dans lequel se trouvent ces deux parties, et en augmentant la capacité des vaisseaux, et en diminuant la quantité de la substance muqueuse. C'est cependant sur des travaux si défectueux et dont les défauts sont si apparents que Boerrhave a fondé une théorie qui s'est étendue dans toute l'Europe, et a régné jusqu'à ces derniers temps, et qui consiste à ne voir dans l'état de santé que des canaux qui se prêtent facilement au mouvement progressif des humeurs, et de ne voir d'autre cause de maladie que des obstacles opposés à la liberté de ce mouvement progressif, soit de la part des vaisseaux, soit de la part des humeurs qui y coulent. Et comme les hommes roulent sans cesse dans le même cercle d'idées; que les siècles qui se succèdent ne changent que les individus et laissent le même fonds d'erreurs et d'opinions toujours subsistant; cette théorie de Boerrhave, fondée sur les préparations de Rhuisck, est essentiellement la même que celle qui avait été très-anciennement établie par Erasistrate et par Asclépiade, et qui est aussi appuyée sur la même erreur anatomique. Car Galien, dans son premier livre *De temperamentis*, nous apprend qu'Erasistrate regardait la partie muqueuse ou parenchymateuse comme ne méritant aucune considération.

Il faut donc reconnaître, comme nous l'avons déjà remarqué par rapport aux autres organes, que le cerveau, appliqué à une fonction particulière, est aussi composé d'une substance propre et particulière ; en sorte que les organes diffèrent les uns des autres, non-seulement par l'aggrégation ou la disposition différente des parties similaires qui les composent, mais surtout (comme l'a prétendu Albinus, un des plus grands anatomistes de ce siècle), par la nature spécifique de la substance dans laquelle se distribuent ces parties similaires ; car il est bien évident que les artères, les veines, les nerfs, le tissu cellulaire, se trouvant dans tous les organes, ne peuvent pas donner raison de ce qui appartient à quelqu'un, à l'exclusion de tous les autres.

Le cerveau est bien évidemment la partie la plus importante et la plus considérable du système nerveux, dans l'homme et dans les animaux qui en approchent ; car dans les poissons, et surtout

dans les insectes et dans les vers, la moelle épinière
est beaucoup plus considérable, et c'est uniquement par rapport à ces animaux, dont le corps est
fort prolongé, et la tête très-petite, qu'est vraie
l'assertion de Praxagore et de Plistonicus, qui
voulaient que le cerveau ne fût qu'une production
de la moelle allongée.

En général, la grandeur respective de ces deux
parties, savoir, du cerveau et de la moelle épinière,
diffèrent dans chaque animal, et est décidée sur le
nombre, la grandeur et l'importance des nerfs qui
partent de chacun. Ainsi, dans les quadrupèdes, la
moelle épinière a une grandeur relative plus considérable que dans l'homme, parce que les nerfs qui
en partent, doivent animer des parties qui ont plus
de volume et plus de force que celles qui leur répondent dans le corps de l'homme. Nous pouvons
cependant remarquer ici, contre une opinion très-
généralement répandue, que, de tous les animaux,
l'homme n'est pas celui qui ait le plus grand volume de cerveau; et, en comparant les faits que
M. Haller a recueillis, vous pouvez voir que les
oiseaux, par exemple, sont, à cet égard, plus
avantageusement pourvus que l'homme; car le
rapport du cerveau au reste du corps, est à peu
près, chez les oiseaux, dans le rapport de 1 à 27;
et, dans l'homme, ce rapport n'est que de 1 à 35.

On croit communément que le cerveau est le principe unique de la sensibilité et de la mobilité, ou de l'exercice du mouvement musculaire.

Nous avons dit ci-devant que le mouvement musculaire est bien évidemment subordonné au sentiment; car ce mouvement, ayant pour objet unique de situer le corps convenablement à la nature des objets qui l'environnent, il est bien évident que ce mouvement doit être réglé et dirigé d'après la connaissance du rapport que ces objets extérieurs ont avec le corps de l'animal; mais, quoique ce mouvement soit donc subordonné au sentiment, nous avons vu que ce mouvement dépendait d'une force inhérente à chacune des parties musculaires; mais nous avons vu en même temps, et nous verrons encore dans la suite, que cette force inhérente à chacune des parties musculaires, ou cette force d'irritabilité, comme on l'appèle, ne peut se soutenir d'une manière convenable à l'existence de l'animal, qu'autant qu'elle est soumise, non seulement à l'action du système nerveux, mais encore à l'action du système vasculaire, et très-vraisemblablement même, à l'action du tissu cellulaire; car, d'après une expérience de Baglivi, que nous avons rapportée, on a vu que les causes qui gênent la liberté d'action du tissu cellulaire, troublent la régularité, et affaiblissent notablement l'exercice du mouvement musculaire, qui ne se rétablit dans toute sa force, que lorsque le tissu cellulaire est parfaitement libre.

Par rapport à la sensibilité, si on a avancé généralement que le cerveau en est le principe unique, c'est qu'on a cru que les nerfs, qui sont les prolongements du cerveau, étaient les seules parties qui fussent capables de sensibilité. J'ai déjà observé, contre cette opinion, que les zoophytes, qui donnent des marques bien évidentes de sensibilité, n'ont point d'organes qu'on puisse comparer aux nerfs, et nous verrons, dans la suite, que l'hypothèse, qui attribue la sensibilité aux nerfs d'une manière exclusive, ne répond point du tout aux phénomènes que présente la sensibilité. Je me bornerai, dans cette leçon, aux expériences qui ont été faites sur le cerveau, pour constater sa sensibilité. (Aristote, *De part. anim.*, *l.* 2, *c.* 7. — Il le regardait comme absolument insensible. — Prosp. Mart. épid., *l.* 7, *sect.* 1', *pag.* 253. *Quamvis cerebri substantia sensu penitus careat*).

D'abord MM. Le Cat et Laghi ont expérimenté qu'en comprimant la substance du cerveau, cette compression, quoique assez considérable, quoiqu'elle fût, par exemple, de la quantité de six lignes, et quoiqu'elle se fît brusquement, n'était suivie cependant d'aucun accident. Je dis, quoiqu'elle se fit brusquement ; car, d'ailleurs, les observations de pratique démontrent incontestablement que le cerveau peut être très-fortement comprimé, et détruit même en grande partie, sans que cette compression, décidée par des causes qui ont agi lentement, ait porté aucune lésion dans l'exercice des forces sensitives et motrices. Car, comme nous l'avons dit, et comme nous le dirons plus particulièrement encore, la nature peut, en quelque sorte, s'habituer et négliger, par l'effet de cette habitude, les dégénérations les plus profondes, lorsque ces dégénérations se font graduellement et par nuances bien ménagées.

De plus, après avoir mis le cerveau à découvert, on a plongé le stylet dans la substance corticale. Ces expériences, répétées par plusieurs anatomistes, ont été faites assez constamment sans que les animaux donnassent des signes de douleur ; et une preuve frappante des préventions et des préjugés de M. Haller, c'est que, quoiqu'il ait expérimenté lui-même à différentes reprises l'insensibilité absolue de la substance corticale du cerveau, cependant quand, d'après la nécessité de son hypothèse, il a fallu rendre raison des signes de douleur que ses amis MM. Caldani et Fontana, ont aperçus quelquefois en coupant et en irritant la dure-mère, il n'a pas craint d'attribuer cet effet à l'irritation portée par mégarde sur la substance corticale.

Ces expériences, qui démontrent donc l'insensibilité absolue au moins d'une portion du cerveau, ont fait penser à quelques anatomistes que la partie la plus essentielle des nerfs n'était pas la substance médullaire, mais bien les membranes qui la couvrent. Cette opinion remonte très-loin, et Galien nous apprend qu'Erasistrate, très-ancien anatomiste, avait pensé pendant long-temps que les portions des nerfs les plus importantes étaient les portions des membranes du cerveau qui les enveloppent; que ce n'était que dans sa vieillesse qu'il avait abandonné cette idée, et qu'il avait reconnu que la partie médullaire était la plus essentielle.

Quoiqu'on ne puisse nier que les membranes du cerveau ne soient sensibles, et que des expériences nombreuses prouvent que leurs lésions ont été suivies d'accidents graves dans l'exercice du sentiment et du mouvement, cependant on aperçoit d'abord que l'on ne doit pas regarder, comme étant éminemment sensibles ou exclusivement sensibles, des parties dont la sensibilité est assez variable pour que beaucoup d'observateurs, et entr'autres M. Haller, aient prétendu les en dépouiller complètement.

Les expériences que j'ai rapportées prouvent que le cerveau est insensible dans une partie de sa substance, et très-certainement dans sa substance corticale; mais il en est bien autrement de sa partie intérieure; car ces expériences ont démontré que la moindre irritation qui pénètre profondément dans le cerveau, jète l'animal dans des convulsions générales, lorsque ces causes d'irritation intéressent, ou le corps calleux, ou les couches des nerfs optiques, ou le cervelet, ou la moelle allongée, et plus généralement quelques-unes des couches ou des plans intérieurs. Et cependant, comme le dit très-bien M. Mezlger, la composition de ces plans intérieurs ne paraît pas différente de celle des plans extérieurs. T. Ier, p. 15.

Mais quoique ces couches ou ces plans intérieurs soient donc éminemment sensibles, et que les lésions qui les frappent se réfléchissent avec force sur tout le corps, cependant il ne faut pas resserrer ou concentrer toute la sensibilité dans ces parties; il faut, au contraire, comme nous le verrons, l'étendre et la distribuer sur tout le corps, et reconnaître que le degré de sentiment propre à chaque partie, doit, pour se maintenir, être soutenu par l'influence des parties internes du cerveau, dont le *comment* échappera toujours à tous nos moyens de conception.

La substance du cerveau paraît pénétrée d'une grande quantité de fluide électrique mis en jeu. Je ne parle point des faits qui ont fait croire à beaucoup d'auteurs célèbres que le cerveau et les nerfs étaient les seuls agents producteurs de la chaleur; mais si nous examinons ce qui a lieu dans les yeux, nous verrons que le fond de l'œil est formé par un épanouissement de la substance même du cerveau. Or, il n'est pas douteux que l'œil ne soit chargé habituellement de fluide électrique, comme le prouvent ces espèces de traits de lumière qui pétillent dans le globe de l'œil, et qui sont surtout très-brillants chez les personnes qui ont beaucoup de vivacité. Ce qui prouve que ce brillant de l'œil est vraiment un phénomène d'électricité, c'est que, comme l'a remarqué Galien, les animaux dont les yeux jètent des étincelles dans l'obscurité de la nuit, comme le lion, le léopard, et beaucoup d'autres, ne doivent cette propriété qu'au mouvement rapide de rotation qu'ils impriment au globe de l'œil (1).

---

(1) Par exemple, M. Cavershill, en détruisant la moelle épinière, a toujours vu que la chaleur diminuait tout d'un coup dans les parties qui reçoivent les nerfs de cette moelle, quoique les mouvements des artères ne diminuassent pas dans la même proportion; expérience qui prouve seulement que la production de la chaleur est une fonction vitale, qui, comme toutes les autres, demande

Ce qui prouve encore que la substance du cerveau et des nerfs est pénétrée de fluide électrique mis en jeu, c'est qu'un physicien de Paris a expérimenté dernièrement que les nerfs d'un homme, emporté par une mort violente, contenaient bien plus d'électricité que les nerfs pris sur le cadavre d'un paralytique (1). Il ne faut pas conclure de là que l'électricité soit la cause du sentiment et du mouvement; mais il faut reconnaître que le mouvement à l'exercice duquel la sensibilité est attachée, contribue puissamment à développer et à mettre en jeu le fluide électrique (2).

le concours soutenu de tous les systèmes, et très-éminemment du système nerveux.

(1) C'est à cette quantité de feu électrique qu'on peut apparemment attribuer la turgescence du cerveau et des nerfs dans l'état de vie; car il n'est pas douteux que l'intervalle que l'on trouve après la mort, entre la moelle épinière et les parois du canal vertébral, ne soient remplis pendant la vie.

Nous pouvons ajouter que la torpille, qui produit des phénomènes bien évidemment électriques, doit cette propriété à deux appareils musculaires, qui sont fournis d'une grande quantité de nerfs, et de nerfs très-considérables. (JOHN HUNTER, *Comm. Leips. tom.* 21, *p.* 112.)

(2) Et voilà pourquoi l'électricité, mais appliquée avec beaucoup de ménagement, et toujours avec la précaution de commencer par les moyens les plus doux et les plus faibles, est si utile dans les affections essentielles des parties nerveuses.

LEÇON QUATRIÈME.

Des nerfs ; de l'action du cerveau sur les parties, et de la réaction des parties sur le cerveau.

Le cerveau dont j'ai parlé, donne naissance à tous les nerfs, et tous, ou partent immédiatement du cerveau, ou partent de la moelle épinière, qui est bien évidemment une production du cerveau.

On sait aujourd'hui, d'après les travaux de MM. Haller, Meckel et Zinn, que la dure-mère, qui est la membrane la plus externe du cerveau, n'enveloppe point les nerfs dans toute leur longueur. Ces anatomistes ont parfaitement démontré que dès que les nerfs sont sortis du crâne, la dure-mère se partage en deux feuillets, un externe qui se réfléchit vers le crâne, et qui s'unit et se confond intimement avec le périoste du crâne ; l'autre, interne, qui se relâche de plus en plus, et finit par se transformer en véritable tissu cellulaire ; en sorte que les nerfs, dans toute leur étendue, ne sont embrassés que par la pie-mère et par un tissu cellulaire plus ou moins rapproché, plus ou moins endurci , et qui paraît produit par la décomposition du feuillet interne de la dure-mère.

On a expérimenté qu'en irritant un nerf, soit par le moyen du scalpel , soit en y appliquant différents caustiques ou différents poisons chimiques, ces moyens d'irritation décident constamment des mouvements convulsifs dans tous les muscles auxquels ce nerf se distribue, et qui sont situés au-dessous de la partie du nerf sur lequel porte l'irritation; et ces mouvements convulsifs se manifestent également lorsque les moyens d'irritation sont appliqués sur la partie d'un nerf détaché du corps, soit par la section , soit par l'effet d'une forte ligature.

On a expérimenté encore qu'en coupant un nerf ou en le comprimant fortement , on isole, par ce moyen , toutes les parties auxquelles ce nerf se distribue, et que, dès-lors , l'animal cesse d'exister dans ces parties, ou de ressentir les impressions que ces parties peuvent éprouver.

De ces expériences on a conclu , 1° que la cause du mouvement part du cerveau, et se porte constamment vers les extrémités; 2° que la cause du sentiment suit une direction contraire , et qu'elle se porte exclusivement des extrémités du corps vers le cerveau; 3° enfin, que les nerfs sont les seules parties du corps auxquelles la sensibilité soit attachée.

Ces conséquences sont beaucoup trop générales, et ne résultent point rigoureusement des expériences dont on les a déduites.

D'abord il n'est pas vrai, comme on le dit, que le mouvement se dirige constamment et nécessairement du cerveau vers les extrémités. Russel a observé sur un hémiplégique, c'est-à-dire, sur un homme dont toute une moitié du corps était paralysée, que le sentiment et le mouvement revinrent dans le bras par degrés, en remontant des doigts vers l'épaule (M. Stoll a fait une observation analogue, *Ratio med.*, tom. 2, pag....). Morgagni, dans sa cinquante-troisième épître, rapporte qu'un jeune homme qui avait reçu un coup de poignard vers le haut de la moelle épinière du côté gauche, devint complètement paralytique, et qu'au bout de dix-huit jours le mouvement se rétablit d'abord dans les doigts, et qu'il gagna peu à peu, et d'une manière successive, vers la partie supérieure. Il serait facile de multiplier les observations de cette espèce, qui prouvent donc que la cause du mouvement, quelle qu'elle soit, se détache quelquefois d'une partie située inférieurement, par rapport à celles dans lesquelles elle se développe, et que, dès-lors, cette cause de mouvement peut s'étendre et se propager suivant une direction contraire à celle qu'on reconnaît communément.

Il n'est pas vrai non plus que le sentiment remonte toujours vers le cerveau. Dans l'observation de Russel, que je viens de rapporter, cet auteur vit que dans les extrémités inférieures, le mouvement et le sentiment se rétablirent en descendant successivement de la cuisse vers les orteils. On a senti, dans l'affection du nerf sciatique, la douleur se propager vers l'extrémité du pied, par une succession continuée le long du nerf. Il est très-facile d'expérimenter qu'en comprimant le nerf qui rampe au-dessous du bras, on excite des frémissements plus ou moins douloureux dans les derniers doigts de la main, et je ne sais comment M. Haller a pu écrire le contraire.

Mais ce qu'il nous importe principalement de reconnaître, c'est que les nerfs ne sont pas les seules parties du corps animal auxquelles la faculté de sentir soit attachée. Une réflexion bien simple qui se présente d'abord contre cette opinion, c'est que la sensibilité est différente dans chaque partie du corps, et que l'animal doit à chacun de ses organes, des sensations d'un ordre particulier ; qu'en détruisant un organe, on arrête nécessairement et on arrête pour toujours le développement des sensations

relatives à cet organe. Les nerfs, dans leur origine,
dans leur trajet, dans leur terminaison, ne présentent partout que des corps homogènes, des corps
similaires, des corps, qui, dans leur examen le plus
attentif, n'offrent aucune distinction réelle de parties. Dès-lors, comment veut-on attribuer à un corps
uniforme, une sensibilité qui est modifiée diversement dans chacune? N'est-ce pas une absurdité
palpable, que de vouloir rapporter à une seule cause,
à une cause identique, et toujours la même, nombre
d'effets essentiellement différents?

Vanhelmont a bien observé qu'une coupure de la
peau, faite avec un instrument bien tranchant et
bien affilé, n'excite communément qu'une douleur
légère, et que cette blessure ne devient douloureuse qu'au bout de quelques jours, lorsque les parties voisines sont vivement enflammées. On attribue
communément cette augmentation de douleur, à
ce que les nerfs sont plus libres et plus dilatés par
le moyen de l'inflammation. Mais outre que cette
augmentation suppose ce qui est en question, qui
ne voit que l'état d'orgasme et de tuméfaction attaché
a l'inflammation, résidant principalement dans le
tissu cellulaire et les vaisseaux sanguins, cette tuméfaction doit gêner et comprimer les nerfs, et les
étrangler en quelque sorte au lieu de les épanouir
et de les raréfier.

Mais les difficultés se présentent en foule contre l'opinion que nous attaquons ici : on sait qu'il est des parties, même assez considérables, qui sont complètement dépouillées de nerfs, telles sont les membranes capsulaires, les ligaments, le périoste, les tendons, la pie-mère, l'arachnoïde : telle est principalement la dure-mère, dans laquelle les recherches de MM. Albinus, Wrisberg et Lobstein, ont constaté qu'il n'existe point de nerfs ; en sorte qu'en reconnaissant les nerfs comme les organes exclusifs de la sensibilité, il faut soutenir que la dure-mère, n'ayant point de nerfs, ou n'en ayant au moins qu'infiniment peu, cette membrane doit être réduite à un degré de sensibilité extrêmement affaibli ou absolument nul. Or cette conséquence de l'hypothèse est directement contraire au fait ; car les expériences de Lecat, Gérard, Baglivi, Pachioni, Pandelli, etc., ont démontré dans cette membrane une sensibilité très-vive.

Je sais bien que M. Haller et quelques-uns de ses disciples, ont trouvé assez communément la dure-mère insensible ; mais c'est précisément cette opposition, dans les résultats des mêmes expériences, qui démontre combien on est peu fondé à regarder les nerfs comme les seules parties qui soient sensibles. En effet, l'existence des nerfs est une chose arrêtée d'une manière fixe et constante ; et les expériences démontrant que la sensibilité varie, et qu'elle est pour ainsi dire dans une agitation et un balancement continuels, il s'ensuit dès-lors, que ces expériences démontrent victorieusement que la sensibilité et les nerfs sont dans le système animal deux choses forts différentes et qu'elles ne doivent point être confondues et identifiées comme on le fait communément.

Au reste, nous devons observer au sujet de ces expériences sur la sensibilité des parties, que la sensibilité est une qualité relative, et que par conséquent elle peut s'appliquer à tel ou tel objet, à l'exclusion de tous les autres, en sorte qu'en portant tel ou tel stimulus sur une partie déterminée, on peut bien connaître l'effet de ce stimulus sur cette partie, mais on ne peut rien conclure de l'état de cette partie par rapport à tel ou tel stimulus non éprouvé. Ainsi, on a vu que du beurre d'antimoine, appliqué sur un nerf mis à découvert, n'avait pas produit de convulsions, et que l'irritation du même nerf avec le scalpel produisait des convulsions violentes. M. Bernufeld a éprouvé que l'on pouvait piquer la dure-mère, la déchirer, la toucher avec de l'huile de vitriol, sans que les animaux, sujets de ces expériences, donnassent aucun signe de sensibilité, mais qu'ils entraient en convulsion et paraissaient souffrir des douleurs extrêmes lorsqu'on touchait cette membrane avec une dissolution d'argent dans de l'esprit de nitre, ou seulement lorsqu'on la grattait avec une petite brosse de fil de fer.

Toutes les parties ne sont donc pas également sensibles aux mêmes causes d'irritation, et il se peut faire dans l'état naturel, qu'une partie insensible à différentes impressions très-vives, ne donne des signes de douleur que sous des impressions moins actives en apparence, et qui seules, cependant, se trouvent en rapport de nature avec elle. Je dis dans l'état naturel, car dans l'état maladif, par exemple, dans l'état inflammatoire, la sensibilité est si fort augmentée, ou plutôt si dépravée qu'elle paraît s'étendre à tous les objets d'irritation.

Mais ce qui prouve surtout bien évidemment que la sensibilité ne dépend pas des nerfs, d'une manière nécessaire et exclusive, c'est que, quoique très-généralement, la compression ou la destruction des nerfs emporte l'insensibilité et l'immobilité des parties auxquelles ces nerfs vont se répandre; cependant, cette compression et cette destruction, peuvent se faire sans causer aucun accident dans l'exercice des forces sensitives et motrices. Morgagni, dans ses *Advers. anatom.*, et dans son épître vingt-sixième, rapporte qu'il disséqua à Venise, une femme dont la sous-clavière

. droite formait un anévrisme qui comprimait fortement les nerfs du bras, sans que, pendant sa vie,
cette femme eût ressenti ni affaiblissement ni engourdissement dans ce bras. Galien (*De locis affectis*), a bien vu que la déformation et la luxation de l'épine, quand elle se fait graduellement,
ne détruit pas le sentiment et le mouvement dans
les parties situées au-dessous de l'endroit de la
luxation, tandis qu'une compression brusque de
la moelle épinière, décide la paralysie dans toutes
les parties du corps qui sont au-dessous de la
portion de la moelle épinière sur laquelle a porté
la compression.

Ce n'est donc pas, à proprement parler, la
compression des nerfs qui, par elle-même, décide
l'extinction du sentiment et du mouvement; c'est
la manière dont se fait cette compression, c'est
l'impression que le principe sensitif en reçoit. Ceci
paraît bien manifestement dans l'expérience de
Valsalva, que j'ai rapportée ci-devant, et d'après
laquelle la ligature des nerfs du cœur est plus
promptement et plus décidément mortelle que la
section complète de ces nerfs.

Les expériences ne prouvent donc pas que le
cerveau soit le principe unique du sentiment,
elles démontrent seulement que les forces sensi-

tives et motrices, qui sont distribuées à chaque partie, ont besoin d'être soutenues par l'action continuelle du cerveau; et si le cerveau agit par le moyen des nerfs sur chacune des parties du corps, chaque partie agit à son tour sur le cerveau; et c'est par cette réciprocité d'action de la part de chaque portion du système nerveux, que se soutiènent les forces de ce système. De même que c'est par l'action continuelle qu'exercent les unes sur les autres, les différents systèmes d'organes dont chaque corps vivant est composé, que se réparent assidûment et se conservent les forces radicales de ce corps vivant.

Cette action de chacune des parties sensibles sur le cerveau, s'annonce bien évidemment dans certains états maladifs.

On sait qu'il est beaucoup d'épilepsies dépendantes de l'estomac. Galien nous dit qu'un homme de lettres tombait épileptique toutes les fois qu'il se livrait à l'étude pendant trop long-temps après avoir mangé. Galien prévint cet accident en lui faisant prendre de trois en trois heures, du pain trempé dans du vin. On voit journellement dans les maladies aiguës, que des convulsions plus ou moins vives, plus ou moins générales, cèdent à un vomissement, soit spontané, soit provoqué par des moyens convenables.

Hillari a observé dans l'île de la Barbade, où les affections convulsives sont fort ordinaires, que le tétanos débutait constamment par une douleur vive qui se faisait ressentir vers la région épigastrique, et plus précisément à la fossette du cœur, et qui de là, se répandait sur tous les systèmes musculaires (1).

____

(1) On sait que le virus de la rage, déposé sur une partie, peut y rester long-temps comme engourdi; et que quand il commence à entrer en action, il se fait d'abord ressentir dans cette partie, et que les impressions qu'il excite s'étendent par une succession manifeste, en se portant vers le cerveau, ou du moins vers les parties supérieures. Nous pouvons observer en passant, qu'il ne paraît pas que l'art ait d'autre moyen, contre cette redoutable maladie, que celui d'attaquer le virus dans la partie où il repose. Il faut donc, lorsque quelqu'un a été mordu par une bête vraiment enragée, détruire tout d'un coup la partie affectée en la coupant, s'il est possible, ou du moins en appliquant le feu ou les caustiques les plus actifs (Mémoire de M. le Roux, chirurgien de Dijon. Il employait pour caustique le beurre d'antimoine.) On a vu dernièrement en Angleterre un exemple bien malheureux de l'inefficacité de tous les moyens les plus vantés, dans une fille du fameux amiral Keppel.

Il arrive quelquefois que des blessures de quelques parties, et surtout des extrémités du pied, déterminent des symptômes convulsifs surtout dans les muscles de la mâchoire; ces symptômes établissent une maladie extrê-

On observe quelquefois qu'il se forme daus certaines parties du corps, des affections indéterminées, lesquelles s'étendent en suivant le trajet des nerfs, et qui, lorsqu'elles sont parvenues au cerveau, décident ou des convulsions, ou des délires de différentes espèces, ou des épilepsies.

M. Crawford nous apprend qu'il guérit une femme épileptique depuis plusieurs années, et

---

mement grave, et qui, le plus souvent, est mortelle. Le traitement n'est pas de mon objet; j'observerai seulement qu'il faut avoir égard aux complications. (*Comm. Lip.* t. 26, p. 167. STOLL, t. 3, *obs.* 9 *et* 10.) qu'elle subit et qu'elle emprunte, surtout dans les hôpitaux, de la constitution épidémique. L'opium à haute dose, qu'on a beaucoup vanté, et qui convient éminemment dans tous les cas de sympathie vraiment nerveuse, ne convient que lorsqu'on a lieu de présumer qu'elle est simple et purement nerveuse, de même que les remèdes éminemment toniques, le quinquina, la racine de valeriane sauvage; mais le point essentiel serait de détruire la partie primitivement affectée, soit par des incisions, scarifications, et même par l'amputation, si elle est possible. (*Comm. Lip.* t. 8, p. 294. STOLL, t. 5, p. 288 etc. M. Silvestre, dans les *Mémoires de la société de médecine de Londres,* en rapporte un bel exemple; il parle du tétanos de la mâchoire inférieure, produit par des blessures à la plante du pied.

qui avait épuisé inutilement tous les secours de l'art, en portant le scalpel vers l'origine des muscles gastrocnemiens, où se faisait constamment ressentir le prélude de chaque accès, et en extirpant un petit corps fort dur qui s'était formé dans cet endroit.

Ces affections locales qui se répandent ainsi sur tout le corps, ne dépendent pas toujours de causes manifestes, et que la chirurgie puisse emporter. Il fallait par exemple, que cette affection fût purement spasmodique ou convulsive dans le cas observé par M. de la Peyronie; il suffisait pour prévenir son progrès, de plonger et de retenir dans l'eau tiède, la partie dans laquelle elle se formait.

Au reste, il ne faut pas croire, comme on le dit assez généralement, que ces affections ne décident des convulsions générales que lorsqu'elles ont frappé la tête. Souvent au contraire, elles produisent ces accidents convulsifs quand elles sont parvenues à la région épigastrique. Simson a observé une douleur vive qui partait d'une blessure située à l'une des extrémités inférieures, qui se portait aux sourcils, embrassait tout le milieu de la tête, qui de là, descendait le long de la moelle épinière, et qui ne décidait la défaillance que lorsqu'elle était parvenue au milieu du dos.

Les accidents dont j'ai parlé, sont prévenus sûrement par de fortes ligatures faites immédiatement au-dessus de la partie affectée, c'est-à-dire, entre cette partie et le cerveau. Ces ligatures agissent en coupant toute communication avec le cerveau et les parties primitivement affectées; en isolant pour ainsi dire ces parties, et les réduisant à l'exercice de leur vie particulière.

Ces faits de pratique établissent donc l'action continuelle de chacune des parties sensibles sur le cerveau, de même que les expériences dont j'ai fait mention au commencement de cette leçon, démontrent l'action du cerveau sur chacune de ces parties. Toutes les parties du système nerveux agissent donc sans interruption les unes sur les autres; et c'est cette réciprocité d'action qui soutient les forces dont ce système est pénétré.

LEÇON CINQUIÈME.

Des esprits animaux et des sympathies.

ON pense communément, ainsi que je le disais dans la leçon précédente, que le sentiment, ou plutôt les impressions qui le mettent en jeu, se portent constamment des extrémités vers le cerveau, et que le mouvement au contraire se dirige du cerveau vers les extrémités.

D'après cette opinion, dont j'ai fait voir la fausseté, on avance que c'est dans le cerveau que réside exclusivement le principe du sentiment et du mouvement. Je n'examine point ici en détail les hypothèses qui ont attribué à des portions déterminées, cette prérogative d'être le siége de l'âme sensitive. Il me suffira de considérer ce qui est commun à toutes ces hypothèses, et d'examiner les suppositions auxquelles on a été nécessairement conduit, d'après cette idée de l'existence de l'âme dans une partie déterminée du corps. Car si nous apercevons clairement combien ces suppositions sont peu fondées, il vous sera facile de juger de la valeur d'une hypothèse qui mène nécessairement à ces suppositions.

S'il est vrai, comme on le dit, que l'âme ou le principe qui sent et qui meut ne puisse déployer son action que sur une partie déterminée du corps, il faut nécessairement admettre des moyens de liaison entre cette portion et chacune des autres parties du corps; et comme les phénomènes du sentiment et du mouvement se passent dans toutes les parties du corps, il est clair que le principe sensitif et moteur, ne peut, par lui-même, produire ces phénomènes, et que par conséquent, il faut établir des agents ou des instruments qui, d'une part, le mettent en relation avec les objets extérieurs, et qui lui apportent la connaissance de ces objets, et qui, d'une autre part, manifestent par des mouvements sensibles, la manière dont il est affecté par ces objets, et le jugement qu'il porte sur ces objets.

Ces instruments ou ces moyens d'action intermédiaires, sont de deux espèces. Quelques-uns ont eu recours à des oscillations ou des vibrations qu'ils ont supposées dans les nerfs; d'autres, en beaucoup plus grand nombre, ont admis dans l'intérieur des nerfs, une matière extrêmement subtile, à laquelle ils ont donné le nom d'esprits.

Je ne m'arrêterai point à la réfutation de ces oscillations nécessaires qu'on a supposées dans les nerfs
qui vibrent sous l'impression des corps extérieurs ,
de la même manière qu'une corde élastique fortement tendue. On peut voir dans M. Haller, de fort
bonnes raisons contre cette hypothèse, ou plutôt,
il est bien facile de sentir que les vibrations qui sont
établies sur l'élasticité, ne peuvent se soutenir dans
des corps lâches et mous comme les nerfs, et qui,
dans tout leurs cours, sont assujétis à toutes les
parties voisines par des filets de tissu cellulaire qui
ont plus de consistance et de fermeté qu'ils n'en
ont eux-mêmes.

Je passe donc à l'examen de l'hypothèse des esprits. Si nous recherchons de quelle manière cette
hypothèse peut s'appliquer à l'explication des phénomènes du sentiment et du mouvement, nous
verrons que ces esprits, tels que les supposent les
modernes, forment une masse fluide, qui ne sent
point, qui ne se meut point par elle-même, mais
qui devient capable de produire le sentiment et le
mouvement, selon qu'elle est altérée et modifiée,
soit par les objets extérieurs, soit par les détermi-
nations du principe sensitif ; masse uniforme, partout la même, et répandue dans l'ensemble des
nerfs, depuis le cerveau où elle est élaborée, jusqu'aux extrémités. Cela posé, comment veut-on

qu'une masse uniforme, homogène, puisse être capable d'effets absolument différents dans chacune des parties du corps? Peut-on assigner les causes qui, dans l'œil, altèrent ce fluide nerveux, et ne le rendent propre qu'à recevoir les impressions de la lumière? quelles sont les causes qui dans l'oreille, le modifient de manière à le rendre seulement susceptible des impressions des rayons sonores? Quelques qualités que l'on veuille admettre dans ce fluide, (je suppose toujours avec les partisans de l'hypothèse, que ce fluide n'a rien de plus que les propriétés que l'on attribue communément à la nature), et quelques modifications qu'y produisent les objets sensibles, on n'y verra que des mouvements d'ondulation, que des chocs plus ou moins forts, plus ou moins répétés ; et qu'est-ce que cela peut avoir de commun avec les sensations que l'âme éprouve? Enfin, comment à travers tant de courants, de fluide nerveux, à travers les brisements, les complications multipliées de ces courants, comment les impressions des objets pourraient-elles se transmettre au cerveau d'une manière nette et sans confusion?

2° Par rapport au mouvement musculaire, sans examiner ici de quelle manière on a supposé que les esprits produisaient le mouvement, et en leur accordant pour un instant, toutes les qualités propres

à exécuter ce mouvement, avec toutes les circonstances qui l'accompagnent ; je demande si, supposer
des esprits, lorsqu'il est question de rendre raison
du mouvement, ce n'est pas reculer la difficulté au
lieu de la résoudre ; je demande s'il est plus difficile
de concevoir que l'âme, ou tout autre principe, développe immédiatement son action sur les muscles
et les contracte, qu'il l'est que l'âme produise ce
mouvement dans les esprits ? N'y a-t-il pas autant
de distance de l'âme aux esprits, que de l'âme aux
muscles ? Quels rapports ont entr'eux, une matière
quelle qu'elle soit, et un principe tel que l'on suppose l'âme ? Mais on a craint peut-être de rendre
l'âme divisible en la répandant ainsi sur toute l'habitude du corps, et en la faisant agir dans chacune
de ses parties. Assurément cette crainte ne s'accorde
guère avec les notions que nous devons nous former
d'une substance spirituelle ; car il faudrait donc
aussi refuser de reconnaître que l'être suprême peut
être présent à toutes les parties de l'univers ; mais
comment n'a-t-on pas vu que la supposition des esprits ne sauve pas cette difficulté ? En effet le fluide
nerveux formant une masse uniformément répandue
dans tout l'ensemble des nerfs, pour que l'âme produise dans une partie du corps, un mouvement déterminé, il ne suffit pas qu'elle imprime un choc
quelconque à la portion de ce fluide qui touche le
sensorium commune ; car ce choc se bornerait à

élever des mouvements d'ondulation dans toute la masse du fluide subtil, et toutes les parties du corps seraient mues. Il faut donc que l'âme dirige elle-même la portion de ce fluide destinée à mouvoir un muscle ; il faut qu'elle la porte jusqu'au muscle même, et qu'elle soit ainsi incessamment présente à toutes les parties du corps qui se meuvent. L'argument tant répété de la divisibilité de l'âme, tombe donc avec autant de force contre l'hypothèse des esprits ; et cette hypothèse, admise seulement pour expliquer des faits qu'elle n'explique pas, doit être entièrement rejetée.

C'est le propre des hypothèses, de prendre dans chaque tête une forme particulière ; et lorsque dans l'étude de la nature on a abandonné la route de l'expérience pour se livrer à son imagination, chacun modifie à son gré les idées qu'on lui a transmises ; et tous partant de faux principes, les erreurs et les questions futiles et vaines se multiplient dans les sciences, en même proportion que ceux qui les cultivent. On a une preuve frappante de cette vérité dans l'objet qui nous occupe actuellement. La doctrine des esprits a été admise par presque tous les modernes, et l'on peut dire que, malgré cette uniformité d'opinions, il y a eu autant de contrariétés qu'il pouvait y en avoir ; contrariétés sur la nature de ces esprits, sur leur nombre, sur leur manière d'agir, sur ce qu'ils devenaient après leur action. Mais ce sont des objets dont il est très-inutile de nous. occuper.

Toutes les parties du corps vivant sont liées entre elles d'une manière nécessaire, et elles se prêtent des secours réciproques. La cause de cet accord ne peut être que dans un principe unique, qui, à raison de sa simplicité, peut exister à la fois dans toutes ces parties et les appliquer d'une manière convenable à la production de ces fonctions dont il a l'idée, ainsi que de l'ordre dans lequel ces fonctions doivent se succéder..

Mais indépendamment de ce concours d'action, ou de cette synergie, qui est absolument nécessaire pour qu'un système vivant puisse exécuter les fonctions ou les actes qui lui sont assignés, il y a dans ce système vivant, des parties qui sont liées et réunies d'une manière plus intime et plus nécessaire ; des parties qui s'affectent mutuellement et se partagent les impressions qu'elles éprouvent. C'est ce partage d'affection qu'on appèle *sympathies, consensus*, coexistence de passion, d'affection.

Une différence essentielle entre la synergie et la sympathie, c'est que les effets dépendants de la synergie, sont produits communément par des mouvements, qui, soit à la fois, soit successivement, s'exercent dans une étendue d'organes liés entr'eux, et d'une manière non interrompue, au lieu que les effets sympathiques frappent à la fois des parties qui sont séparées les unes des autres par des intervalles plus ou moins grands.

La synergie est éminemment utile; elle tient à la bonne disposition de la nature; et il n'est point d'actes salutaires, soit dans l'état de santé, soit dans l'état de maladie, qui ne soient des actes synergiques. La sympathie tient toujours plus ou moins de l'indisposition et du désordre, et tous les effets qui en dépendent sont des effets maladifs qui ne peuvent réellement remplir aucun usage et avoir aucune utilité.

Il est assez difficile de marquer bien nettement les différences qu'il y a entre la sympathie et la synergie, parce qu'il y a bien des phénomènes qui nous paraissent absolument inutiles, qui cependant remplissent des usages très-importants, mais qui ne se manifestent pas d'abord, et qui demandent, pour être aperçus, une vue capable d'embrasser une assez grande quantité de rapports.

Il est évident, par exemple, d'après ce que nous avons dit précédemment, que l'action des testicules

sur les organes de la voix, au moins dans l'état naturel, n'est pas une action sympathique, parce que
cette action peut avoir un usage, et que le changement de voix, qui se fait à l'âge de la puberté, peut
avoir pour utilité d'annoncer le nouveau besoin que
l'animal éprouve, et de diposer favorablement l'individu qui doit le satisfaire.

On explique communément les sympathies d'après
la connexion des nerfs entre les parties dans lesquelles se présentent ces phénomènes.

Je remarque contre cette opinion, que tous les
phénomènes de sympbatie ne sont pas exclusivement relatifs au sentiment et au mouvement. Très-
souvent, par exemple, les sympathies s'annoncent
par des changements dans la couleur. Or, on ne
peut pas expliquer d'une manière satisfaisante comment ces altérations dans la couleur des parties
peuvent dépendre des forces sensitives et motrices.

2° Quand même tous les phénomènes des sympathies pourraient se rapporter au sentiment et au
mouvement, on ne serait pas fondé à les attribuer
aux nerfs d'une manière exclusive, puisque nous
avons prouvé que les nerfs n'étaient pas les seules
parties du corps qui fussent sensibles.

Mais M. Whytt a proposé contre cette opinion

qui fait dépendre la sympathie de la connexion des nerfs, des objections victorieuses. M. Whytt a remarqué 1° que chaque tronc de nerf est composé d'un nombre infini de filets nerveux, lesquels restent divisés dans tout leur cours comme ils l'étaient à leur point de départ, soit du cerveau, soit de la moelle épinière, et qui ne subissent point d'union réelle, en sorte que, d'après cette disposition des nerfs bien établie par l'anatomie, les organes qui reçoivent leurs nerfs d'un tronc commun, ne sont pas plus liés entr'eux que ceux qui les reçoivent de différents troncs.

2° Il remarque que la sympathie n'est pas nécessairement réciproque ; ce qui prouve dès-lors évidemment que cette sympathie ne peut être attribuée avec avantage à aucun moyen d'union ou de liaison entre les parties sympathisantes. Ainsi, par exemple, quoique l'intestin rectum et le diaphragme sympathisent de manière qu'une irritation portée sur le rectum détermine le diaphragme à des contractions fortes et durables, cependant une irritation portée sur le diaphragme ne se répète pas sur le rectum, et ne produit aucun accident sur cet intestin.

3° Il y a beaucoup de parties dont les nerfs communiquent entr'eux, et qui cependant ne sympathisent pas ; et d'autres, au contraire, entre lesquelles il y a une sympathie bien évidente, quoiqu'on ne remarque aucune communication entre leurs nerfs : telles sont les parties qui se correspondent dans chaque côté du corps, comme les testicules, les yeux, les bras, les jambes, qui sympathisent, quoique l'anatomie ne démontre pas de grandes communications entre les nerfs qui se répondent dans chacun des côtés du corps.

A l'occasion de cette sympathie établie entre les membres correspondants, M. Theden rapporte que, dans une femme paralytique du bras droit, un vésicatoire appliqué sur ce bras, n'eut point d'effet sur l'endroit où il fut appliqué, mais bien sur le bras gauche, au lieu correspondant, où il excita de la rougeur et de vives douleurs, pendant tout le temps qu'il resta au bras opposé.

Il y a quelque chose de bien remarquable à l'occasion de cette sympathie entre des parties qui se correspondent dans chacun des côtés du corps ; c'est que si nous exécutons fréquemment des mouvements avec un membre, avec le bras, par exemple, nous acquerrons par cette habitude la faculté d'exécuter ce mouvement avec beaucoup de facilité. Or, ce qui est vraiment digne de remarque, c'est que cette facilité a lieu également par rapport à l'autre membre que nous n'exerçons pas de la même manière, et que nous pouvons exécuter aussi facilement dans ce membre non exercé les mêmes mouvements, quoique avec les différences qui dépendent de la différence de situation. Ainsi nous exécutons ce mouvement dans un ordre renversé, en sorte qu'il faut reconnaître qu'à raison de la sympathie établie entre ces deux membres, l'âme, qui produit des mouvements sensibles dans l'un des deux, les répète, mais seulement en idée, dans l'autre membre correspondant ; et la facilité que nous trouvons dans les mouvements de ce membre correspondant et non exercé, est l'effet de la promptitude avec laquelle l'âme conçoit l'ordre de ces mouvements et l'ensemble de leurs circonstances. Ce fait, observé, mais très-mal expliqué par M. Winslou, peut donner lieu aux conséquences les plus importantes.

Enfin, M. Whytt a très-bien observé encore que la sympathie est dépendante d'une sensation déterminée, et non pas d'une impression quelconque, comme cela devrait être, si la sympathie était le produit de quelque cause mécanique ou de quelque circonstance de structure. Ainsi, un frottement rude de la plante du pied, n'est suivi d'aucun mouvement sympathique, tandis qu'un frottement léger de cette partie, agite de convulsions la plupart des muscles du corps ; convulsions assez violentes même pour produire la mort, lorsque l'impression d'irritation est appliquée d'une manière continue. C'est le supplice, dit-on, dont on se servait sous Louis XIV, contre les habitants des Cévennes, pour les convertir à la communion romaine ; supplice aussi bizarre qu'était absurde le zèle qui l'employait.

Cette réflexion de M. Whytt, démontre bien qu'on ne peut déduire nécessairement les sympathies des parties de l'union ou de la connexion des nerfs qui s'y répandent. Cependant les observations démontrent, et ne nous permettent pas de douter que la connexion des nerfs ne soit une circonstance très-importante dans les phénomènes de sympathie relatifs au sentiment et au mouvement, et utile pour l'application des topiques, contre les lésions de forces sensitives et motrices (1). Il faut

---

(1) Je remarque que les phénomènes de sympathie se font sentir sur les parties affectées d'une faiblesse relative, soit naturelle, soit acquise. Cette faiblesse acquise dépend très-généralement de l'action des saisons, qui affectent des organes différents ; ainsi tous les observateurs conviènent que la tête est faible relativement pendant l'hiver, la poitrine pendant le printemps, le bas-ventre pendant l'été ou l'automne.

Je remarque encore que les phénomènes de sympathie

donc rechercher et noter exactement ces connexions, mais il ne faut pas les regarder comme les causes nécessaires des affections sympathiques. *Voyez* Barthez , *Nouveaux Elém.* , pag. 176 et suivantes.

---

s'exercent dans des systèmes d'organes différents, selon qu'ils dépendent de causes de maladies différentes. Ainsi les phénomènes sympathiques dépendant des affections muqueuses, ont lieu dans le système nutritif, qui comprend le tissu cellulaire , les vaisseaux lymphatiques et les glandes. Les phénomènes sympathiques dépendants de l'altération phlogistique, s'exercent spécialement dans le système artériel.

Les phénomènes sympathiques dépendants de l'altération bilieuse, s'exercent principalement dans les veines.

Enfin les phénomènes sympathiques qui tiènent à des lésions des forces sensitives et motrices, s'exercent dans le système nerveux. C'est surtout de cet ordre de sympathie que j'ai parlé dans cette leçon.

LEÇON SIXIÈME.

Du sommeil.

Les fonctions de l'animal peuvent se diviser en deux grandes classes : les unes se passent dans l'intérieur du corps, et s'y rapportent d'une manière exclusive ; les autres s'exercent à l'extérieur, et se rapporteut aux objets du dehors.

C'est par les organes des sens que l'animal agrandit son existence, et qu'il la porte et là distribue sur les objets qui l'environnent , et qu'il prend connaissance des qualités par lesquelles ces objets l'intéressent ; c'est par le moyen des muscles, qui sont essentiellement subordonnés aux organes des sens, qu'il se coordonne avec ces objets et qu'il se place et se dispose d'une manière convenable à leur mode d'activité.

Mais, quelque avantageuse que soit la structure des organes des sens, ces organes ne peuvent s'appliquer par eux-mêmes, et d'une manière nécessaire , aux usages qu'ils doivent remplir ; chaque organe des sens comprend , dans sa structure, un nombre indéfini d'objets différents, c'est-à-dire ; que chaque organe peut recevoir l'impression d'une grande quantité d'objets différents. Or, pour que l'impression de chacun de ces objets se fasse d'une manière nette et distincte, il faut que la structure de l'organe varie, et qu'elle s'accommode précisément aux différentes circonstances de l'objet à apercevoir. Par exemple, comme l'organe de l'œil peut s'appliquer à un nombre indéterminé d'objets différents, il faut que les différentes parties dont l'œil est composé, se disposent entr'elles d'une manière différente, selon que l'objet sur lequel il s'applique, est plus grand ou plus petit, plus près ou plus loin, et plus ou moins fortement éclairé.

Mais, non seulement il faut, pour l'exercice des organes des sens, que leur structure varie et qu'elle s'accommode aux circonstances très-variées dans lesquelles se trouve l'objet à apercevoir ; il faut encore que le principe qui applique ces organes et les met en jeu, établisse et soutiène, dans chaque partie vraiment sensible, un appareil et un ordre de mouvement, qui soit en rapport de nature avec l'objet à apercevoir.

C'est cet appareil de mouvement, incessamment soutenu dans chaque organe des sens, pour le mettre en rapport avec les objets dont il doit

éprouver l'action, c'est cet appareil de mouvement,
ou plutôt l'acte qui le soutient, qui constitue essentiellement l'état de veille.

Mais quoique l'état de veille soit bien évidemment un état d'effort, et qu'elle entraîne nécessairement la déperdition d'une grande quantité de
mouvements, savoir, des mouvements qui s'exercent
constamment dans les organes des sens, pour les
mettre en rapport avec les objets du dehors ; cependant, de cet état d'effort nous ne pouvons pas
conclure rigoureusement la nécessité de suspension ou d'interruption de l'état de veille.

D'abord, c'est que la nature de l'âme ne nous
est pas connue, et que dès-lors, nous ne pouvons
pas connaître *à priori* pourquoi elle est assujétie à
mettre dans ses actes, des interruptions ou des
intervalles de repos. Ensuite, c'est que quoique
toutes ses fonctions dépendent bien évidemment
d'un même principe, comme je l'ai remarqué
quelquefois, il en est quelques-unes qui se suivent
d'une manière continue, et qu'il n'y a point de
raisons de dire que ces fonctions demandent de la
part de l'âme, moins de force et de mouvement
que les fonctions des organes des sens.

Cette suspension de la veille, qui ne peut donc

être démontrée *à priori* d'une manière satisfaisante, est prouvée par l'observation; et l'observation démontre que l'interruption de la veille est générale, et que l'état de sommeil est constamment attaché à l'état de veille; et de ces deux états, celui de sommeil est manifestement le plus essentiel, le premier en date, et celui qui règne le plus universellement sur la nature vivante, puisqu'il est une portion considérable des êtres animés, savoir, les végétaux, qui dorment toujours.

Le sommeil ne suspend pas seulement les mouvements que l'âme soutient avec les organes des sens, pour entrer en relation avec les objets qui l'environnent; l'influence du sommeil s'étend aussi sur le système entier des mouvements toniques, et toutes les fonctions qui dépendent de ces mouvements, faiblissent d'une manière plus ou moins sensible.

Cet état de faiblesse se produit surtout à l'habitude du corps, et par exemple, tout l'organe de la peau se trouve alors dans un état de relâchement et de détente bien marqué. C'est à ce relâchement qu'il faut attribuer sa turgescence ou sa tuméfaction, et la couleur rouge qui la pénètre, et qui, comme l'a très-bien vu M. Young dans son traité de l'opium, dépend de l'espèce de stagnation que

le sang éprouve dans les petits vaisseaux, et dans
la substance même de la peau (1).

Cette turgescence de la peau et sa rougeur vive,
ne peuvent point être attribuées à une augmentation
de ton et de force. Car il est bien évident que la
peau est pénétrée d'une chaleur moins vive , *Cum
somnus corpus invaserit, corpus frigescit; à
naturâ enim somno frigefaciendi vis est.* HIP.
de flatibus, n° 20 ; ou plus exactement, la quantité de chaleur qui s'y produit est moins considérable. Tous les animaux, pour conserver dans le
sommeil leur chaleur naturelle, sont obligés d'a-
voir recours à des secours étrangers ; et des causes
très-puissantes de refroidissement, qui sont détruites
et surmontées par les mouvements attachés à l'état
de veille , décident la gangrène et la mort, lors-

----

(1) C'est au relâchement de toute l'habitude extérieure
du corps , et au gonflement sensible qui en résulte , qu'il
faut attribuer la nécessité où l'on est de relâcher des ligatures qui n'incommodent pas pendant la veille. C'est pour
dissiper cette faiblesse, et pour ramener l'organe musculaire à son degré de ton ordinaire et naturel, que l'on
éprouve en se réveillant le besoin des bâillements et des
pandiculations, qui, comme nous l'avons dit ailleurs,
tendent d'une manière bien marquée tout le système des
muscles.

qu'elles sont appliquées sur un corps plongé dans le sommeil.

Les mouvements toniques sont habituellement dirigés du centre du corps vers la périphérie. Une utilité bien évidente de cette disposition, est de porter vers l'organe de la peau, les parties hétérogènes et corrompues qui doivent être chassées et éliminées par cet organe. Nous avons dit aussi que chaque partie vivante respirait, selon l'expression des anciens, c'est-à-dire, que chacune était agitée de deux mouvements; d'un mouvement d'expiration, par lequel ces parties chassaient et poussaient au dehors, le produit de leur décomposition, par l'effet de la chaleur qui les pénètre, et qui est vraiment une chaleur de combustion; et d'un mouvement d'inspiration ou d'inhalation, par lequel ces parties attirent la portion d'air qui est absolument nécessaire pour le soutien et la conservation de leur chaleur.

Or, de ces deux mouvements à directions contraires, qui se suivent et s'alternent pendant toute la durée de la vie, le mouvement d'exhalation paraît prédominant dans l'état de veille, et le mouvement d'inhalation domine au contraire dans l'état de sommeil; en sorte qu'on est fondé à reconnaître que les mouvements, au lieu de se porter du centre vers la périphérie , se dirige de la périphérie vers le centre. *Motus in somno intra vergunt*, comme disait Hippocrate ; aussi la force d'attraction ou de succion du corps vivant, est-elle fort augmentée , et le corps ressent-il alors plus complètement l'impression des miasmes contenus dans l'atmosphère qui l'environne, comme l'ont très-bien reconnu Keil, Lanoisi, Tozetti, Targione, etc. (1)

---

(1) Lancisi, un des auteurs que vous pouvez consulter avec le plus d'avantage, sur les maladies communiquées par voie de contagion, (*De noxiis paludum effluviis*) remarque que les vapeurs qui s'élèvent des marais donnent presque sûrement des fièvres de mauvais caractère à ceux qui s'y exposent pendant le sommeil. (*Chap.* 20 , *p.* 156.)

Cet air de marais paraît composé de gaz inflammable , (ou gaz d'eau) et de la mofette ou du corps, qué les chimistes regardent comme entrant avec l'air vital dans la composition de l'air atmosphérique. Il y a ici quelque chose de bien remarquable, et de bien consolant pour le vrai philosophe, dans les moyens qu'a employés la nature pour corriger ce gaz, et pour diminuer l'insalubrité des marais : c'est que les eaux des marais, et plus généralement les eaux stagnantes, se couvrent d'une matière verte, qui, par l'action du soleil, développe une quantité d'air déphlogistiqué, qui est un très-puissant moyen dont la nature se sert pour purifier l'air de marais. (. . . . . *fluvialis comm. Leip. t.* 27, *p.* 330.) Aussi ce gaz de marais est-il beaucoup plus nuisible avant le lever et après le coucher du soleil. (LANCISI , *chap.* 20, *n.* 5.)

Dans le sommeil, les mouvements du cœur et des artères deviènent plus petits, plus faibles et plus lents; et une chose bien remarquable, c'est que, comme l'a observé Galien, la contraction des artères s'exerce avec plus de force que la dilatation, ce qui est une nouvelle preuve de cette tendance des mouvements qui se porte de la circonférence vers le centre.

Mais, quel que soit l'état d'affaiblissement que le sommeil introduit dans le corps vivant, cet affaiblissement n'est pas général, et ne porte pas, à beaucoup près, sur tous ses actes et sur toutes ses fonctions. Nous avons reconnu que le corps vivant était pénétré de deux forces : d'une force tonique, appliquée à mouvoir diversement les différentes parties du corps, et d'une force digestive intérieure et pénétrante, qui travaille les matières qu'on lui présente, les dénature, les transforme, et finit par les assimiler, plus ou moins complètement, à la substance même du corps.

Or, c'est dans l'état de sommeil que cette force digestive paraît s'exercer avec plus de vigueur; et, comme c'est principalement dans les viscères et les organes intérieurs que cette force réside, il s'ensuit que le sommeil doit puissamment déterminer l'action de ces parties intérieures; en sorte qu'on peut, avec Hippocrate, regarder le sommeil comme un état d'effort et de travail de la part des parties intérieures. *Sommus labor visceribus.* (*Facultas quœ nutrit et vegetat munus suum melius consopitis quam vigilantibus animalibus absolvit: tunc omnia probiùs et aluntur et augentur, ut quœ nihil adeo ope sensu augeant.* Aristote, *De somno,* chap. 1.)

Ainsi, tout ce qui applique fortement les organes digestifs à leur fonction propre, devient une puissante cause de sommeil. C'est une loi constante dans la nature, que les animaux, après l'usage des aliments, éprouvent, plus ou moins fortement, le besoin du sommeil. On a mal expliqué ce phénomène, en l'attribuant à la pression que l'estomac distendu exerce sur l'aorte et sur ses rameaux ; car ce phénomène a lieu chez des animaux dont l'aorte ne peut éprouver aucune compression de la part de l'estomac, et même chez des animaux qui n'ont point d'aorte. Ainsi, quoique le polype n'ait point de vaisseaux, M. Baker a observé que cet animal passe, dans le sommeil, l'espace de temps que dure la digestion (1).

---

(1) Hippocrate sentait cette vérité, quand il attachait à la longueur du sommeil l'énergie de la force digestive,

J'ai déjà observé, d'après Galien, que les hommes, qui, après leurs repas, se livrent à des exercices violents, sont généralement affectés d'une faiblesse radicale qui les rend très-sujets aux maladies malignes, et qui leur permet rarement d'atteindre le terme ordinaire de la vie. J'ai remarqué aussi qu'à raison de cette faiblesse, le sommeil, chez eux, est beaucoup plus profond, qu'il est aussi d'une nécessité plus pressante, et que ces hommes ne peuvent pas veiller plusieurs jours de suite sans s'exposer à des maladies graves (1).

Ce que je dis ici de l'activité plus grande de la force digestive dans le temps du sommeil, me rappèle un précepte de Galien, qui, dans le régime des personnes affaiblies, recommandait de

---

et qu'il recommandait, en conséquence, de nourrir largement ceux qui dormaient beaucoup. (*Somni longissimi plura alimenta: Aph.* 15, *sect.* 1. MARTIAN, *p.* 297.)

(1) Nous pouvons remarquer, à cette occasion, que l'usage de l'opium, que quelques praticiens ont recommandé avant et après les grandes opérations fort douloureuses, est suspect, comme l'a dit M. Plenck, quoiqu'il en donne une autre raison. (*Comm. Leip. t.* 17, *p.* 434.) Et cela parce que la faiblesse du système. . . . . peut être augmentée d'une manière pernicieuse par l'impression de l'opium.

placer le soir des aliments plus forts et plus nourrissants que le long de la journée, et qui disait
avoir obtenu d'excellents effets de cette pratique ;
et Galien remarque fort bien que cette pratique
était celle des athlètes les plus forts de tous les
hommes (1).

Le sommeil est donc, comme le disait Hippocrate, un état d'effort des parties intérieures,
comme la veille est un effort des parties extérieures:
Somnus labor visceribus; en sorte que sous ce
point de vue, le corps animal peut être conçu
comme partagé en deux grandes parties, dont
l'action alternative détermine les deux états qui se
succèdent pendant toute sa durée (2).

---

(1) Vallesius, qui observe aussi que les anciens étaient
généralement dans l'habitude de placer le soir les plus
forts repas, dit très-bien, et c'est à quoi il faut avoir
égard, par rapport aux préceptes diététiques que prescri-
vent les anciens, que ces préceptes doivent en général
s'accommoder à l'habitude (VALLESIUS, *ep. p.* 787.)

(2) D'après ces idées sur le sommeil, on voit que toutes
les causes qui jètent l'organe extérieur dans une faiblesse
relative, doivent être des causes puissantes de sommeil,
comme le froid vif, des sensations toujours les mêmes,
long-temps soutenues; et c'est sans doute de cette manière, en fixant long-temps l'attention sur un même objet,
que les sectateurs de M. Mesmer parviènent à décider le

Je ne m'arrête point ici à exposer et à réfuter les hypothèses qu'on a proposées sur les causes du

---

sommeil par la lassitude de l'organe musculaire. Hippocrate remarque que la circonstance d'être long-temps debout, et de fatiguer les paupières par des clignotements répétés, décidait un sommeil profond. *Oculorum Nictitatio sommum affert profundum.* (*Ep.* VALLESIUS, *p.* 670.) Des irritations violentes amènent dans le système un affaiblissement proportionné au spasme, ou à l'augmentation du ton qu'elles ont excité. On a vu des criminels torturés, étendus sur des chevalets, tomber dans un sommeil profond, dont rien ne pouvait les tirer. Vous devez consulter là-dessus M. BARTHEZ, *chap.* 11, *s.* 2.

D'après ce que nous avons dit de l'action plus vive des parties intérieures pendant le sommeil, on voit pourquoi le sommeil est contraire dans les inflammations des parties intérieures. « *Quod si ex visceris phlegmone quis* » *febricitans accessione intro somno corripiatur, intem-* » *pestivus iste sommus phlegmonem augens una cum ipsa* » *et febrem magis accendit.* » (GALIEN, *Comm.* 4 *in* 6, *epid.* HIPPOCRATIS, *p.* 704.)

On voit aussi comment le sommeil prolongé peut devenir dangereux chez les personnes affaiblies par une maladie précédente, et qui ont quelques parties du système cellulaire infiltrées. Car les eaux qui flottent ainsi dans l'organe cellulaire, sont puissamment déterminées par le sommeil à se porter sur les parties intérieures, et très-spécialement sur le cerveau ou sur la poitrine. M. Stoll dit qu'il a vu plusieurs personnes affectées d'œdèmes aux jambes, après des fièvres, suffoquées de cette manière.

sommeil. Je remarque seulement que la plupart de ces hypothèses font dépendre le sommeil de la veille, tandis que le sommeil est réellement un phénomène plus important, plus essentiel que celui de la veille ; un phénomène antérieur, puisque la vie débute par le sommeil, et que tout le temps de la vie du fœtus est bien évidemment un état de sommeil non interrompu (1).

Je remarque encore que les états de veille et de sommeil, ne sont point liés entr'eux par des relations nécessaires et mécaniques, puisque la veille prépare à la veille, et que le sommeil prépare au sommeil. Il est bien acquis, par exemple, que les personnes qui se livrent au sommeil outre mesure, acquièrent, par cette mauvaise habitude, une disposition très-marquée au sommeil.

---

(1) Aristote attribue cet état de sommeil continuel, dans le fœtus, à l'état d'action plus considérable de la part du cerveau, ce qui me paraît bien vu (car le cerveau, au moins une grande partie de sa substance, et toute la substance extérieure paraît réellement faire une partie, et une partie très-essentielle du système nutritif. « *Per id* » *ætatis superiora proportione inferiorum maxima sunt* » *quia incrementum illo contendat cum illis multus vapor* » *sursum ad caput feratur causam esse cur fœtus intra* » *ventrem melius quiescant.* » (*De somno, cap.* 5.)

La cause première et générale du sommeil, est une loi primordiale de la nature vivante, qui s'applique successivement et alternativement aux actes de la faculté animale, comme on parle communément, c'est-à-dire, aux actes relatifs aux objets du dehors, et aux actes de la faculté digestive. Cette alternative est très-généralement réglée sur la révolution diurne, c'est-à-dire, sur la révolution qui partage le temps en jour et en nuit.

Une autre cause subordonnée, mais qui tend néanmoins puissamment à modifier l'action de cette cause première, c'est le principe de l'association des idées, qui fait que la nature humaine, et plus généralement la nature vivante, est assujétie à reproduire à la fois, et à mener de concert des objets dont elle a très-souvent éprouvé la coexistence ; en sorte qu'un objet quelconque de sensation ayant très-souvent coïncidé avec le sommeil, cet objet se lie avec l'idée du sommeil ; et toutes les fois que cet objet se reproduit, il amène et détermine la nécessité du sommeil. C'est de cette manière qu'il faut expliquer pourquoi les gens qui sont habitués à dormir au milieu d'un grand bruit, ne peuvent trouver le sommeil dans le silence, parce que ce bruit est un objet de sensation qui, par l'effet de l'habitude, se trouve lié avec la fonction du sommeil. C'est de cette manière qu'il faut expliquer u fait très-singulier rapporté par Gmelli Careri, qui vit un tartare qui ne pouvait dormir qu'en se faisant appliquer de petits coups de baguette sur le ventre.

Un des phénomènes les plus intéressants dans l'histoire du sommeil, c'est que sa durée peut devenir arbitraire, et qu'une volonté bien décidée fixe le réveil à un instant précis. Il faut dès-lors que l'âme mesure la durée du sommeil ; cependant elle ne peut prendre absolument aucune connaissance ni de cette mesure, ni de l'acte qui la détermine. Voilà donc une de ces connaissances intuitives, dont nous avons parlé quelquefois, qui sont dans l'âme sans qu'elle puisse les apercevoir, parce qu'elle ne les doit point à l'exercice des sens, et que dès-lors elle ne peut se les représenter, se les figurer d'une manière grossière, et les rendre ainsi le sujet de la réflexion, de l'imagination et de la mémoire.

Les enfants dorment beaucoup, et dorment d'un sommeil profond et tranquille. Les vieillards dorment peu, et d'un sommeil léger et souvent interrompu, comme si, selon l'idée de Stahl, les enfants pressentaient que, dans la longue carrière qu'il leur reste à parcourir, ils ont assez de temps pour déployer librement les actes de la vie, et que les vieillards, près de leur fin, sentissent la nécessité de précipiter la jouissance d'un bien qui leur échappe.

Nota. En preuve de l'affaiblissement relatif du mouvement tonique vital dans l'état de sommeil, il faudra rappeler le gonflement sensible de tout l'extérieur du corps : aussi est-on obligé de relâcher les ligatures qui n'incommodent pas sensiblement dans la veille. C'est pour dissiper cette faiblesse et ramener les muscles à leur ton naturel et ordinaire, que l'on éprouve, en se réveillant, le besoin des bâillements et des pandiculations. (Stahl, *De maris microscosmici œstu seu fluxu et influxu.*)

N. B. D'après la comparaison de la couleur de l'iris dans l'homme, d'avec sa couleur dans les autres animaux, M. Monro trouve que l'homme est fait plus décidément qu'aucun autre animal pour prendre son sommeil pendant la nuit.

FIN DE LA NÉVROLOGIE.

LEÇONS

DE PHYSIOLOGIE.

TRAITÉ DE SPLANCHNOLOGIE.

TRAITÉ DE SPLANCHNOLOGIE.

LEÇON PREMIÈRE.

De la digestion considérée relativement aux forces toniques.

Nous avons été conduits, par la force des faits, à reconnaître dans le corps vivant deux facultés bien différentes ; l'une, qui agite d'une manière sensible les parties du corps vivant, et qui les resserre et les dilate à différents degrés, sans changer leurs qualités constitutives ; l'autre, bien plus occulte, bien plus difficile, ce semble, à concevoir, et qui, se déployant sur la totalité de la matière, change complètement sa nature et lui imprime des qualités nouvelles.

Ces deux facultés, quoique différentes par leur manière d'agir et par leurs résultats, dépendent cependant d'un seul et même principe, qui les accorde et les coordonne sans cesse pour la production de chaque fonction. L'accord de ces deux facultés paraît surtout d'une manière bien évidente dans la fonction de la digestion ; et, en analysant cette grande et importante fonction, je vais tâcher de marquer nettement les effets dépendants de chacune de ces facultés, lesquelles présentent donc le fondement sur lequel roulent et s'exercent tous les phénomènes de l'économie vivante.

Je suppose ici que les aliments aient reçu la première préparation qu'ils reçoivent dans la bouche, qu'ils aient été divisés et broyés par l'action des dents, qu'ils aient été intimement pénétrés de salive ; c'est de quoi nous avons déjà parlé dans une des leçons précédentes.

Dès que les aliments sont contenus dans l'estomac, cet organe se resserre et s'applique exactement sur eux ; ses orifices supérieur et inférieur se ferment. Cette contraction fixe et immobile de l'estomac, que Galien appelait mouvement de péristole, se soutient pendant tout le temps nécessaire à la préparation que les aliments y doivent éprouver. Le resserrement des orifices de l'estomac est si considérable, que rien ne peut passer alors, ni dans l'œsophage, ni dans les intestins. Viridet a introduit de la teinture de tournesol dans l'œsophage d'un animal vivant, et quoique cette teinture soit aisément altérée par l'impression des acides, et qu'il y ait habituellement des acides dans l'estomac, cependant elle se conserva sans changement, en sorte que l'orifice supérieur devait être assez exactement

fermé pour refuser passage aux vapeurs et aux substances gazeuses assez communément contenues
dans l'estomac (1).

Ce resserrement de l'estomac qui embrasse étroitement les aliments, et qui reste fortement tendu et
appliqué sur eux, produit, par voie de sympathie,
un effet analogue sur l'organe de la peau. La peau
se resserre aussi et se contracte d'une manière assez
sensible, chez les personnes fort délicates et affaiblies par cause de maladie, pour exciter un frisson
bien marqué (2).

---

(1) John Hunter a trouvé des acides dans l'estomac de
tous les animaux. Cet acide se produit assez communément
sous la forme de gaz méphitique, et voilà pourquoi les
eaux gazeuses ou chargées de gaz méphitique sont si avantageuses dans certaines indispositions de l'estomac. (Voyez
GRANT, *Recherches sur les fièvres. Eaux de Hulme.*)

(2) Galien dit encore, d'après le témoignage des anciens
médecins, qu'on ne connaissait point alors de frisson sans
chaleur fébrile subséquente. (*Omnis extenuatio cutem
laxat* (HIPPOCRATE, *Epid. lib.* 6, *sect.* 3 , *n.* 25, cité par
LAMISE, *p.* 185; VALLESIUS, *p.* 651. *Fit rigor ab ingestis
cibis ac potibus.* HIPPOCRATE , *de morb.* , *lib.* 1, *Cornaro*,
n. 37. *Consult.* PRIMEROSE *de vulgi erroribus, cap.* 26,
p. 309-312.) Primerose dit qu'il est étonnant que ces frissons, qui sont regardés aujourd'hui comme des marques
de bonne santé, n'eussent pas lieu chez les anciens, dont

Ce resserrement spasmodique de l'habitude du corps qui suit l'usage des aliments, et qui est une répétition sympathique de la contraction de l'estomac, me paraît analogue au resserrement spasmodique de tout le corps qui accompagne l'acte de la conception, et qui, chez les jeunes personnes fort sensibles, excite aussi un frisson plus ou moins considérable. Dans cette circonstance, ce spasme de tout le corps est aussi une répétition sympathique de la contraction de la matrice qui se resserre et embrasse étroitement le produit de la conception.

En général, comme l'a bien observé Vanhelmont, les spasmes de l'habitude du corps sont le plus souvent des affections sympathiques dépendantes de semblables spasmes qui s'exercent primitivement dans quelque partie intérieure, et très-communément dans l'orifice supérieur de l'estomac.

---

la constitution était plus vigoureuse. Le premier acte de la digestion déterminait chez eux les resserrements auxquels les frissons sont attachés; mais le frisson qui en est le sentiment n'existait point dans des constitutions fortes qui rendent le principe de vie comme insensible à tout ce qui se passe dans le corps; et c'est ce qui paraît bien évidemment chez les gens éminemment nerveux, pour qui presque tous les actes attachés à la vie sont sentis, et deviennent ainsi un principe d'irritation et d'incommodité, qui leur rend l'existence absolument insupportable.

Il est remarquable que les frissons ne sont pas toujours accompagnés d'un froid réel, et qu'ils existent souvent sans que la chaleur soit diminuée, et même, comme l'a observé de Haen, lorsque la chaleur est réellement plus considérable que dans l'état ordinaire. Il me paraît que ce frisson doit être rapporté au principe de l'association des idées et à la nécessité où se trouve la nature de reproduire à la fois des sensations dont elle a souvent éprouvé la coexistence ; car comme le resserrement spasmodique de l'habitude du corps est très-généralement décidé par l'impression du froid, quand cette impression est sentie, il arrive que, par une erreur dépendante de l'association des idées, la nature unit le sentiment du froid à ce resserrement, lors même qu'il dépend de causes fort différentes.

Cette contraction vive de l'estomac sous l'impression des aliments ne se répète pas seulement sur la peau, qui se resserre d'une manière plus ou moins sensible, elle se porte aussi à tous les organes qui se tendent et se resserrent à divers degrés. Cette augmentation de ton dans les différents organes, produit sympathique, ou plutôt synergique de l'impression que les aliments portent sur l'estomac, est la cause à laquelle on doit attribuer le sentiment de bien-être et de force qui suit l'usage des aliments, et qui est trop prompt pour qu'on puisse le rapporter avec avantage à une réparation réelle (1). Cet effet se fait principalement ressentir sur les organes les plus exercés par le genre de vie propre à chacun, et qui, à raison de leur faiblesse relative, se trouvent plus susceptibles de cette excitation sympathique (2).

------

(1) Hippocrate, en parlant des propriétés des aliments, distingue leur qualité fortifiante de leur qualité nutritive. *Corroborat et assimilat.* MART. *De alimento, vers.* 1. Martian remarque très-bien que l'impression fortifiante se fait ressentir dès que les aliments ont été pris. . . . . . . *Alimento statim corroborantur.*

Cet effet fortifiant, produit par la première impression sur l'estomac, doit être distingué de celui qui est attaché à la réparation ou à la nutrition proprement dite, et aussi de celui qui accompagne le travail modéré de la digestion. Car quoique les fonctions, comme nous l'avons déjà dit souvent, ne dépendent pas les unes des autres d'une manière mécanique et nécessaire, et comme par voie de choc et d'impulsion ; cependant il n'est pas douteux que, d'après les lois de la nature qui les enchaîne toutes, qui les ordonne toutes et les fait marcher aux mêmes fins, elles ne deviènent, les unes par rapport aux autres, des causes très-puissantes d'excitation.

(2) Cet effet se fait ressentir d'une manière pernicieuse sur les organes qui sont affectés douloureusement, et c'est à cette affection sympathique qu'il faut attribuer les redoublements de la fièvre hectique, qui tient à quelque disposition ulcéreuse, immédiatement après l'usage des ali-

MM. Gorter et Haller rapportent qu'en Hollande, les gens qui courent sur la glace, sont très-sujets à éprouver des défaillances, lorsqu'avant cet exercice, ils n'ont pas eu le soin de prendre du pain dur et grossier ou quelqu'autre aliment de diges-tion difficile. On observe aussi que des personnes qui voyagent par des froids qui sont très-rigoureux, ressentent, assez communément, une faim violente, et qui revient souvent ; c'est que la contraction tonique que l'action des aliments porte sur l'estomac, devient nécessaire pour fortifier sympathiquement l'organe de la peau, de façon que cet organe puisse résister, avec avantage, à l'impression d'un froid vif et long-temps soutenu. Consultez *Bibl. de Med. prat.*, article *Bulimus*. Consultez *De fortis*, pag. 266.

On sait que les ouvriers qui sont habituellement exposés aux vapeurs métalliques, et surtout à des vapeurs de plomb, sont très-sujets à des coliques convulsives. M. de Haen rapporte qu'ils préviènent sûrement cet accident, et échappent à l'impression délétère de ces vapeurs, en prenant, le matin, à jeun, des aliments durs et qui exercent fortement

---

ments (Raison du redoublement de la fièvre hectique à la suite des repas. VANHELMONT, *De febribus, chap.* 9, *n.* 23, *p.* 42, *2*ᵉ *col.*

l'estomac , comme du pain noir et du lard. *Rat. med.*, tom. 1, pag. 90. Lancisi recommande de ne pas s'exposer , à jeun , à l'action de l'air des marais (pag. 180, n° 11) ; il compare le corps à jeun , à une éponge , et il dit que dans cet état, à raison de sa faiblesse , il se charge , avec la plus grande facilité , des miasmes contenus dans l'atmosphère.

Sylvius de le Boë a éprouvé que le pain trempé dans du vinaigre, était un excellent préservatif pour ceux qui sont obligés de vivre avec des pestiférés.

L'estomac se contracte fortement sur les aliments , et cette contraction subsiste jusqu'à ce que ces aliments aient reçu l'altération convenable; en sorte que la digestion , considérée dans toute son étendue , présente deux stades ou deux périodes bien distincts. Le premier est marqué par la vive concentration des forces sur les organes digestifs ; le second est marqué par le développement de ces forces ou leur répartition égale sur tout le système du corps (1). Ce développement

____

(1) Hippocrate exprime cette double révolution des mouvements, qui, tantôt se portent de tout le corps sur l'estomac, et tantôt de l'estomac sur tout le corps. (...*De morbis, lib.* 4, *n.* 2. *Cornaro.*)

de forces, qui détermine le second acte de la digestion, a, pour utilité bien évidente, de jeter sur
toute l'étendue du corps, les sucs alibiles, qui
résultent du travail de cette fonction.

Aristote, à cette occasion, remarque avec sagacité, qu'une des raisons pour lesquelles les végétaux vivent plus que les animaux, c'est que les
parties extérieures des végétaux poussent annuel-
lement de nouvelles productions ; en sorte que
cette vive action des parties corticales, détermine
puissamment les sucs nourriciers sur toute l'étendue
du végétal, ce qui n'a pas lieu dans l'animal dont
les parties extérieures sont dans un état de faiblesse
relative plus considérable. L'immortel chancelier
d'Angleterre, a fait, de cette observation d'Aristote,
une application heureuse en preuve de l'utilité des
frictions, des bains et des autres moyens qui irritent
l'organe de la peau, pour prolonger la vie. Bacon,
Hist. nat. cent. 1, *n°* 58. — Vid. *Hist. vitæ et
mortis.*

Cette alternative ou cette succession que présentent les forces toniques ; qui se concentrent d'abord
vers les parties intérieures, et qui se déployent
ensuite d'une manière uniforme, cette alternative,
qui est attachée à l'acte de la digestion, se produit,
d'une manière bien plus évidente, dans toutes les

maladies fébriles, dont le premier temps ou le temps d'irritation , comme on dit communément , est constamment marqué par un spasme qui occupe tout le corps ; en sorte que ce n'est que vers la fin de ce temps d'irritation que ce spasme se détend, que le corps se ramollit et s'humecte, *madescit* , comme disait Hippocrate (1).

Dans le travail de la digestion , les forces toniques sont donc puissamment concentrées sur les organes digestifs, et elles y restent fixées pendant tout le premier stade de cette fonction importante. Dès-lors , vous voyez combien sont mal entendus et dangereux , les moyens qui tendent à s'opposer à cette concentration des forces ou à la dissiper. C'est d'après ce principe qu'il faut concevoir le mauvais effet du bain pris immédiatement après le repas ; car l'effet le plus général du bain est de solliciter les forces et les mouvements vers l'habitude extérieure du corps.

C'est par le même principe qu'il faut expliquer

---

(1) C'est en général une chose bien remarquable , comme nous le verrons plus particulièrement dans le *Traité des fièvres* , que cette concentration des forces vers les parties intérieures, qui précède constamment tout effort critique, ou plutôt tout effort dans l'exercice des mouvements vitaux, de quelque nature que soient ces efforts.

pourquoi les exercices forcés deviènent si contraires, quand ils sont pris immédiatement après l'usage des aliments ; car les violents exercices déterminent les mouvements vers l'habitude du corps, et ils portent sur l'organe musculaire, des forces dont la concentration sur l'estomac était nécessaire pour le travail heureux de la digestion : aussi la nature invite-t-elle communément au repos après l'usage des aliments ; et c'est une loi générale, que tous les animaux bien repus, éprouvent, après le repas, plus ou moins fortement, le besoin du sommeil. Ce n'est pas que ce phénomène puisse s'expliquer par des considérations déduites de la structure des parties, et qu'on puisse le rapporter, par exemple, à la compression que porte, sur l'aorte, l'estomac distendu par les aliments, comme nous l'avons déjà dit ; mais c'est que la suspension des forces de l'habitude du corps, est nécessaire pour que ces forces s'exercent plus pleinement et plus complètement dans les organes digestifs.

On ne peut s'empêcher de reconnaître avec Stahl qu'ici, comme en tout, l'habitude n'ait la plus grande force ; et il est très-ordinaire de voir des gens robustes se livrer, immédiatement après le repas, aux travaux les plus rudes, sans éprouver aucun accident. Il faut remarquer pourtant que cette distraction des forces, lesquelles devaient être concentrées sur l'estomac, et qui sont vicieusement sollicitées vers l'habitude du corps, affectent d'une faiblesse radicale le tempérament des gens de cette classe ; faiblesse qui les rend très-sujets aux maladies malignes, et qui ne leur permet que rarement d'atteindre le terme ordinaire de la vie. C'est cette faiblesse radicale qui, comme l'a observé encore Galien, rend pour eux le sommeil plus profond et d'une nécessité bien plus indispensable; en sorte qu'ils ne peuvent veiller plusieurs nuits de suite sans s'exposer à des accidents graves.

Cette concentration des forces sur l'estomac est surtout bien considérable dans le travail forcé de la digestion : voilà pourquoi les indigestions sont des accidents si graves, et qui peuvent avoir des suites si promptement funestes dans toutes les circonstances qui demandent que les forces toniques soient dirigées et soutenues sur quelques parties déterminées. Galien, dans son traité *de regimine in acutis*, nous apprend qu'une pleurésie, qui se jugeait par expectoration, et dans laquelle il était par conséquent nécessaire que les mouvements toniques fussent soutenus sur le poumon, pour entretenir cette évacuation salutaire, fut rendue très-promptement mortelle par une indigestion. On sait qu'il n'y a point de causes aussi capables d'arrêter l'écoulement des règles que les indigestions. Ces faits, qu'il serait facile de multiplier, partent tous du même principe, et dépendent de ce que le travail d'une indigestion transforme l'estomac en un centre de fluxion qui attire et détermine puissamment toutes les forces, et qui, dès-lors, décompose et détruit l'appareil de mouvements qui doit rester fixé sur l'organe par lequel se fait une évacuation critique. Il faut convenir cependant que, relativement aux observations analogues à celle de Galien, on ne conçoit pas pourquoi la mort suit si brusquement la décomposition des mouvements critiques, ou des mouvements établis par la nature, et soutenus sur un organe particulier, pour y produire une évacuation salutaire; mais toutes les autres causes de mort ne nous sont pas mieux connues dans leurs véritables manières d'agir.

La faim est un sentiment réfléchi du besoin d'aliments. Je dis sentiment *réfléchi*, pour le distinguer du sentiment *naturel* qui règle le mouvement nutritif des plantes et de chacune des parties du corps, sans que ni les unes ni les autres aient aucun moyen d'apercevoir ce mouvement et de s'en rendre compte.

Ce sentiment de la faim est immédiatement déterminé par le principe qui anime le corps, qui prend connaissance de ses besoins, et qui applique ce sentiment d'une manière exclusive sur les substances capables de satisfaire ces besoins.

On attribue communément ce sentiment à des causes nécessaires et mécaniques; et, parmi ces causes, celles qu'on fait valoir assez généralement sont : 1° l'âcreté des humeurs contenues dans l'estomac, et qui, irritant ses parois d'une manière déplaisante, déterminent l'animal à prendre des aliments, dans la vue de calmer ce sentiment; et 2° les frottements qu'exercent les unes sur les autres les parois de l'estomac, lorsque cet organe est absolument vide.

Il faut convenir que les frottements qu'exercent les unes sur les autres les parois de l'estomac, qui sont très-sensibles, contribuent à donner à l'animal un sentiment de malaise, et que ce sentiment de malaise est puissamment déterminé par le poids des viscères attachés au diaphragme, qui, n'étant plus soutenus convenablement par l'estomac et les intestins qui sont vides, portent sur le diaphragme un tiraillement continuel et désagréable. Aussi remarque-t-on que les ours qui passent une partie de l'hiver sans manger, avant de se receler et de s'engourdir, avalent des masses ou des espèces de boules composées de poix-résine et de feuilles d'arbres qu'ils rejètent par le vomissement à la fin de leur sommeil d'hiver.

Erasistrate rapporte aussi que les Scythes qui,

dans leurs voyages, étaient quelquefois long-temps
sans manger, prévenaient le sentiment de la faim,
ou du moins le rendaient beaucoup plus support-
table en se serrant le ventre avec de larges bandes.

Mais quoique ces causes mécaniques, savoir les
frottements ou les roulements des parois intérieures
de l'estomac les unes sur les autres, et le tiraillement
qu'exercent sur le diaphragme les différents viscères
qui ne sont plus soutenus par l'estomac et les intestins ; quoique ces causes puissent bien imprimer
un sentiment de malaise, cependant ce sentiment
sera vague, indéterminé, tandis que le sentiment
de la faim est bien nettement déterminé, qu'il
s'exerce bien décidément sur certaines substances,
à l'exclusion de toutes les autres, et que ces substances sont différentes pour chaque espèce d'a-
nimal.

Ces causes mécaniques n'expliquent pas non
plus les retours périodiques de la faim, qui se fait
constamment ressentir à la même heure, et qui
s'affaiblit et même se dissipe complètement lorsque
cette heure est passée, quoiqu'on n'ait rien pris pour
la satisfaire.

Stahl a remarqué que les ouvriers qui s'exercent
journellement à des travaux pénibles, ressentent

plus d'appétit les jours où, jouissant d'ailleurs d'une bonne santé, ils suspendent leurs occupations habituelles, et qu'ils sont alors capables de prendre, sans s'incommoder, une plus grande quantité d'aliments qu'à l'ordinaire ; en sorte que, dans ce repas forcé, il semble que la nature veuille exercer dans l'estomac et occuper au travail de la digestion des forces dont l'habitude lui a rendu l'emploi absolument nécessaire.

J'ai parlé, dans cette leçon, des phénomènes relatifs aux forces toniques ; je parlerai, dans la leçon prochaine, des phénomènes relatifs à la force digestive. Nous verrons que ces deux ordres de phénomènes sont liés entre eux par des rapports qui passent absolument notre intelligence.

SECONDE LEÇON.

De la digestion relativement à la force altérante:

Je n'ai point encore parlé des phénomènes les plus importants de la digestion, je veux dire de l'espèce d'altération ou de transformation que les aliments éprouvent dans l'estomac.

En nous bornant, comme nous avons fait jusqu'ici, à la considération des forces toniques, c'est-à-dire, des forces qui s'exercent dans les parois de l'estomac, qui les agitent et les balancent d'une manière plus ou moins sensible, il est clair que nous ne pouvons acquérir aucune connaissance sur l'espèce d'altération qu'éprouvent les substances contenues dans la cavité de l'estomac : d'abord c'est que ces forces motrices ne peuvent s'appliquer immédiatement que sur une petite portion des aliments, tandis que la transformation digestive opère à la fois sur toute l'étendue de la masse alimentaire, et qu'elle en frappe toutes les parties par un seul et même acte. En second lieu, c'est que ces forces motrices doivent être à peu près les mêmes dans les différentes espèces d'animaux, ou du moins qu'elles ne doivent différer les unes des autres que par différents degrés d'intensité, tandis que les produits de la digestion portent des caractères radicalement et essentiellement différents dans chaque espèce d'animal. Enfin, c'est que ces forces toniques ne peuvent exciter que des agitations, des secousses dans la masse alimentaire, et qu'il est très-facile d'appliquer à cette masse des moyens d'action analogues, sans lui communiquer rien qui approche des caractères qu'elle reçoit de la part de la digestion vitale.

Cette force tonique ou motrice est celle que nous concevons le plus aisément, ainsi que nous l'avons déjà dit, parce que nous pouvons en suivre les progrès, et en saisir nettement toutes les nuances. C'est à raison de cette plus grande facilité que nous avons à la concevoir, que l'on a voulu depuis long-temps subordonner à cette force motrice tous les phénomènes de l'économie animale. Par là on s'est ôté les moyens d'apercevoir dans leur vrai jour les faits les plus importants de cette économie.

Mais ce n'est pas notre façon de concevoir qui peut décider le degré d'importance des choses; nous ne devons pas nous faire incessamment le centre de l'univers, et juger de la nature de chaque être par les rapports qu'il a avec nous. La vraie manière de philosopher consiste à recueillir exactement les faits, à les distribuer par ordre, à les classer; et à reconnaître autant de causes ou de principes d'action différents, qu'il y a de systèmes ou d'ensemble de faits qui ne peuvent être rapportés à des causes communes.

Pour parvenir autant qu'il est en nous à la connaissance de la faculté digestive, nous devons d'abord remarquer que cette faculté ne s'applique pas d'une manière rigoureuse et nécessaire. Tout le monde sait que la digestion se fait d'autant plus facilement et plus promptement, qu'elle s'exerce sur des choses qui sont le plus en rapport avec le goût ou avec l'appétit. C'est un principe d'une application très-importante dans la pratique. Car il est nombre de circonstances où le médecin doit respecter des goûts bien décidés, et permettre des aliments contraires en soi, et qui deviènent, non-seulement indifférents, mais salutaires, par la circonstance d'être désirés vivement.

On sait que, dans chaque espèce d'animal, la faculté digestive n'a d'action que sur certaines substances, et qu'elle est absolument nulle sur toutes les autres; en sorte que, lorsque les animaux viènent à prendre des substances qui ne sont point en rapport de nature avec eux, ces substances peuvent rester très-long-temps dans l'estomac, et être rejetées ensuite, sans présenter aucune altération; et c'est ce qui détruit toutes les explications physiques ou chimiques qu'on a données de la digestion, puisque ces hypothèses supposent des moyens d'action absolument nécessaires. Ainsi, parmi nombre d'effets de ce genre que je pourrais citer, M. Trembley observe que le polype mange et avale ses bras, et qu'il les rejète dans le même état au bout d'un temps plus ou moins long. On a remarqué la même chose d'une corneille à qui on avait fait avaler quelques morceaux d'un animal de même espèce (1).

On sait qu'il est des personnes qui ont des aversions décidées pour certains aliments. Lorsque l'instinct vient à être trompé et qu'on leur fait prendre de ces aliments masqués de différentes manières, la faculté digestive qui s'exerce sur les aliments avec lesquels ils sont mêlés, n'a point de prise sur ceux-là. Ces aliments qui sont ainsi les objets d'une répugnance décidée, après avoir excité des angoisses

____

(1) M. de Haller rapporte ce dernier fait d'après Chyne. M. Spallanzani prétend avoir vu le contraire; mais on ne peut rien conclure contre ce que nous voulons établir ici, puisque M. Spallanzani lui-même a vérifié le fait concernant les polypes.

plus ou moins vives, sont rejetées absolument sans changement.

Enfin, il est des dispositions maladives dans lesquelles les substances alimentaires, les plus éminemment digestibles, restent dans l'estomac sans se prêter à l'action de ce viscère, qui, pendant tout ce temps doit être absolument suspendue. Ainsi Stahl nous apprend qu'une femme ayant mangé des choux rouges, qu'elle aimait beaucoup, fut attaquée bientôt d'un accès de fièvre. Cette fièvre, qui prit le type de la tierce, fournit plusieurs accès consécutifs. Après le dernier, cette femme vomit les choux rouges tels qu'elle les avait mangés. Il serait facile de multiplier les faits de cette nature, et très-généralement, dans les personnes qui éprouvent des vomissements habituels, l'estomac ne rejète que certains aliments et en garde d'autres qui ont été pris dans le même temps.

Non seulement, l'estomac peut choisir parmi les différentes substances qu'il renferme, celles qui sont capables de nourrir, et celles qui ne pouvant servir à la réparation du corps, doivent être rejetées tout d'un coup; mais indépendamment de cette élection, il faut qu'il imprime une altération déterminée et spécifique à celles qui sont admises et qui sont le plus éminemment nourrissantes.

Depuis la révolution que Vanhelmont a opérée dans les idées, on attribue assez communément à des ferments l'altération que les aliments éprouvent dans le corps des animaux. Mais dans la philosophie de Vanhelmont, le mot ferment avait bien une autre signification que celle qu'on lui donne aujourd'hui. Selon Vanhelmont, les ferments sont des êtres simples. placés entre l'esprit et la matière, et qui, par des moyens absolument inconcevables, portent ou introduisent dans la matière les formes ou les idées différentes dont ils sont chargés : en sorte que sous d'autres noms , Vanhelmont ne disait que ce qu'avait dit Hippocrate , tous les Asclépiades , tous les philosophes théistes, qui attribuaient aussi à chaque partie du corps vivant une force par laquelle ces parties se nourrissaient, s'assimilaient complètement tous les sucs nourriciers qui leur étaient présentés , et qui attribuaient à l'estomac une force analogue, qui donnait aux aliments l'altération première , qui les préparait à toutes celles qu'ils devaient éprouver jusqu'à ce qu'ils fussent assimilés à la substance de chaque organe.

Les substances dont les animaux se nourrissent, celles au moins dont l'homme tire le fonds de sa nourriture habituelle, sont susceptibles de différentes fermentations ; c'est-à-dire , que le mouvement par lequel ces substances se décomposent , mouvement qui a beaucoup de rapport avec la combustion, et qui peut être réellement regardé comme une combustion très-lente, comme le dit Bécher, étant considéré dans toute son étendue, présente différents stades, ou différents périodes distingués les uns des autres par la différence des produits qui y sont attachés. Ainsi il est un période de ce mouvement pendant lequel il se produit des esprits ardents ou inflammables ; c'est ce qu'on appèle la *fermentation vineuse.* Un second période pendant lequel il se produit des sels acides ; c'est ce qu'on appèle la *fermentation acéteuse* (1). Enfin un troisième période pendant lequel il se développe des alkalis volatils ; c'est la *fermentation putride* (2). On devrait ajouter à ces trois fermentations une *fermentation salée* ou *muriatique.* Il est très-facile d'observer que les bouil-

---

(1) Et ces sels acides sont plus communément combinés avec des esprits ardents ; c'est ce qui fait que la plupart des chimistes modernes regardent l'acide acéteux ou l'acide de vinaigre comme une espèce d'éther naturel. L'éther, comme vous le savez, résulte d'une combinaison intime d'acide avec un esprit ardent.

(2) Cette putréfaction s'étend bien au-delà du temps où il se forme des alkalis volatils. Cependant M. Cullen, d'après des expériences consignées dans les transactions philosophiques, prétend, contre M. Graber, que l'odeur putride est due exclusivement au développement des alkalis volatils.

lons de viande deviènent très-salés avant de s'aigrir.

Il paraît que les substances alimentaires éprouvent dans l'estomac celles de ces fermentations auxquelles elles sont plus disposées. M. Haller a rassemblé des faits qui prouvent qu'il se formait quelquefois dans l'estomac les produits attachés à ces fermentations, et qui prouvent dès-lors, que ces fermentations se sont quelquefois établies dans l'estomac, et qu'elles s'y sont soutenues quelque temps.

De ces fermentations spontanées dont ces substances alimentaires sont susceptibles, la plus ordinaire est sans contredit la fermentation *acide* ou *acéteuse*. Aussi Vanhelmont voulait-il que le ferment, ou l'être particulier qui décidait la digestion vitale, eût la propriété de produire des acides. D'abord, c'est que très-communément, la substance de l'estomac est intimement pénétrée d'acides dans la plus grande partie des animaux (1). Secondement,

----

(1), Et par exemple, M. John Hunter prétend avoir trouvé les sucs gastriques acides dans tous les animaux ; (*Comm. Lips. t.* 21 , *p.* 100.) ce qui est contraire à l'assertion de M. Spallanzani ; et certainement ce que dit M. Spallanzani contre la fermentation des aliments dans l'estomac prouve seulement que la fermentation n'est pas pleine et complète, mais non pas qu'il n'y ait pas un commencement de fermentation.

c'est qu'il est d'observation que les acides excitent puissamment l'appétit, et surtout quand ils sont réduits à peu près à l'état gazeux, comme ils le sont par exemple, dans les eaux gazeuses ou acidulées ; enfin, c'est que, selon l'observation d'Hippocrate, dans la plupart des indispositions de l'estomac, la nature acide des rapports est un signe avantageux, et qui annonce un rétablissement prochain.

Mais quoi qu'il en soit des fermentations spontanées, elles n'ont d'autre utilité que de hâter la décomposition des aliments, et de les disposer convenablement à la nouvelle forme qu'ils doivent recevoir ; et bientôt ces fermentations spontanées, cèdent à l'action victorieuse et dominante d'une fermentation particulière, qui ne s'opère que dans l'animal vivant, et qui est spécifiquement différente dans chaque espèce d'animal. Car dans chaque espèce d'animal, les produits de la digestion sont essentiellement différents, quoique cet acte se soit développé sur des substances identiques (1).

____

(1) Il paraît que la dissolution est vraiment un des moyens dont la nature se sert pour préparer les aliments à la transmutation vitale. On sait que les sucs gastriques qui se séparent dans l'estomac, et qui sont assez analogues à la salive, sont dans les animaux les plus puissants dis-

Il paraît que l'air contribue avec beaucoup d'efficacité à l'acte de la digestion dans l'homme et les animaux qui vivent à sa manière. Il n'est pas douteux qu'il n'y ait habituellement de l'air dans l'estomac, parce que les aliments qu'il prend en sont intimement pénétrés, et surtout parce que, à mesure qu'il les avale, il avale nécessairement une certaine quantité d'air. Dans les poissons, chez lesquels le passage de l'air dans l'estomac ne peut pas se faire de la même manière, M. Néedham a remarqué que la vésicule natatoire, toujours remplie d'air, s'ouvre dans l'œsophage. On a remarqué

---

solvants de toutes les substances dont ils peuvent se nourrir. C'est un fait acquis par les expériences de M. l'abbé Spallanzani, expériences curieuses et certainement fort intéressantes, mais dont cet illustre physicien a fait des applications bien peu médicinales, puisqu'en attribuant exclusivement, comme il le fait, la digestion à l'action des sucs gastriques, il a dû nécessairement perdre de vue les relations que cette première digestion des aliments soutient avec les digestions ultérieures, que ces aliments doivent subir dans des parties où il n'y a point de sucs gastriques. Or ces relations forment cependant la circonstance vraiment essentielle de la digestion, considérée comme phénomène médicinal. Hippocrate admettait trois digestions, l'une qui se fait dans l'estomac et les vaisseaux, la seconde qui se fait dans le tissu cellulaire, enfin la dernière dans la substance intime de chaque organe.

aussi dans les insectes, des vaisseaux nombreux qui portent l'air dans les organes digestifs (1).

L'air contribue sans doute à la digestion, en accélérant la décomposition des substances alimentaires. Car il paraît, comme l'a dit Vanhelmont, d'après des faits que ce n'est pas le lieu d'exposer ici, que l'air est l'agent le plus puissant de toute décomposition. Aussi, dans les temps froids, et lorsque l'air est bien pur et sec, a-t-on bien plus d'appétit, et peut-on manger beaucoup plus sans s'incommoder, que dans des constitutions différentes.

L'air paraît, comme le disait Vanhelmont, le plus puissant moyen de décomposition des corps vivants, comme de tous les autres ; et comme c'est la chaleur qui contribue principalement à mettre

---

(1) C'est-à-dire la vésicule habituellement remplie d'air que ces animaux resserrent ou dilatent à volonté, selon qu'il leur importe d'augmenter ou de diminuer la pesanteur spécifique de leur corps. Il a remarqué que cette vésicule s'ouvre dans l'œsophage : il paraît cependant que l'air de cette vésicule natatoire est plutôt le produit de la fermentation que les aliments éprouvent dans l'estomac ; car on sait aujourd'hui que c'est un air ou un gaz méphitique. Enfin, on a remarqué dans les insectes des vaisseaux nombreux qui portent l'air dans les organes digestifs.

l'air en jeu, il s'ensuit que cette décomposition du corps doit marcher d'autant plus rapidement que chacune de ces parties est pénétrée d'une chaleur plus vive, en sorte que les animaux doivent avoir d'autant plus besoin de réparation, qu'ils ont plus de chaleur naturelle ; aussi, y a-t-il à cet égard une grande différence entre les animaux à sang chaud et les animaux à sang froid. On a remarqué, par exemple, que les serpents peuvent vivre d'eau pure, et qu'il leur en faut si peu, qu'ils peuvent en prendre en une seule fois, tout ce qu'il leur en faut pour huit jours consécutifs. Ce fait de la nutrition des animaux, par le moyen de l'eau pure, est analogue à la fameuse expérience de Vanhelmont, qui a nourri et élevé un saule par le moyen de l'eau pure et très-exactement distillée. Ces faits démontrent bien évidemment combien est fausse l'idée qu'on se forme des facultés digestives, quand on les borne exclusivement à réunir ou disperser les molécules de matière inaltérées. Stahl, qui, d'après ses idées chimiques sur la composition des corps, ne voyait rien de plus dans la digestion, avait raison de dire que ces faits avaient de quoi exercer l'esprit des physiciens, *suppeditare possunt physicis speculationes suas graviter exercendi.*

L'action sympathique du cerveau, et plus généralement du système des nerfs sur l'estomac, est nécessaire pour que cet organe déploye convenablement les forces spécifiques dont il est animé ; et c'est ce qui est prouvé par l'observation de Brunn et de quelques autres, qui ont vu que les aliments se corrompaient lorsque l'influence du système nerveux sur l'estomac était interceptée par la ligature ou la section des nerfs de la huitième paire.

La faculté digestive est généralement affectée dans tous les animaux, d'une faiblesse radicale qui ne lui permet pas de transformer pleinement, et de décomposer complètement les différents corps sur lesquels elle s'exerce. On sait que le lait présente, d'une manière bien évidente, les qualités des substances dont s'est nourri l'animal qui le donne. C'est une connaissance dont on a tiré un parti avantageux pour transmettre au lait des qualités médicamenteuses. Mais ce n'est pas seulement dans le lait, qui ne diffère pas notablement du chyle, que se produisent les qualités des substances alimentaires. Ces qualités subsistent encore d'une manière bien marquée dans la substance même du corps qui s'en est nourri. Vanhelmont a observé que les cochons qui vivent sur le bord de la mer, et se nourrissent de coquillages, ont une chair dont le goût approche beaucoup de celui du poisson. M. de Buffon rapporte, d'après quelques voyageurs (1), que des sauvages qui se nourrissent habituellement, de sauterelles, parvenus à un certain âge, sont très-sujets à se détruire par des sauterelles qui se forment spontanément dans leur corps. Le cerf, qui ne vit pour ainsi dire que de bois, porte sur sa tête des productions vraiment végétales qui poussent et se composent comme les végétaux, qui se ramifient comme eux, et qui tombent et se reproduisent de la même manière. Le castor, qui habite les eaux et se nourrit de poisson, porte une queue couverte d'écailles. On pourrait multiplier ces observations qui tendent à prouver que les aliments ne s'assimilent pas complètement au corps vivant qui s'en nourrit, et qu'ils peuvent et doivent même, à la longue, introduire des altérations plus ou moins profondes dans sa forme primitive. Voyez le discours de M. de Buffon sur la dégénération des animaux. (2).

Je viens de présenter quelques phénomènes de

----

(1) Drack, *Voyage autour du monde.*

(2) Ces qualités des aliments qui subsistent dans le corps qui s'en nourrit, et qui ne sont pas complètement éteintes par l'acte de la nutrition, sont ce que Vanhelmont a appelé *vita media.*

la faculté digestive ; mais quoi que nous puissions faire, nous serons toujours réduits à l'étudier dans ses effets, et jamais nous ne pourrons nous former aucune idée d'une force qui s'exerce dans l'intérieur des masses, et dont les élements n'ont aucun rapport avec notre manière de voir ou de sentir.

J'ai considéré dans la fonction de la digestion, une double force, une force tonique et une force altérante. Les aliments doivent être subordonnés à la même division, et on doit les considérer également comme toniques ou fortifiants, ou comme nourrissants ou capables de réparer les pertes du corps. Nous verrons ailleurs (1) l'utilité de cette considération pour l'établissement du régime dans les maladies putrides, comme disaient en général les anciens, c'est-à-dire, dans les maladies qui supposent une lésion profonde dans les facultés digestives. Car ces maladies contr'indiquent formellement les aliments comme nutritifs. C'est de cette manière qu'il faut entendre l'aphorisme d'Hippocrate, *corpora impura quò magis nutris eò magis impuriora reddis*. Dans ces maladies (1),

----

(1) *Cours de fièvres.*

(2) M. Kœmpf, un des auteurs modernes qui ait le mieux écrit sur les maladies chroniques, remarque qu'une des causes puissantes de l'affection nerveuse des organes ai-

l'usage des aliments ne doit être rapporté qu'à la qualité tonique , c'est-à-dire, à la propriété qu'ils

---

gestifs , c'est la mauvaise habitude de se nourrir trop délicatement , de prendre des aliments de digestion trop facile qui ne lestent point convenablement l'estomac , ou plutôt qui n'excitent point suffisamment ses forces toniques. Vous devez consulter, sur ce sujet, une dissertation que M. Baldinger a fait imprimer dans le troisième volume de sa *Collection pratique*, avec quatre autres dissertations fondées sur le même principe. Ces cinq dissertations, auxquelles il faut joindre celle de Schmid, *De concrementis uteri*, théorie pratique de Haller, tom. 4, composent un excellent traité des affections nerveuses.

M. Kœmpf , qui devait cette doctrine sur les affections chroniques dépendantes du bas-ventre, à trente ans de travaux pratiques de son père ; que lui-même et plusieurs médecins de ses amis, (auteurs des dissertations citées) ont employée avec le plus grand succès ; cette méthode, il l'a pleinement développée avec les détails les plus intéressants, dans l'ouvrage intitulé : *Johannes Kœmpf ab handlung von ciae neue methode die harœckingsten , die ihren fitz im unterscibe haben, besonders die hypochondrie , sicher und gründhich zuheilen.* Un vol. in-8° de 576 pages. Leipsick, 1786, nouvelle édition.

Hippocrate disait aussi que ce mauvais régime rapprochait le terme de la vie : *Alimenta mollia juscula . . . . . crebrius assumpta partes solidas effeminant.* C'est une excellente pratique en usage chez le peuple que celle de nourrir les enfants avec du gros pain, ou du moins de leur donner de ce pain (ou pain de ménage, comme on

ont de soutenir les forces par l'impression qu'ils portent sur les organes digestifs.

---

l'appèle, qui est de plus difficile digestion que le pain blanc, fait de la plus pure farine de froment) à déjeûner et à goûter. Nous avons eu occasion d'observer souvent ailleurs, que le peuple est en possession des vérités les plus importantes sur presque tous les objets, et très-spécialement sur la science de l'homme. On a fait des traités intéressants sur les erreurs populaires ; on pourrait en faire de bien plus intéressants sur les vérités populaires.

Nous avons vu que la force motrice subsiste après la mort, et qu'elle donne des marques évidentes de son existence dans les phénomènes d'irritabilité, quoique, comme nous l'avons expliqué, la mort les fasse passer dans un autre ordre de choses, et qu'elles ne puissent plus être rapportées au principe qui s'en servait pendant la vie. Il en est de même de la force digestive, qui paraît donc agir encore quelque temps après la mort ; et c'est à l'action subsistante de cette force qu'il faut attribuer un phénomène bien curieux, observé par John Hunter, c'est que très-souvent une partie de l'estomac est sensiblement dissoute, et comme digérée, sans qu'on puisse rapporter à la maladie précédente cet accident, qui est au contraire plus marqué chez ceux qui sont emportés par une mort violente et en pleine santé, et qui, comme disait Montaigne, meurent de la plus *morte* mort. (*Comm. Leips.*, t. 21, p. 100. *Transactions philosophiques*, 1774.)

LEÇON TROISIÈME.

Des intestins.

Nous avons dit que l'estomac est pénétré d'une force particulière, dont l'action se développe sur la matière, au moins sur certaines espèces de matière, qui la transforme, qui l'altère, qui lui imprime des qualités nouvelles, et cela par des moyens sur lesquels nous ne pouvons absolument former aucune conjecture raisonnable.

Les substances alimentaires, susceptibles de se prêter à l'action de l'estomac, après avoir resté dans sa cavité un espace de temps suffisant, sont réduites à une substance homogène d'une couleur grisâtre, d'une saveur légèrement acide, d'une consistance de bouillie. Voilà tout ce que nous pouvons connaître des produits de la digestion. Mais il faut avouer que ces qualités grossières, qui seules peuvent nous affecter, n'ont rien de commun avec ce qui caractérise réellement ces produits, c'est-à-dire, avec ce qui les rend propres à s'assimiler ultérieurement à la nature de l'animal, et à jouir avec lui d'une vie commune.

Dès que les aliments ont reçu dans l'estomac le premier degré d'animalité, la contraction fixe de cet organe, ou son mouvement de péristole, comme l'appelait Galien, cesse ; et il s'établit un nouveau mouvement qui se dirige par contractions répétées du cardia vers le pylore, et vide complétement l'estomac en poussant dans les intestins toutes les matières qu'il contient. (*De vi pylori reten-trice.* LEVELIN, *Comm. leips.*, tom. 13, pag. 448.)

Il ne faut pas croire que le passage des aliments de l'estomac dans l'intestin, soit l'effet nécessaire du rapport qui se trouve entre le degré de leur consistance et le degré habituel de l'ouverture du pylore. Il est clair que les boissons que l'on prend, sont plus coulantes que les aliments, quand ils ont subi la digestion stomacale ; et cependant, ces li-queurs ne franchissent pas le pylore et ne parviè-nent pas tout d'un coup par les intestins. Il arrive as-sez souvent que, quelques heures même après avoir bu copieusement, on éprouve, en agitant diversement son corps, des fluctuations bien sensibles dans la région de l'estomac. Cependant, comme le remarque très-bien Galien, cet état n'a pas lieu communément dans l'état de pleine vigueur et de santé parfaite ; et il suppose toujours une faiblesse dans le mouve-ment de péristole, qui ne permet point à l'estomac de s'appliquer sur les aliments aussi fortement et aussi précisément qu'il serait nécessaire.

D'un autre côté, il est bien acquis que le pylore se prête au passage de différents corps, comme de pièces de monnaie, de noyaux de fruits, lesquels sont beaucoup plus grossiers, et ont beaucoup plus de consistance que n'en ont les aliments ordinaires, à l'instant qu'ils sont reçus dans l'estomac; et ces corps grossiers, comme le remarque Stoll, sortent de l'estomac toujours avant les substances plus molles, plus coulantes, avec lesquelles ils ont été pris, lesquelles substances étant susceptibles de digestion, restent dans l'estomac pour subir la préparation dont elles sont capables. C'est ce dont il est très-facile de se convaincre; car souvent ces corps indigestes sont évacués par les selles, lorsque les aliments avec lesquels ils ont été pris, sont encore dans l'estomac, comme l'annonce la nature des rapports qu'on éprouve alors.

Les intestins dans lesquels passent les aliments après la digestion stomacale, présentent une très-grande capacité, d'autant plus que les intestins peuvent s'étendre en tous sens, à raison de la flexibilité et de la mollesse des parois du bas-ventre. Cette grande capacité des intestins contribue sans doute à rendre la digestion plus complète, en retenant les substances alimentaires exposées plus long-temps à l'action de la faculté digestive. Mais le grand avantage qui résulte de cette structure, c'est de diminuer pour l'homme les besoins auxquels son corps devait l'assujétir. Car, comme le disait Platon, il ne convenait pas qu'un être qui, par la supériorité de son organisation, était appelé aux fonctions les plus nobles et les plus sublimes, en fût sans cesse distrait et détaché par des soins relatifs au corps, qui, dans l'ordre, devait être son esclave et jamais son maître.

La capacité du canal alimentaire varie dans les différentes espèces d'animaux, et cette différence détermine, pour chaque animal, l'espèce d'aliments dont il doit tirer le fonds habituel de sa nourriture ; en sorte que les animaux qui ont un très-grand volume d'intestins, et qui, dès-lors, peuvent prendre à chaque fois une très-grande quantité d'aliments, peuvent se nourrir de végétaux, tandis que ceux qui n'ont qu'une petite capacité d'intestins et qui ne peuvent prendre conséquemment que peu d'aliments, sont assujétis à se nourrir d'aliments très-substantiels, c'est-à-dire, que ces animaux sont carnivores. Comme l'homme, relativement au volume de son corps, a une moindre capacité d'intestins que les animaux décidément herbivores, il paraît que la diète animale est plus conforme à la nature de l'homme que la diète contraire. Cette conséquence paraît surtout bien établie, par le rapport que l'estomac de l'homme présente avec l'estomac du cochon, du chien, du chat, tous animaux éminemment carnivores. Ce point d'anatomie comparée est d'autant plus remarquable, comme le disait Stahl, que les différences dans la structure de l'estomac sont bien évidentes et bien tranchées, selon que les animaux sont carnivores ou herbivores, et que ces différences se soutiènent dans les animaux les plus opposés, comme chez les oiseaux, par exemple, chez lesquels l'estomac des carnivores a la plus grande analogie avec l'estomac des quadrupèdes carnivores.

Dès que les substances alimentaires sont parvenues dans les intestins, et d'abord dans le *duodenum*, elles éprouvent une altération nouvelle de la part des forces digestives qui s'exercent dans ce viscère, comme dans une portion fort étendue du canal intestinal. Vanhelmont a observé que les sels acides qui résultent de la première digestion, ou de la digestion stomacale, changent promptement de nature dans le duodenum, et qu'ils deviènent des sels salés analogues au sel propre de l'urine. Les substances alimentaires se mêlent dans le duodenum avec une grande quantité de suc semblable à la salive fournie par le pancréas et avec la bile. Il n'est pas douteux que l'altération qu'éprouvent ces substances ne dépende en partie de l'action de ces sucs, surtout de la bile, qui, comme nous le dirons ailleurs, est si pénétrée, si chargée de vie. Mais il faut convenir que les changements que ces sucs vivants introduisent dans les aliments, se font par des moyens que nous ne pouvons absolument concevoir. Ce serait nous former une idée aussi fausse que bornée, de ne considérer la bile que comme un savon, ainsi qu'on le fait ordinairement, et de ne lui reconnaître d'autre usage que de servir d'intermède ou de moyen d'union entre l'eau et l'huile des aliments. (*Schroder*, tom. 2, p. 529.)

Les intestins grêles présentent des membranes qui flottent dans leur intérieur. Ces membranes, qu'on appèle valvules conniventes depuis Kerkringius, commencent à un pouce environ du pylore. Elles sont surtout très-multipliées dans le jéjunum. Elles sont fournies par un repli de la membrane interne des intestins. Ces valvules contribuent sans doute à modérer le cours des aliments, afin qu'ils restent plus long-temps exposés à l'action de la force digestive. Il n'est pas douteux que, pour remplir la même fin, le canal intestinal ne se resserre habituellement d'espace en espace, et ne produise dans sa longueur différentes poches, où s'arrêtent les aliments, afin que leur transmutation deviène plus pleine et plus complète.

A mesure que les aliments avancent dans le canal intestinal, par la contraction vive des intestins, laquelle se dirige habituellement des parties supérieures vers les parties inférieures, leurs qualités sensibles changent de plus en plus, et la pâte alimentaire devient plus fluide, plus blanche, et surtout elle prend une saveur douce et sucrée qui augmente à mesure que cette masse approche de l'extrémité des intestins grêles ; en sorte que la fermentation vitale, considérée dans toute l'étendue de l'estomac et des intestins grêles, donne trois espèces de produits fort distincts : d'abord, des sels sensiblement acides dans l'estomac ; puis des produits muriatiques ou salés, dans la première portion des intestins grêles ; enfin, des sels doux et sucrés, vers la fin de ces mêmes intestins. Au reste, il ne faut pas croire que ces différents produits, que nous caractérisons par les noms de sels salés, sucrés et acides, ressemblent exactement à ces substances ; ils portent toujours, comme disait Vanhelmont, un caractère particulier, spécifique et indélébile, qu'ils ne peuvent recevoir que de la part de la vie.

Les intestins ne servent pas uniquement à compléter la digestion des aliments ; ils servent aussi à porter, à distribuer dans l'intérieur du corps, les produits de cette digestion, qui sont susceptibles de s'assimiler ultérieurement à sa substance.

Pour cela, les parois intérieures des intestins sont hérissées de filaments très-déliés et très-multipliés; ces filaments ou ces flocons, sont composés, suivant la belle observation microscopique de Lieberkukn, de petites membranes, roulées en forme de cône, placées inégalement les unes sur les autres, comme le sont des tuiles sur un toit. L'extrémité de chacun de ces flocons présente une cavité à peu près ovalaire, qui est remplie d'un tissu cellulaire. Cette cavité ovalaire est percée d'un petit trou, qui est l'orifice d'un vaisseau lacté; en sorte que c'est par ces petites bouches, ou les orifices que présentent ces flocons, que passe une partie du chyle ou des produits alibiles de la digestion (1).

---

(1) Et tous ces vaisseaux lactés viènent s'ouvrir ultérieurement à un canal qu'on appèle *thorachique*, lequel s'ouvre le plus ordinairement dans la veine sous-clavière gauche, le plus souvent au confluent de cette veine avec la veine jugulaire du même côté.

Les anciens, qui ne connaissaient pas les vaisseaux lactés, ou du moins qui les connaissaient peu, (car d'ailleurs il paraît qu'Aristote, *De partibus animal. lib. 4, cap. 4.* Erasistrate et Galien, *de administrat. anat.*, avaient quelque connaissance de ces vaisseaux.)

Il ne faut pas croire que l'introduction du chyle dans le corps, se fasse, d'une manière nécessaire, dans tous les temps. Il n'est pas douteux que cette

---

croyaient que tous les sucs nutritifs étaient pris par les veines mésentériques, et portés immédiatement au foie. Quelques modernes et entr'autres M. Guillaume Hunter, ont prétendu dépouiller ces veines, de même que tous les vaisseaux sanguins, de tout pore d'absorption. Cependant les expériences assez nombreuses qu'a faites M. Hunter pour appuyer cette opinion, prouvent seulement que les veines mésentériques ne se prêtent pas au passage de tous les corps ; mais elles ne prouvent pas que ces veines se refusent également au passage de tous les corps. Aussi des expériences positives, qui ont toujours bien plus de valeur que les expériences négatives, ont démontré que le fer, par exemple, qui ne pénètre pas dans les vaisseaux lactés, passait dans les veines mésentériques. M. Menghini, après avoir fait prendre à des animaux des préparations de fer, a trouvé des parcelles de ce métal dans le sang de la veine des portes.

Mais le tissu cellulaire, auquel se rapportent évidemment les vaisseaux lactés et tous les vaisseaux lymphatiques, comme l'ont démontré les travaux de MM. Hunter, Monro, Scheldon, etc., contribue aussi très-efficacement à la réception et au transport des sucs qui résultent de la première digestion. Cette action absorbante du tissu cellulaire paraît surtout bien évidemment dans les femmes qui allaitent, ainsi que l'a bien exposé Prosper Martian. Car peu de temps après avoir pris des aliments solides et encore mieux des liquides, elles sentent, comme elles

introduction ne soit puissamment aidée par le nouvel appareil qui s'établit dans l'ordre des mouvements toniques, lesquels se concentrent, d'une

---

disent, que *le lait monte aux mamelles;* et ce sentiment d'ascension du lait est accompagné d'un gonflement bien marqué de tout le tissu cellulaire qui avoisine le sein, et surtout de celui des bras et des épaules, qui est bien évidemment du département des seins.

A cibis et potibus humeri et mamma intumescunt, disait Hippocrate; aussi est-il très-certain que les qualités des aliments se communiquent très-promptement au lait. Ainsi un purgatif rend le lait purgatif en moins d'une heure. (MARTIAN.)

Ce mouvement du lait est surtout très-sensible chez les femmes qui ont le tissu cellulaire très-développé, comme le remarquait encore Hippocrate : *Si raræ carnis fuerit citius percipit.* Aussi les femmes dont le tissu cellulaire est bien épanoui sont, toutes choses égales d'ailleurs, les meilleures nourrices.

Je remarque ici, avec Aristote, que la plupart des épreuves qu'employaient les anciens pour savoir si les femmes étaient en état d'engendrer, n'avaient pour objet que de s'assurer de la perméabilité et de la liberté du tissu cellulaire. *«Nam nisi hæc ita fiant, meatus corporis » confusos, obseptos et obcæcatos esse significatur. »* Si ces épreuves ne réussissaient pas, on recommandait de présenter des parfums sous les parties génitales, et d'expérimenter si l'haleine était chargée de l'odeur de ces parfums; on recommandait aussi de frotter les paupières avec

manière fixe, dans les organes digestifs, dans le premier stade de la digestion, et se déploient ensuite et s'étendent sur toute l'habitude du corps, lorsque la digestion est en partie achevée. Cette nouvelle distribution des mouvements, qui se portent vers la périphérie du corps, est bien confirmée par les observations de Sanctorius, de Gorter, de Robinson, de Dodart, etc., etc., qui ont vu que l'heure de la journée où la transpiration est la plus copieuse, est entre la quatrième et la cinquième heure après le repas.

Mais, quoique cette nouvelle distribution des mouvements doive contribuer, avec beaucoup d'avantage, à porter et à introduire les sucs nour-

---

des corps diversement colorés, et de voir si ces couleurs altéraient la salive. (*De generatione animal, lib.* 2, *cap.* 7.) Il n'est pas douteux que la liberté d'action du tissu cellulaire ne soit, de la part de la femme, une circonstance très importante pour l'acte de la génération, et tout ce qui s'y rapporte. Nous verrons ailleurs que le système nutritif qui comprend le tissu cellulaire, les vaisseaux lymphatiques, les glandes et très-probablement la masse du cerveau, est le système dont l'action est relativement dominante dans la femme, tandis que c'est le système vasculaire, et surtout le système artériel qui domine relativement dans l'homme.

ficiers dans les vaisseaux lactés, cependant ces vaisseaux sont pénétrés d'une sensibilité particulière, qui fait que ces vaisseaux ne reçoivent que certaines substances, et refusent toutes celles qui n'ont point avec elles un rapport de nature ; c'est ce qui est prouvé par une expérience curieuse, de Musgrave, de Littre et de Haller, qui ont vu qu'une dissolution d'indigo pénètre dans les vaisseaux lactés, et les teint de sa couleur, tandis qu'une dissolution de fer ne passe point dans ces vaisseaux, et ne communique point sa couleur aux liqueurs qu'ils portent (1).

Ce fait est très-remarquable contre la théorie sur les causes des maladies que l'on fait dépendre des sucs diversement dépravés, charriés dans le corps par les vaisseaux lactés ; car, comme on attribue communément à ces sucs une âcreté vivement stimulante, et qu'on les croit capables

____

(1) Dans les *Mémoires de médecine de Londres*, on rapporte que M. Whrigtt ayant fait avaler à un chien une once et demie de sel de mars dans une soupe de lait, l'ouvrit quelque temps après, et qu'il ne trouva pas un atome de fer dans une demi-once, à peu peu près, de chyle qu'il tira du canal torachique, qui, comme vous le savez, est le canal commun où viennent se dégorger les vaisseaux lactés.

d'exciter des contractions fortes dans les différentes parties sur lesquelles ils se déposent, il est de toute évidence que ces sucs doivent contracter l'embouchure si délicate des vaisseaux lactés, et se fermer ainsi tout passage.

Au reste, nous verrons ailleurs que ce n'est pas exclusivement par ces vaisseaux que pénètrent les sucs nourriciers, mais encore par les veines mésentériques, et très-probablement aussi par le tissu cellulaire.

La pâte alimentaire, après avoir traversé toute la longueur des intestins grêles, et avoir été dépouillée de tous les sucs alibiles, par l'action de ces intestins, passe dans le cœcum, à l'origine duquel il se trouve des valvules qui présentent un libre passage aux matières qui coulent de l'iléum dans le cœcum, et qui empêchent celles qui sont dans le cœcum de refluer dans l'iléum. Cependant il ne faut pas croire que cette valvule ferme complètement toute communication entre ces deux intestins ; des faits de pratique, qui se répètent journellement, prouvent que des matières immédiatement portées dans le rectum, traversent toute la longueur du canal intestinal, et sont rejetées par le vomissement. Nous devons remarquer que cette valvule paraît avoir été découverte par Roudelet, chancelier de cette Université, et médecin célèbre.

C'est dans l'intestin cœcum que les résidus grossiers de la première digestion prènent les qualités qui les rendent vraiment excréments, et en font de vraies matières fécales. Ces matières peuvent cependant aussi se former vers l'extrémité de l'iléum, à deux, trois et même quatre pieds de distance du cœcum, comme l'ont vu MM. de Haen et Stoll. (DE HAEN, t. 3, p. 351.) Les caractères spécifiques de la fermentation vitale se produisent encore d'une manière bien évidente dans ces matières excrémentielles, et il est facile de voir que les animaux de même espèce donnent constamment les mêmes excréments, quoiqu'ils se nourrissent de substances fort différentes ; tandis que des animaux d'espèce différente, que l'on nourrit avec les mêmes aliments, donnent constamment des matières fécales, distinguées les unes des autres par des caractères bien évidents.

Ainsi, on peut admettre, avec Vanhelmont, un ferment stercoral, ou plutôt reconnaître, avec Galien, que toutes les parties les plus décidément excrémentielles, portent des caractères que le principe de la vie peut seul leur imprimer : *In excrementis ipsis qualitates à calore innato proveniunt,* disait Galien (1).

Il paraît cependant qu'on est bien fondé à attribuer la plupart des qualités que prend la matière stercorale, à la grande quantité de phlogistique ou de feu presque libre contenu dans les gros intestins.

Vanhelmont nous dit que les hommes qui, par crainte ou par folie, avaient mangé leurs propres excréments, lui avaient rapporté que leur saveur était d'une douceur extrême ; et il paraît que la saveur douce des corps dépend surtout de la grande quantité de phlogistique dont ils sont chargés ; en sorte que, comme disait très-bien Vanhelmont, la saveur douce que présentent les excréments dans les gros intestins, est un phénomène corrélatif à la maturité des fruits dont les sucs acides deviènent doux par l'impression de la lumière, ou par leur combinaison avec l'élément du feu, comme le dit Stahl.

De plus, on sait que les substances aériformes

---

(1) Qui prouve que cette doctrine était celle de tous les anciens philosophes théistes. *Excrementum quamquam diversum à naturâ tamen id quoque principium habet.* (ARISTOTE, *De gener. anim. lib.* 2, *cap.* 3, *p.* 618 *à la fin.*)

qui se produisent habituellement dans les gros intestins, contiènent une très-grande quantité de feu
libre ; et une observation remarquable de Vanhelmont, c'est que les matières gazeuses ou aériformes
qui s'échappent immédiatement des gros intestins,
sont éminemment inflammables. Ce sont des gaz
inflammables, comme on parle communément,
tandis que les matières aériformes qui sortent de
l'estomac éteignent la flamme et ont beaucoup d'analogie avec ce qu'on appèle l'air méphitique.

Enfin, on sait, d'après les travaux de M. Hom-
berg, qui a obtenu des matières fécales un *pyro-
phore,* qu'elles sont éminemment chargées du principe du feu. Il paraît donc, d'après les faits que je
viens de rapporter, qu'il y a habituellement dans
les gros intestins beaucoup de phlogistique et du
feu presque libre ; et ce n'est pas sans raison qu'un
chimiste moderne a attribué à ce feu libre la revivi-
fication des chaux martiales qui se fait par le corps
animal.

LEÇON QUATRIÈME.

Du foie.

JE remarque, d'abord, que la conformation du foie est sujette à des variétés très-multipliées, comme l'avait observé Hérophile depuis bien long-temps. Il ne faudrait pas dire avec Vesale, que la configuration de ce viscère n'est pas bien décidée, et qu'elle dépend uniquement de la compression différente qu'il éprouve de la part des parties qui l'environnent ; car il est certain que le développement du foie est très-précoce, et qu'il paraît formé avant la plupart des parties circonvoisines : mais une conséquence qui résulte de ces variétés de conformation, c'est que, par rapport aux parties recélées dans l'intérieur du corps, la nature ne s'est point asservie à un plan aussi fixe que par rapport aux parties situées à l'extérieur, et qui reçoivent l'impression immédiate des objets physiques ; en sorte qu'il est bien évident que les fonctions des organes intérieurs ne sont point attachées rigoureusement à leur organisation, et que ces fonctions dépendent surtout d'une force diffuse dans toute l'habitude de la matière, et dont les effets par conséquent ne sauraient être modifiés par les divers accidents de structure que cette matière peut présenter.

Toutes les veines qui se répandent sur les organes digestifs, vièment se réunir en un tronc commun, lequel se porte dans le foie, et se distribue dans sa substance par des ramifications qui en occupent toute l'étendue. Toutes ces ramifications se réunissent de nouveau, et vièment toutes dans la veine cave inférieure.

Si nous recherchons la raison de cette disposition qui est générale, en sorte que dans tous les animaux, le système des organes digestifs et le foie, sont liés par des veines communes ; si vous observez de plus, comme l'a fait Galien, que dans les animaux très-voraces, le foie a un volume relatif très-considérable ; que dans tous les fœtus, les sucs nourriciers sont immédiatement portés au foie ; enfin, si nous reconnaissons, comme cela est prouvé par des expériences décisives, et comme nous le dirons dans la suite, qu'une grande partie du chyle passe immédiatement dans les veines du mésentère, nous serons conduits par la force de ces faits, à reconnaître, comme les anciens, que c'est principalement dans le foie que le chyle reçoit cette altération indéterminée, spécifique, qui le porte à passer à l'état de sang.

Cette conséquence paraît être d'autant plus fondée, si nous réfléchissons sur la grande quantité de rapports communs au sang et à la bile. Haller a observé après Malpighi, que dans le poulet, avant la formation du sang, les liqueurs avaient une couleur jaune très-foncée, et que c'était dans la partie jaune de l'œuf, que la couleur rouge du sang commençait à se développer. Il a observé aussi que la couleur rouge du sang disparaissait, et prenait une teinte jaune, lorsque le poussin s'affaiblissait. L'analyse chimique démontre une grande quantité de graisse dans la bile et dans le sang. D'après ces rapports entre la bile et le sang, nous pouvons faire dépendre ces deux humeurs d'une force analogue, et en attribuer la génération à un seul et même organe. Nous verrons dans l'histoire des maladies, une application importante de l'analogie que nous établissons ici entre le sang et la bile, et nous verrons que les maladies sanguines et bilieuses ont entr'elles beaucoup de rapports, et qu'elles sont très-sujettes à se transformer les unes dans les autres (1).

----

(1) Au reste, ce n'est pas seulement au foie qu'il faut attribuer la production du sang, au moins du sang veineux, mais encore à chacune des parties du système veineux : car d'ailleurs il paraît que c'est aux poumons et au

Une utilité évidente des ramifications multipliées que la veine des portes fournit dans le foie,
c'est d'arrêter plus long-temps les sucs nourriciers
dans ce viscère, et de les déployer uniformément
sur toute son étendue, afin qu'ils se prêtent avec
plus d'effet à l'impression de la force qui rayonne
de tous ses points.

Nous ne pouvons rien dire de plus sur la nature
de cette force, que nous attribuons au foie, sinon,
qu'elle est de même ordre que la force digestive,
que nous avons déjà admise dans l'estomac et les
intestins, pour opérer la première transformation
des aliments; qu'elle agit également sur la matière
pour l'altérer, la transformer, pour y introduire
des qualités nouvelles, et cela, par des moyens qui
sont également hors de la sphère de notre intelligence.

Nous devons remarquer cependant, que les
forces spécifiques de chaque organe, ne peuvent
pas être attribuées aux parties qui leur sont communes avec tous les autres ; et comme les membra-

---

système des artères qu'il faut attribuer la production du
sang artériel, comme cela est rendu bien plus évident par
les faits de pratique que nous aurons occasion de déposer
ailleurs.

nes extérieures, les nerfs, les veines et les artères, se trouvent dans tous les organes du corps animé, et qu'ils ne diffèrent dans chacun que par leur nombre, leur distribution, et d'autres qualités aussi peu essentielles, il s'ensuit que ce n'est pas à ces parties du foie que nous devons rapporter ce caractère spécifique qui lui est particulier; et que cette force, qui travaille les sucs alibiles, et les revêt de ces caractères spécifiques, par lesquels ils sont élevés à la nature du sang, doit être attribuée à une substance particulière qui fait le fonds propre du foie, et le constitue ce qu'il est. Il est très-remarquable que cette substance propre du foie, ressemble parfaitement à du sang épanché et coagulé.

Cette substance propre à chaque organe, et qui est donc le sujet des forces qui le spécifient, est ce qu'Erasistrate appelait parenchyme. Galien nous dit que ce médecin regardait cette partie comme de peu d'importance, et qu'il n'y avait absolument aucun égard. En général, la doctrine d'Erasistrate avait une analogie frappante avec la doctrine des mécaniciens modernes. Car, jusqu'à ces derniers temps, tous les anatomistes rejetaient aussi la substance parenchymateuse ou muqueuse des organes, comme ne méritant absolument aucune considération, dans une machine qu'on voulait à toute force n'être qu'un tissu ou un peloton de vaisseaux. Ce

sont les travaux d'Albinus, de Haller, de Scho-
binger, de Bordeu, qui ont le plus contribué à
dissiper ces fausses idées.

Les facultés digestives sont affectées d'une faiblesse qui ne leur permet pas de transformer toutes
les substances sur lesquelles elles s'exercent ; en
sorte que toute digestion donne nécessairement
des produits, qui, n'ayant pu être complètement
assimilés, et ne pouvant, dès-lors, faire partie
du corps vivant, deviènent décidément excrémentitiels, et doivent être éliminés, chassés hors
du corps.

L'élaboration vitale et spécifique que les sucs
alibiles éprouvent dans le foie, donnent donc des
produits excrémentitiels ; ce sont ces produits qui
forment la bile ou du moins une partie de la bile,
et le foie présente un appareil d'organes destinés à
recevoir ces sucs excrémentitiels, et à les évacuer
convenablement.

Il y a donc dans le foie, des conduits d'une
espèce particulière, qui naissent par rameaux extrêmement déliés de tous les points du foie, et
même du ligament suspensoire, selon l'observation de Ferrein. Ces canaux se composent à peu
près comme les veines, c'est-à-dire, qu'ils forment

des canaux plus grands et moins nombreux, jusqu'à ce qu'ils se réunissent en un seul canal, qu'on appèle canal hépatique, lequel change de nom, et, sous le nom de canal cholédoque, se porte vers le pancréas, et s'unit avec l'extrémité inférieure du canal pancréatique, à peu de distance du duodénum, que ce canal perce, par une ouverture qui lui est commune, avec le canal pancréatique.

L'insertion de ces canaux dans le duodénum, se fait d'une manière très-oblique; en sorte que la tige commune de ces deux canaux est comprise dans l'épaisseur de l'intestin, l'espace d'un pouce à peu près. Par cette disposition, on voit que ces canaux ne peuvent rien recevoir de la cavité des intestins. Ce fait d'anatomie détruit tout d'un coup l'opinion d'Erasistrate, renouvelée par plusieurs modernes, qui voulait que la bile fût le produit de certaines parties des aliments, qui passaient tout d'un coup des intestins dans le canal biliaire.

Je ne m'étendrai pas ici sur les hypothèses mécaniques qu'on a imaginées sur la sécrétion de la bile; je me contenterai de remarquer, avec Galien, qu'en prétendant, comme on le fait très-généralement, que la sécrétion de la bile est fondée sur la grandeur respective des vaisseaux sanguins

et des conduits biliaires , il n'y a point de raison
pour que ces vaisseaux se refusent au passage de
la sérosité , beaucoup plus ténue que la bile. L'u-
rine , par exemple, qui est beaucoup plus claire
et plus limpide que la bile , devrait passer nécessairement par les conduits excréteurs du foie.
Par conséquent, il est impossible que la bile se
présente jamais dans un état de pureté ; d'ailleurs,
l'ouverture et la configuration des vaisseaux , n'est
point une chose arrêtée d'une manière constante ;
et il est absurde d'attribuer à une cause aussi variable , un phénomène qui se présente d'une manière aussi constante que celui des sécrétions.

Il n'y a certainement rien de plus malheureu-
sement imaginé, que l'explication des phénomènes
de l'économie vivante, déduite d'une proportion
quelconque , dans l'ouverture des vaisseaux. La
durée des animaux est , de tout point , impossible,
si la nature ne soutient, dans chaque partie , des
forces transcendantes hypermécaniques , toujours
relatives aux fonctions que ces parties doivent
remplir (1).

---

(1) *Nugæ maximæ sunt omnes exiguorum meatuum ad
naturales functiones hypotheses; nisi enim à naturá facultas quædam naturalis unicuique instrumento statim ab ini-*

J'ai parlé des conduits du foie, dans lesquels passent, par des moyens qui nous échappent absolument, les produits excrémentiels de l'élaboration que les sucs alibiles reçoivent dans le foie. Il y a dans l'homme et dans quelques animaux, d'autres organes sécrétoires de la bile.

La vésicule du fiel a un conduit excréteur particulier, plus petit que le canal hépatique, et qui s'ouvre avec lui dans le canal cholédoque ; de manière que ce canal cholédoque est commun au canal hépatique et au canal cystique, et que la vésicule du fiel se vide également dans le duodénum.

On attribue, communément au foie la sécrétion de la bile, que renferme la vésicule du fiel. Quelques-uns croient que cette bile, ainsi séparée dans le foie, passe dans la vésicule par des conduits particuliers, qu'on a appelés hépato-cystiques. Ces canaux existent dans beaucoup d'animaux ; mais les travaux des anatomistes modernes ont constaté que ces canaux n'avaient point d'existence dans l'homme. La plupart des anatomistes, qui attri-

____

tio sit tributa, durare animalia non poterunt, non modo tantum annorum sed etiam paucorum dierum numerum. (GAL. *De nat. facult. lib. 2, cap. 3.*)

buent au foie la sécrétion de la bile contenue dans la vésicule, croient que cette bile est portée, du canal hépatique, dans le cholédoque, d'où elle reflue, par le canal cystique, dans la vésicule du fiel. Ce reflux est sans doute possible, mais il paraît qu'on doit attribuer à la vésicule du fiel la propriété de séparer au moins une partie de la bile qu'elle contient. Ainsi, Diemerbroeck rapporte que dans un hydropique qu'il ouvrit, quoique le canal cystique fût parfaitement libre et même plus qu'à l'ordinaire, la bile, ou plutôt la liqueur contenue dans la vésicule du fiel, était pâle et visqueuse, quoique la bile qui coulait du foie dans le duodénum, fût jaune, comme dans l'état naturel; en sorte que, dans le sujet de cette observation, la sécrétion de la vésicule était altérée, quoique celle du foie fût parfaitement naturelle, ce qui prouve, dès-lors, qu'il se fait une sécrétion différente dans chacun de ces deux organes. M. de Haen dit que les préparations de M. Lieberkuhn ont démontré, dans la membrane interne de la vésicule du fiel, un appareil de structure plus spécieux et plus travaillé que dans toutes les parties du foie.

La bile ainsi séparée, et dans le foie, et dans la vésicule du fiel, est conduite par un canal commun, vers l'origine des intestins grêles. Il arrive cependant que cette disposition varie, et on a vu des sujets chez lesquels l'insertion du canal cholédoque, ou au moins d'une partie de ce canal , se faisait immédiatement dans l'estomac. Galien, qui a eu connaissance de ce phénomène, remarque que les personnes chez lesquelles cette structure a lieu , doivent vomir fréquemment et en abondance de la bile jaune , sans qu'on puisse conclure de ce vomissement qu'elles sont travaillées d'une affection bilieuse contre nature, lorsque ce vomissement n'est pas accompagné des autres signes de ces affections bilieuses.

Le travail ordinaire et habituel de la sanguification, développe continuellement une certaine quantité de bile dans nos humeurs. Le travail sécrétoire du foie et de la vésicule du fiel suffit pour emporter ces sucs à mesure qu'ils se forment, et pour prévenir la dégénération bilieuse des humeurs.

Mais il arrive souvent qu'il se forme dans le corps des sucs bilieux , dont la production n'est pas attachée à l'acte de sanguification , et qui dépendent d'une lésion indéterminée dans les forces digestives, laquelle tend à transformer en bile la masse entière des humeurs. C'est alors que la sécrétion de la bile dans le foie , peut se faire comme à l'ordinaire , et même plus abondamment, sans empêcher l'établissement de la dégénération bilieuse des humeurs, ou de ce qu'on appèle diathèse bilieuse.

Nous verrons, en traitant des fièvres , que cette altération indéterminée des humeurs a lieu dans un grand nombre de maladies, lesquelles sont générales ou particulières , selon que ces lésions s'exercent sur toute la masse des humeurs, ou qu'elles restent bornées à quelques parties déterminées.

Je remarquerai seulement que c'est se faire une idée bien fausse de ces maladies, que de les attribuer à un reflux de bile, séparée dans le foie, et de croire qu'on ait fait une découverte fort importante pour la théorie de ces maladies, quand on a démontré par le moyen des injections, une communication établie entre les canaux biliaires et la veine cave. Une seule circonstance suffit pour détruire tout ce qu'on a dit du reflux de la bile dans ces maladies ; car, ce reflux doit se faire d'une manière uniforme, et faire sentir également son impression sur toutes les parties du corps , tandis qu'il arrive souvent que la jaunisse n'affecte qu'une seule partie à l'exclusion de toutes les autres.

La bile , qui, dans tous les animaux, coule à l'origine des intestins, où se fait une grande partie de la première digestion, doit contribuer à cette fonction. Comme elle est le produit d'une fermentation spécifique et vitale, elle retient des caractères de cette fermentation , et dès-lors , ses effets n'ont rien de commun avec les différents agents que nous pouvons employer et soumettre à nos expériences.

Nous concevons mieux la manière dont elle doit agir sur les forces toniques des intestins. Car comme elle est âcre et stimulante, il n'est pas douteux qu'elle ne doive irriter vivement les intestins et solliciter très-vivement leurs mouvements de contraction.

Ces mouvements de contraction qui s'établissent sur toute la longueur du canal intestinal, et qui se portent successivement, ou par ondulations alternatives, de haut en bas, et de bas en haut, de manière qu'au bout d'un certain temps les ondulations dirigées de haut en bas, prédominent sur les ondulations contraires ; ces mouvements de contraction sont ce qu'on appèle le mouvement péristaltique, qui est prouvé par des observations décisives, mais qui ne s'exécute pas toujours avec la même force et qui peut être souvent suspendu.

Ce mouvement péristaltique contribue à pousser dans les veines mésentériques et dans les veines lactées les produits alibiles de la digestion, et aussi, à pousser et à accumuler dans les extrémités des gros intestins, les matières fécales, qui doivent être évacuées par ces gros intestins.

Ce qui nous importe, surtout par rapport à ce

mouvement péristaltique, et ce qui fait voir que ce mouvement n'est point livré à des causes irritantes d'une manière nécessaire, c'est que sa durée est assez constamment la même dans des hommes d'une taille fort différente, et chez lesquels la longueur du canal intestinal doit avoir de grandes différences; c'est que cette durée ne varie pas par la quantité fort différente des aliments; enfin, c'est que cette durée est éminemment subordonnée à la loi de l'habitude. Il est facile de s'assurer que, si on a l'habitude d'aller à la garde-robe à la même heure, pendant plusieurs jours de suite, ce besoin se fait ressentir pendant assez long-temps constamment à la même heure. C'est là-dessus qu'est fondé le sage conseil de Loke, qui recommandait aux personnes constipées de se présenter à la garde-robe chaque jour à une heure déterminée et surtout le matin.

Les intestins présentent sur toute leur longueur une couche fort épaisse de mucosité ou de pituite, qui enduit toutes leurs parois; en sorte que le canal intestinal contribue puissamment à dépurer les humeurs en éliminant les sucs muqueux qui s'y forment habituellement; de même que le foie les dépure en emportant les sucs bilieux. Dans l'état naturel, la quantité de matière muqueuse est évacuée à mesure qu'elle se forme, et il n'en reste que la quantité nécessaire pour garantir ces parois de l'impression des corps qui y passent. Cette élimination de la matière muqueuse est singulièrement favorisée par l'intermède de la bile, dont le canal excréteur s'ouvre par cette raison à l'origine du canal intestinal. Une chose bien remarquable dans cet artifice de la nature, c'est qu'en même temps qu'elle évacue une matière hétérogène qui ne pouvait rester dans le corps sans l'incommoder, elle choisit, pour l'évacuer, des organes par rapport auxquels cette matière remplit un usage très-important dans l'acte même de son évacuation.

LEÇON CINQUIÈME.

De la rate ; du pancréas ; des reins.

J'OBSERVE d'abord que ce que nous disions des aberrations de la nature, dans la conformation du foie, doit s'appliquer à toutes les parties intérieures , et principalement à la rate, qui, de tous les viscères est celui, peut-être , qui présente les accidents les plus variés, dans sa grandeur, dans sa figure et même dans sa position.

La rate est beaucoup plus considérable, et paraî même, selon l'observation de M. Haller , se trouver exclusivement dans les animaux à sang chaud ; et comme la chaleur précipite la décomposition du corps et tend puissamment à multiplier les produits hétérogènes ou excrémentitiels, il paraît sous ce point de vue que nous sommes bien fondés à considérer la rate comme destinée à évacuer une partie de ces produits, et par conséquent, comme étant un organe sécrétoire.

Je reviens souvent aux idées des anciens, parce que ces idées déduites de l'état de vie étaient éminemment applicables à la pratique , tandis que les idées régnantes, ne considérant absolument le corps que comme un objet de physique, c'est-à-dire, ne le considérant que dans son état de mort, se trouvent en opposition perpétuelle, avec les faits qu'offre l'observation pratique.

Les anciens croyaient donc que quoique le sang fût un , et que ses parties différentes fussent liées entr'elles, de manière à composer un tout homogène et parfaitement uniforme , cependant , à raison de la faiblesse radicale des facultés digestives , le sang ne pouvait rester constamment dans le même état, et qu'il s'y développait sans cesse des produits étrange rs de différentes espèces.

De ces produits étrangers qui résultent assidûment d'une espèce de fermentation vitale , établie dans les humeurs , les uns sont muqueux ou pituiteux , comme les appelaient les anciens ; ces sucs, sont portés habituellement vers la membrane pituiteuse et surtout vers l'estomac et les intestins qui en opèrent habituellement la sécrétion. Comme la nature , dans sa sagesse infinie, sait toujours obtenir par les moyens les plus simples, le plus grand nombre d'effets qu'il est possible , ces sucs muqueux remplissent dans l'acte de leur excrétion des usages très-importants, puisqu'ils garantissent les intestins qui sont très-sensibles , de l'impression des corps qui y passent, et surtout de l'impression de la bile , qui est d'une âcreté vive et douloureusement pénétrante.

Une autre espèce de sucs excrémentiels sont les sucs bilieux qui sont séparés habituellement par le foie et la vésicule du fiel.

Lorsque ces produits excrémentiels ne résultent absolument que des fermentations vitales ordinaires, le mécanisme des sécrétions , en se soutenant d'une manière convenable, emporte ces produits à mesure qu'ils se forment, et suffit dès-lors pour conserver les humeurs dans leur état de pureté, et pour prévenir leurs différentes degénérations.

Mais il est des états contre nature dans lesquels les facultés digestives sont tellement affectées , qu'elles peuvent décomposer brusquement les humeurs ; et alors, loin que les organes sécrétoires puissent s'opposer à cette corruption, la substance même de ces organes peut se corrompre également, et céder à l'altération profonde dont les facultés digestives sont pénétrées.

Les anciens croyaient que le sang était aussi susceptible d'une altération mélancolique ou atrabilaire , et c'est principalement dans l'histoire des maladies qu'ils cherchaient des preuves de cette dégénération, qui effectivement se produit alors d'une manière bien évidente. Ils croyaient donc que dans l'état naturel la rate servait à séparer les produits de cette altération particulière ; en sorte que, comme le canal intestinal conserve les humeurs en les dépouillant des sucs muqueux hétérogènes, comme le foie et la vésicule du fiel les conservent en les dépouillant des sucs bilieux, de même la rate les conserve en les dépouillant des sucs mélancoliques. Ces sucs mélancoliques, qui, dans l'opinion des anciens, étaient acides, passaient habituellement dans l'estomac et y excitaient cet organe d'une manière avantageuse et propre à l'appliquer à l'acte de la digestion, en sorte que tout ce que Vanhelmont a dit du ferment acide vital séparé dans la rate, et qui est porté par les vaisseaux courts dans l'estomac pour y opérer la transmutation des aliments, est absolument calqué sur les idées de Galien.

Galien pouvait avoir été conduit à cet usage de la rate relatif à la première digestion, par la situation de ce viscère, qui est constamment placé dans le voisinage de l'estomac, et qui s'applique même sur l'estomac par une surface très-étendue, et ensuite parce que, dans les animaux très-voraces, la rate est constamment d'un volume plus considérable que dans les animaux qui mangent peu, comme l'ont observé Stenkins, Stenkeli.

On objecte contre cet usage, que la rate n'a point de canal excréteur qui s'ouvre dans l'estomac : et, en effet, ce que quelques anatomistes, Carilius, Folius et Marchetti, avaient dit d'un canal commun à la rate et à l'estomac, et qui accompagnait la veine splénique, n'a pas été confirmé par les anatomistes qui les ont suivis ; mais il y a une communication bien évidemment établie entre l'estomac et la rate, par le moyen des vaisseaux courts. Car, quoique ces vaisseaux soient des vaisseaux veineux, et qu'ils servent habituellement à porter le sang de l'estomac vers la rate, il se peut cependant que le mouvement de ces vaisseaux change de direction, et qu'ils portent de la rate vers l'estomac, au lieu de porter de l'esto-mac vers la rate, comme ils le font le plus ordinaire-ment ; et cette interversion de mouvement dans les vaisseaux courts a lieu souvent dans l'état maladif, et il y a bien des vomissements de sang qui sont des affections de la rate. Ce qui est décisif, c'est que Muzell, à la suite d'un vomissement mortel, observa que la rate et les vaisseaux courts étaient remplis d'une matière semblable à celle que le malade avait rejetée ; observations analogues faites par Riolan, Reald, Columbus, Brassavola, etc. (*Conf. Baldinguer select. Op.* Hipp., t. 1, p. 7.)

Enfin, dans l'état de contiguïté où se trouvent la rate et l'estomac, il n'est pas douteux qu'il ne puisse y avoir une communication immédiate entre ces deux organes, indépendamment d'aucun canal sensible. On pourrait citer ici en preuve, l'observation de Fanton et de Kaaw Boerrhave, qui ont vu que la membrane extérieure de la rate était percée de pores très-manifestes ; or il n'est pas douteux que ces pores, qui subsistent après la mort, ne soient bien plus ouverts pendant la vie, et qu'ils ne puissent transmettre tout d'un coup dans l'estomac les sucs excrémentiels qui résultent de la digestion de la rate.

Je ne m'arrêterai point ici aux usages différents qu'on a attribués à la rate ; je dirai seulement qu'en établissant avec quelques-uns, que la rate sert à atténuer le sang et à le rendre plus fluide ; on ne voit pas comment cette plus grande fluidité du sang peut dépendre de l'épanchement qu'on suppose que le sang éprouve dans la substance de ce viscère, puisqu'on établit d'ailleurs assez généralement que le sang tend à s'épaissir lorsque son mouvement progressif est ralenti. Mais surtout lorsqu'on prétend que cette plus grande fluidité du sang de la rate sert pour diviser, pour atténuer et fondre en partie la grande quantité de graisse dont le sang de la veine des portes est chargé, on se fait une idée singulière des opérations de la nature ; on veut, d'une part, que les racines de la veine des portes se répandent dans l'épiploon et le mésentère, parties éminemment chargées de graisse, afin d'apporter dans le foie les sucs graisseux nécessaires à la sécrétion de la bile ; et on veut, d'un autre côté, que l'action de la rate tende à détruire une portion de ces sucs graisseux ; en sorte qu'on suppose que la nature, qui veut atteindre un but, établit des moyens qui vont au-delà de ce but, et qui, pour y atteindre d'une manière fixe et précise, doivent être modérés et détruits en partie par des moyens opposés.

Le foie et la rate sont d'une consistance extrêmement molle et délicate. Il suit de ce fait d'anatomie une conséquence très-importante pour le traitement des maladies de ces viscères ; c'est qu'on ne doit point y appliquer des topiques émollients aussi décidés et aussi long-temps soutenus, que sur des parties d'une consistance plus ferme. Galien rapporte des exemples frappants de la pratique vicieuse des anciens méthodistes, qui, n'ayant égard qu'à la nature des maladies. et ne rapportant point leurs indications aux divers degrés de consistance des parties affectées, traitaient les inflammations du foie et de la rate, de la même manière que les inflammations des autres parties, c'est-à-dire, y versaient habituellement de l'huile tiède, et y

tenaient appliqués des cataplasmes très-relâchants
et émollients ; et qui, par cette pratique, rendaient
ces maladies presque toujours mortelles, parce que
ces moyens curatifs décidaient la chute totale des
forces toniques, qui se trouvent ordinairement dans
ces viscères, dans un état de débilité extrême.

Le pancréas est une grosse glande située der-
rière l'estomac, vers son orifice inférieur. Cette
glande est connue depuis très-long-temps, et Galien
qui savait qu'elle sépare une humeur analogue à la
salive, laquelle tombe habituellement dans les intestins, nous dit que cette question avait été un
objet de dispute entre Eudemus et Hérophile, anatomistes très anciens. Cette glande a cependant été
décrite avec plus de soin par les anatomistes modernes, et l'on sait qu'elle est de même structure
que les glandes salivaires, et qu'elle est composée
comme elles, de petits lobes réunis par un tissu
cellulaire ; que chacun de ces petits lobes fournit
un conduit, que tous ces conduits particuliers se
réunissent en un conduit commun, qui, très-ordi-
nairement, se joint au canal cholédoque, ou le
canal excréteur de la bile, et perce le duodenum
par une ouverture commune au canal cholédoque.
Ce canal du pancréas, paraît avoir été découvert,
au moins dans l'homme, par Virsungus, anatomiste hollandais, qui cependant, avait été mis sur

la voie de cette découverte par Maurice Hoffmann,
qui l'avait déjà démontré dans un coq-d'inde.

Il est inutile maintenant de s'arrêter aux idées
de Sylvius, qui professait à Leyde avant le fameux
Herman Boerrhave, et qui, voulant rapporter tous
les phénomènes de l'économie animale à des explications chimiques, prétendait que le suc pancréatique fût acide, et que la digestion dépendît
de l'effervescence que ces sucs acides produisaient
avec la bile, qui était d'une nature alcaline.

Ces prétentions de Sylvius, qui ne méritent aucune attention, ont été réfutées cependant très-
soigneusement. Quelques anatomistes, et entr'autres Conrad Brunner, ont obtenu, par des expériences fort délicates, une assez grande quantité
de suc pancréatique bien pur, et ils ont vu que
ce suc n'avait aucun goût acide, et qu'il avait
toutes les qualités sensibles de la salive, comme
Galien l'avait avancé positivement. *In intestinis
proveniunt et humor et bilis ex hepate et ex
glandulis quibusdam aliis humor viscosus salivæ
similis. De sens., lib. 2, cap.* 11. Il est vraiment
étonnant, comme je l'ai remarqué, combien Galien
était riche en faits anatomiques.

Le suc pancréatique, qui paraît donc fort analogue à la salive, et qui coule vers l'origine des intestins grêles, doit sans doute contribuer très-efficacement à la digestion. Mais encore un coup, ce sont là, comme nous l'avons dit, des menstrues chargées de vie, et dont les effets vraiment spécifiques, ne peuvent être étudiés dans les effets produits par les menstrues ordinaires, qui sont les seuls que notre chimie puisse employer.

Les reins sont formés de différents corps intimement unis entr'eux par un tissu cellulaire fort rapproché. Chacun de ces corps est formé de deux substances; une extérieure, plus molle, qui est d'une couleur rouge assez vive, à raison de la grande quantité de vaisseaux sanguins qui s'y distribuent; l'autre, intérieure, plus ferme, d'une couleur blanche. Cette substance intérieure est composée d'une très-grande quantité de filets, distribués de champ, qui sont concentriques, et viènent aboutir à une espèce d'entonnoir qu'on appèle bassinet, et qui est l'origine de l'uretère ou du canal qui porte dans la vessie l'humeur séparée par chacun des reins.

Par rapport à la sécrétion particulière dont les reins sont chargés, il est remarquable, comme l'a dit Boerrhave, que les artères émulgentes qui sont d'un assez gros calibre, se divisent tout d'un coup

en une très-grande quantité de petits vaisseaux;
tandis que, dans les autres organes, la division
des vaisseaux est mieux ménagée, et qu'il n'y a pas
une aussi grande différence entre les calibres des
troncs générateurs et le calibre des vaisseaux que
ces troncs produisent; en sorte que, par cette disposition des artères rénales, le sang doit avoir un
grand mouvement dans les petits vaisseaux de cet
organe, et que ce grand mouvement doit aider
puissamment la séparation des molécules aqueuses,
d'avec les autres molécules du sang.

Il faut remarquer encore que la substance des
reins, et surtout leur substance intérieure ou tubu-
laire, est très-rapprochée; en sorte que cette
grande densité doit contribuer à donner l'exclusion
à toutes les molécules du sang qui sont trop grossières.

Mais quoi qu'il en soit de ces avantages mécaniques, il est très-évident que l'appareil de structure des reins n'explique pas d'une manière satisfaisante la sécrétion particulière dont ils sont
chargés; il faut nécessairement admettre que,
comme la nature s'assimile certaines substances, et
que, comme cette assimilation ne peut être complète, et qu'il y a toujours une certaine quantité de
matière excrémentitielle attachée à cet acte d'assi-

milation, il faut nécessairement admettre que ces produits excrémentitiels doivent être chassés à mesure qu'ils se forment, et que cette excrétion ne peut se faire d'une manière sûre, constante, qu'autant que les organes particuliers qui en sont chargés se trouvent en rapport de nature avec les sucs dont ils doivent procurer l'évacuation.

La secrétion de l'urine dans les reins est constatée par des expériences décisives, et qui avaient déjà été faites par Galien. Il dit dans son traité *de Facultatum naturâ, lib.* 1, *c.* 13, qu'il ouvrit le bas-ventre d'un animal vivant, et qu'après avoir vidé complètement la vessie, il lia fortement les uretères. Au bout d'un certain temps, il observa que la vessie ne contenait pas une seule goutte d'urine, et que cette liqueur était accumulée dans les uretères, dans la partie comprise entre les reins et la ligature. Stahl remarque que les gens qui se couchent après avoir bu copieusement, et passent la nuit entière sans uriner, éprouvent communément le matin une douleur qui se fait ressentir dans tout le trajet de l'uretère. Il attribue, avec raison, ce phénomène à ce que la vessie, remplie entièrement, ne pouvant plus rien contenir, l'urine qui se sépare continuellement reste dans l'uretère, et distend ce canal d'une manière douloureuse.

Il ne paraît cependant pas que toute l'urine soit

fournie par les reins; et il est probable, comme l'avait dit Asclépiade, que la boisson, ou du moins une partie de la boisson, réduite en vapeur dans l'estomac et les intestins, passe à travers les parois de ce viscère, pénètre les membranes de la vessie, se condense de nouveau, et se dépose dans sa cavité. Ceci est prouvé par une expérience curieuse qu'a faite Krasciwtein, qui, ayant fortement lié les deux urétères d'un chien, après avoir épuisé la vessie, observa qu'au bout d'un certain temps l'animal rendait ses urines par les voies ordinaires. Cette expérience avait déjà été faite avec le même résultat par la société de Londres. On observe fréquemment les urines huileuses chez ceux qui prènent des lavements d'huile. (*De Haen, tom.* 9, *pag.* 91.) (1).

------

(1) M. Jackson rapporte une expérience curieuse, et qui prouve bien cette communication immédiate entre les organes digestifs et la vessie. Il dit qu'après avoir fait manger une grande quantité d'asperges et fait boire du punch (dans la vue de provoquer l'écoulement de l'urine), on a vu que les urines exhalaient l'odeur des asperges, tandis que la sérosité du sang tiré dans le même temps, ne présentait rien de semblable. On a fait prendre aussi, dans les mêmes circonstances, c'est-à-dire, après l'usage du punch, de fortes doses de nitre; l'urine a donné des marques évidentes de la présence de ce sel, et non pas la sérosité du sang. (*Comm. Leip. t.* 26, *p.* 351.)

C'est sans doute de cette manière, et par cette communication établie entre les organes digestifs et la vessie, que se produit habituellement l'urine que l'on rend immédiatement après avoir bien bu, qu'on appèle l'urine de la boisson, *urina potûs*, qui est fort différente de l'urine du sang, *urina sanguinis*, qui est immédiatement tirée du sang par l'action des reins, et qui ne se présente guère dans son état de pureté, que lorsque les premières digestions sont complètement achevées.

L'urine du sang qui est préparée par les reins, passe dans les uretères; elle est conduite par ces canaux dans la cavité de la vessie. Il est très-remarquable, par rapport à ces canaux, que leur insertion se fait d'une manière très-oblique, et qu'il y a à peu près un pouce de leur extrémité inférieure, qui rampe dans l'épaisseur de la vessie, et compris entre la membrane nerveuse et la membrane musculaire. De plus, chacun de ces canaux se termine par une espèce de mamelon qui est percé de petits trous. Par cette structure, l'urine contenue dans la vessie ne peut plus repasser dans l'uretère. Ce fait avait déjà été constaté par Galien, qui avait soufflé de l'air dans la cavité de la vessie, et qui avait vu que cet air ne pénétrait point dans la cavité de l'uretère.

L'urine, déposée dans la vessie, y reste jusqu'au

temps marqué pour son évacuation, laquelle dépend principalement de la contraction vive de la vessie, non pas d'une contraction quelconque, mais d'une·contraction dirigée constamment du fond vers le col, ou l'origine de l'urètre. Cette action propre de la vessie est aidée puissamment par le mouvement combiné du diaphragme et des muscles du bas-ventre (1).

Dans les gens qui ne font point assez d'exercice relativement à la quantité d'aliments qu'ils prènent, les urines déposent habituellement un sédiment épais, visqueux, qui ressemble à la matière purulente que déposent les urines dans les fièvres putrides après la coction. La seule différence, c'est que cette matière n'a pas autant d'odeur et n'est pas aussi filante que dans les fièvres. (*Confer. Foesius, p.* 140-141 *; Schroeder, t.* 2, *p.* 486.)

Dans l'état parfaitement naturel, l'urine est claire, limpide, et d'une belle couleur de citron; elle paraît contenir une substance muqueuse très-

---

(1) Qui, comme nous l'avons vu ailleurs, forment deux plans inclinés unis par leurs extrémités supérieures; en sorte que les forces qui agissent à la fois suivant ces deux plans inclinés, comme il arrive dans l'effort, ou l'expiration soutenue, déterminent avec beaucoup d'action vers les parties inférieures toutes les matières mobiles contenues dans le bas-ventre.

légère et fort étendue, une bile très-atténuée et une grande quantité de sel; en sorte que ce n'est pas sans raison qu'on la regarde comme la lessive du sang.

Mais comme l'urine est le produit d'un ferment particulier, ou d'un mouvement qui ne peut s'exercer que dans les humeurs vivantes, l'urine porte des caractères vraiment spécifiques. Comme les humeurs sont différentes dans chaque individu, l'urine est vraiment différente dans chaque individu, et les différences se multiplient à mesure qu'on les recherche avec plus de soin.

Mais indépendamment des qualités individuelles, il y a dans l'urine des produits généraux que la chimie peut fixer, et dans lesquels elle peut démontrer des qualités spécifiques; tel est le sel propre de l'urine, qui diffère de tous les sels connus, qui paraît composé d'un alkali volatil ordinaire, et d'un acide particulier qui ne se forme que dans les animaux. Nous avons déjà observé que cet acide propre et de formation animale, se trouve en très-grande quantité dans la terre des os. On le trouve dans les végétaux dont la composition paraît approcher de la composition animale, et qui fournissent beaucoup d'alkali volatil.

FIN DE LA SPLANCHNOLOGIE.

LEÇONS

DE PHYSIOLOGIE.

DE LA GÉNÉRATION.

DE LA GÉNÉRATION.

LEÇON PREMIÈRE.

Des phénomènes de la génération.

Tous les êtres vivants sont conduits à la mort par un mouvement que mille causes accidentelles peuvent précipiter, et dont aucune ne peut ralentir ou modérer le cours. Cette nécessité de leur destruction ne peut être expliquée convenablement par des considérations purement physiques. Car, quoique la matière qui compose le corps vivant soit éminemment corruptible, cependant, comme cette corruptibilité toujours subsistante peut être enrayée et complètement éludée par les actes de la vie, il n'y a point de raison pour que ces actes, qui conservent le corps pendant un certain espace de temps, ne le conservent pas pendant un espace de temps plus long; surtout il n'y a point de raison pourquoi cette énergie vitale conservatrice faiblit sensiblement à une époque fixe et déterminée, et pourquoi cet affaiblissement, qui augmente sans cesse, et qui présente, mais dans un ordre inverse, des degrés corrélatifs à ceux des périodes de l'accroissement, amène enfin à un terme marqué, le repos complet et absolu de la mort.

Mais cette loi de destruction ne porte que sur les individus, et la nature a rendu chaque espèce immortelle comme elle-même, en opposant à cette loi la faculté qu'elle a donnée à chaque individu de revivre dans des êtres absolument semblables à lui. *Aristote, de Animâ, lib. 2, cap. 4, ut æternitatem et divinitatem participent quatenus possunt.*

Dans des espèces moins parfaites, et qui ne présentent, pour ainsi parler, que l'ébauche ou le premier élément de vitalité, cette faculté existe d'une manière pleine et absolue dans chaque individu, et chacun peut travailler seul et travailler efficacement à l'acte qui doit le reproduire.

Dans des animaux plus élevés, et dont la structure est décidée d'après un plan plus composé, cette faculté de régénération est partagée, et les organes, au moyen desquels elle peut se produire et se manifester, se trouvent placés sur des individus différents. Ce ne sont pas seulement les traits de convenance que présentent ces organes, qui annoncent bien évidemment que les individus qui les portent, sont des parties d'un même tout destinées à remplir des fonctions communes, chacune à sa manière; c'est surtout l'instinct qui règle leur action, instinct le plus puissant et le plus impérieux que puisse éprouver la nature animale, et dont, par rapport à l'espèce humaine, le philosophe peut aisément saisir l'influence sur toute la longue chaîne des affections morales.

L'amour est donc dans l'animal un sentiment essentiellement subordonné à sa destructibilité, ou à la nécessité où il est de se détruire; et c'est sans doute à la notion sourde et confuse que l'âme prend de cette relation, qu'est dû le sentiment profond et inexprimable de tristesse, si doux pour les personnes sensibles, qui se trouve joint pour chaque animal, à l'acte qui doit le reproduire.

Surgit amari aliquid quod in ipsis floribus angat.
(LUCRÈT. *lib.* IV, *vers.* 1127.)

J'exposerai d'abord les phénomènes de la génération; je parlerai ensuite, mais très-succinctement, des hypothèses qu'on a imaginées pour l'expliquer.

Galien s'est assuré, par quantité d'observations faites sur différentes espèces d'animaux, que l'acte de la copulation n'a d'effet que dans les femelles qui retiènent la semence du mâle, et que cet acte est constamment nul toutes les fois que cette liqueur séminale est rejetée immédiatement après l'accouplement.

Il était naturel d'imaginer que la rétention de la semence du mâle dans la matrice, étant dans les animaux, absolument nécessaire à la fécondation, cette circonstance était d'une égale nécessité dans l'espèce humaine, parce qu'il n'y a aucune raison de croire que les moyens de génération ne soient pas les mêmes pour la brute et pour l'homme. Afin de parvenir cependant à une certitude plus complète, Galien se permit ce doute, quoi qu'il en sentît parfaitement l'absurdité. Pour le dissiper, il consulta des femmes, celles qu'il connaissait assez sages pour être capables de s'observer dans des moments, où la plupart, livrées aux fureurs de l'instinct, sont étrangères à toute réflexion. Toutes tombèrent d'accord, qu'un signe assuré de conception, était la rétention de la liqueur spermatique, et que de plus, la conception est très-généralement marquée par un mouvement de resserrement, qui se fait sentir d'une manière évidente dans tout le corps de la matrice. Ces signes sont en effet ceux sur la valeur desquels il y a le moins d'équivoque, et dont on convient le plus généralement.

Ce mouvement de resserrement de la matrice, par lequel elle se resserre et se contracte pour retenir la liqueur séminale, et pour s'appliquer immédiatement sur le produit de la conception, est très-remarquable. Il est analogue au resserrement de l'estomac, qui suit l'usage des aliments, et décide aussi par voie de sympathie, une contraction spasmodique de l'habitude du corps, assez forte chez les personnes jeunes et fort délicates, pour produire un frisson et un claquement de dents, comme l'a observé Hippocrate.

C'est dans la vue de décider sympathiquement cette contraction de la matrice, dans des animaux fort lascifs, qu'on est dans l'usage dans certains pays, de jeter de l'eau froide sur tout le corps afin d'assurer l'effet de la copulation.

Le moment où les règles cessent de couler, est marqué par une contraction bien sensible de la matrice. C'est donc parce que la semence doit être retenue dans cet organe, pour que la copulation soit féconde, que très-communément, le temps où les femmes sont le plus propres à concevoir, est celui qui suit immédiatement l'écoulement des règles.

La matrice n'agit pas seulement sur la semence pour la retenir, elle se prête encore à sa réception d'une manière active; elle l'attire plus ou moins fortement; et cette espèce d'attraction qu'exerce la matrice, est assez vive chez certaines femmes, pour être sentie bien distinctement par l'homme qui la met en jeu; et sans dire absolument comme Platon,

que la matrice est un animal qui brûle du désir de
s'appliquer à l'acte de la génération, il faut reconnaître au moins, qu'elle est pénétrée de forces
extrêmement puissantes, et dont l'influence sur le
corps entier, mérite la plus grande considération,
et dans l'état sain, et dans bien des affections maladives.

On s'est assuré, par des observations répétées,
que dans tous les temps de l'imprégnation, la matrice embrasse étroitement le produit de la conception. Dès-lors, la matrice augmente de capacité à
mesure que le fœtus prend de l'accroissement, et
loin que ses parois diminuent en grosseur, comme
cela devrait être si elle ne souffrait qu'une simple
extension, elles augmentent au contraire; en sorte
que la matrice croît en tous sens, augmente selon toutes ses dimensions, et semble animée par
une véritable force de végétation, analogue à celle
qui s'exerce dans les mamelles, lesquelles augmentent aussi dans le moment de la gestation, proportionnellement à l'accroissement du corps de la
matrice.

On attribue communément cette sympathie entre
la matrice et les mamelles, à la communication de
leurs vaisseaux, et aux anastomoses que subissent
entr'elles les artères mammaires et épigastriques. C'est

un fait anatomique connu depuis assez long-temps, et dont on a voulu récemment, mal à propos, faire honneur à M. Bertin (*Diderot, interprét. de la nature, pag.* 131). Mais on voit évidemment que cette communication de vaisseaux, ayant lieu par rapport à presque tous les organes, ne peut pas dès-lors devenir le principe d'explication des phénomènes particuliers dont il est question ici. Cette correspondance des mamelles avec la matrice, peut être envisagée sous deux aspects, ou plutôt s'annonce par des effets bien différents, et qui méritent d'être distingués. Le premier effet est l'accroissement simultané de ces parties; en sorte que, comme nous venons de le dire, dans le progrès de la gestation, le développement du corps des mamelles, correspond au degré de développement du corps de la matrice. L'orgasme qui frappe à la fois ces deux parties, dans l'acte de la génération, et dans tout ce qui a avec cet acte quelque rapport, est un effet analogue, mais un effet très-différent, et qui tient à la distribution des mouvements toniques. Les mouvements de fluxion s'établissent de la matrice sur les seins, et des seins sur la matrice (1); en sorte que dans l'état ordinaire, il est

---

(1) C'est là-dessus qu'est fondée une pratique ancienne en usage chez les Scythes, qui, au rapport d'Hérodote,

extrêmement rare que ces parties soient dans le même temps, le centre ou l'aboutissant de deux appareils ou de deux systèmes de fluxion, et qu'une femme qui allaite, soit bien réglée dans l'écoulement menstruel. La chute des mamelles, lors de la mort du fœtus, est un effet dépendant de la première espèce de sympathie; la trop grande quantité de lait que séparent les mamelles pendant la grossesse, et qui, selon Hippocrate, annonce la faiblesse du fœtus, est un effet dépendant de la seconde espèce de sympathie.

Les anciens, qui n'admettaient entre le mâle et la femelle, d'autre différence que celle qui résulte des différents degrés d'énergie du principe qui les avait produits, et qui, d'un autre côté, avaient observé que le corps, divisé en deux parties latérales égales, avait beaucoup plus de force dans le côté droit que dans le côté gauche, pensaient que

---

soufflent de l'air dans la matrice des juments pour rendre la sécrétion du lait plus abondante. (MARTIAN, p. 29, col. 1.) Martian conclut de cette expérience que la privation totale et forcée des plaisirs n'est pas chez les nourrices d'une nécessité aussi indispensable que l'ont dit bien des médecins. M. Van Swieten dit là-dessus des choses fort sages. T. 4, p. 598, aph. 1554. (BROUZET, *Éduc. med.*, cité par Van Swieten.)

la production du mâle tenait à l'action des forces
du côté droit, et que la production de la femelle
tenait à l'action des forces du côté gauche. Ils
croyaient donc que le mâle était placé du côté
droit de la matrice, et les femelles dans le côté
gauche ; et, plus généralement, que tous les phénomènes de gestation et de conception d'un fœtus
mâle, affectaient spécifiquement le côté droit du
corps, tandis que ceux qui accompagnent la formation du fœtus de l'autre sexe, se faisaient plus particulièrement ressentir dans le côté opposé. Ces idées
des anciens n'ont pas été confirmées ; mais peut-
être cela dépend-il, en grande partie, de ce que
les observations n'ont pas été assez multipliées ;
car il n'est pas ordinaire à l'esprit de l'homme, de
suivre et d'étudier assez long-temps, pour en bien
juger, des objets dont il n'aperçoit pas la dépendance et les rapports à la première vue. D'ailleurs,
cette division du corps en deux parties latérales
égales, est un fait incontestable, et qui est acquis
par des observations de pratique, qui le mettent
dans le plus grand degré d'évidence. Par rapport à
la matrice, cette division peut même être prouvée
par l'anatomie ; car, non seulement on a trouvé
quelquefois la matrice partagée en deux cavités,
par une cloison complète, qui coupait cet organe
dans le sens de sa longueur, mais, le plus communément, on peut démontrer, sur le fond de la

matrice, une ligne plus ou moins sensible, qui la divise en deux parties égales.

Le produit de la conception porte bien évidemment les caractères des deux individus qui se sont réunis pour le former. Il est d'observation générale, par rapport à l'espèce humaine, que l'enfant ressemble à son père ou à sa mère, et, le plus communément, à tous les deux. On sait aussi qu'il représente souvent, avec la plus grande vérité, certaines marques ou certains défauts de conformation, qui se trouvent soit dans son père, soit dans sa mère.

Cette influence commune du mâle et de la femelle sur le produit de la conception, est surtout bien évidente dans l'accouplement des espèces différentes. On sait que les animaux d'espèces différentes (1), mais qui ont de grands rapports, surtout

---

(1) Les espèces capables de s'unir efficacement sont beaucoup plus nombreuses que ne l'ont dit quelques naturalistes. On connaît le mulet du chien et du cochon, de la chèvre avec la brebis, de l'âne ou du cerf avec le bœuf et la jument, du chat avec le lapin, du loup et du chien, du bœuf et du cheval, de la poule et du canard, de la poule et du paon. Je tire tous ces faits de l'ouvrage de M. le baron de Rusworm. (*Comm. Leip. t.* 24 , *p.* 268.)

Et ces faits détruisent absolument, comme dit Berkley,

dans la structure des organes de la génération, et chez lesquels le temps de la gestation est à peu près le même (Aristote, *De generatione animal.* liv. 2, chap. 7, pag. 636), peuvent s'accoupler et s'accoupler avec fruit; et l'animal qui résulte de cet accouplement, est un être mi-parti, qui porte réunis et confondus, les caractères distinctifs de chacune des espèces qui se sont réunies pour le former; et cet être mi-parti, ce mulet, ne tient pas seulement de sa mère, le caractère fugitif de l'habitude extérieure du corps, mais l'empreinte de

---

toute hypothèse qui admet la préexistence des germes. Il est curieux de voir comment MM. Haller et Bonnet tâchent de répondre à cette difficulté vraiment accablante pour leur hypothèse. D'après cette hypothèse et leur prétendue découverte sur la préexistence des germes, qui n'ont besoin pour se développer que d'un moyen irritant, MM. Bonnet et Spallanzani ont été conduits à rechercher si l'on pourrait féconder artificiellement avec le fluide électrique, qui est le plus excitant de tous les moyens. Il me paraît qu'en bonne philosophie un homme de sens doit rejeter tout d'un coup, et sans autre examen, un système qui peut conduire à des conséquences si monstrueuses et si révoltantes; de même qu'en algèbre, on prouve la fausseté des suppositions par la fausseté des résultats auxquels elles mènent. Répétons encore ici avec M. de Buffon, que pour étudier la nature il faut bien autre chose que de bons microscopes. (*Lettre de Bonnet*, *p.* 276, etc. Voyez Haller, Spallanzani, *p.* 1707, etc. Haller, *t.* 8, *p.* 175.)

la mère porte bien manifestement sur les parties les plus centrales et les plus essentielles de la forme. Ainsi, le mulet, qui résulte de l'accouplement de l'espèce du cheval et de celle de l'âne, représente dans tout son corps, des marques des espèces génératrices ; et, par rapport à cet accouplement du cheval avec l'âne, on a remarqué, depuis long-temps, que l'espèce du cheval paraît influer davantage sur le spécifique du produit que l'espèce de l'âne, et que le sexe est très-généralement déterminé par l'espèce du cheval ; en sorte qu'un âne et une jument donnent une mule, et que l'ânesse et le cheval donnent un mulet.

M. Koïlrenter a fait beaucoup d'expériences analogues sur les végétaux ; et, en portant sur les organes sexuels d'une plante femelle d'une certaine espèce, la poussière fécondante d'une plante mâle d'une espèce différente, il a obtenu des plantes mi-parties, des plantes *hybrides* ou mulets, qui participent des deux espèces génératrices. En suivant ces expériences avec soin, il s'est convaincu qu'il pouvait renforcer, à son gré, les traits de la forme du mâle, en augmentant la quantité de la matière fécondante. Il s'est donc convaincu qu'il est possible d'altérer profondément la forme de la femelle, et que, dès-lors, il n'est pas vrai, comme l'a avancé M. Linné, que les parties intérieures ou

centrales, soient exclusivement fournies par la femelle, et que la forme du mâle ne puisse se produire
que sur les parties extérieures et corticales.

Il est donc bien acquis, par ces expériences,
que le mâle et la femelle, qui fournissent ensemble
l'acte de la copulation, influent, si non également,
du moins en partie, sur le spécifique du produit;
et il est extrêmement probable, comme on le
croit communément, que celui des deux qui y
contribue le plus, est celui qui fournit cet acte
avec le plus de vigueur; en sorte qu'un enfant ressemble davantage, et pour le corps et pour l'esprit, à son père ou à sa mère, selon que l'un ou
l'autre a porté plus de chaleur dans l'acte qui l'a
formé. C'est peut être par cette raison que, communément, les premiers nés sont des mâles; car
si l'homme doit faire les avances, et s'il est destiné
à ressentir les premières ardeurs, il est trop vrai
que le sort de la femme est de s'attacher, par les
moyens qui tendent de plus en plus à attiédir
l'homme.

Nous savons donc bien positivement que les
femelles contribuent, d'une manière active, à la
génération; nous savons aussi que les forces par
lesquelles elles y contribuent, résident dans les
testicules ou les ovaires: on suppose du moins qu'il

y ait une communication librement établie entre la matrice et ces ovaires; en sorte que l'on peut châtrer les femelles, et éteindre leur vie relative à l'espèce, en leur emportant les testicules, ou en liant fortement les trompes de Fallope, qui établissent leur communication avec la matrice. Galien nous apprend que c'est une pratique que l'on employait autrefois très-fréquemment en Asie sur les truies, pour en rendre la chair plus délicate. Ces moyens, qui sont analogues aux moyens de castration des mâles, produisent absolument le même effet. Les femelles cessent aussi de vivre pour l'espèce, et deviènent parfaitement inhabiles à tout ce qui s'y rapporte ; elles sont ramenées à un état différent de celui des femelles, différent de celui des mâles, et qui est absolument le même que celui où elles se trouvaient avant la puberté, ou l'époque marquée par la nature, pour le développement des parties vraiment sexuelles.

SECONDE LEÇON.

Des systèmes sur la génération.

J'AI rapporté des expériences, qui démontrent que la femelle contribue à la génération ; cependant on ne peut pas absolument conclure de ces expériences, qu'elle y contribue de la même manière que le mâle ; qu'elle soit pourvue, comme lui, d'une liqueur véritablement spermatique, ou que la liqueur travaillée dans ses organes sexuels, soit réellement pénétrée d'un mouvement ou d'un principe générateur. D'abord, c'est que chaque espèce est bien décidément une, et les individus mâle et femelle qu'elle contient, ne diffèrent pas l'un de l'autre essentiellement. Ces deux individus peuvent dès-lors, par un seul et même mouvement diversement modifié, produire les deux sexes ; en sorte qu'attribuant à la femelle un principe de mouvement générateur des femelles, et aux mâles, un principe de mouvement générateur des mâles, c'est attribuer à la nature une multiplicité de moyens, contraire à toutes les lois de l'analogie, et qui répugne manifestement à sa sagesse.

De plus (et cette difficulté est très-considérable), c'est que la femelle contenant tous les instruments nécessaires, et à la conception et au développement du fœtus, on ne saurait dire pourquoi elle ne produit point seule, et indépendamment de tout concours de la part du mâle, s'il est vrai que les testicules puissent imprimer à la liqueur qu'ils élaborent, une faculté vraiment fécondante ,ou spermatique.

Les caractères de la femelle qui se représentent bien évidemment, même dans les parties les plus intérieures et les plus nobles, ne prouvent point à la rigueur l'existence d'une matière séminale et reproductrice ; car, en supposant que cette liqueur n'eût d'autre utilité que de former les membranes dans lesquelles le fœtus est enveloppé, et de servir de nourriture à ce fœtus, qui vient de se réaliser dans la semence du mâle, il est clair que cette liqueur était pénétrée du principe de vie de la mère; il est clair que cette liqueur doit faire passer dans le fœtus qui s'en nourrit, le germe des ressemblances avec sa mère, de manière que sa ressemblance offrirait un phénomène analogue à celui de l'altération de la forme des animaux, par les aliments dont ils se nourrissent. Or, si cette altération est réelle, et si, comme nous l'avons prouvé ailleurs par bien des expériences, les animaux qui

ont pris tout leur accroissement, éprouvent un
changement bien marqué de la part des substances
dont ils se nourrissent, il n'est pas douteux que
cette action des aliments ne deviène beaucoup
plus puissante, lorsqu'elle s'applique immédiatement sur les premiers éléments de la vie, et
qu'elle ne trouve point d'impression antérieure à
détruire.

Les travaux de M. de Buffon ne peuvent rien
offrir de satisfaisant pour établir l'existence d'une
liqueur séminale des femelles. D'abord, c'est que
la propriété que M. de Buffon regarde comme la
caractéristique des liqueurs séminales, c'est-à-dire,
la propriété de contenir une très-grande quantité de
petits corps animés, ou de petits corps en mouvement, se retrouve, selon les expériences de M. As-
che, dans le sang, dans la lymphe et dans la salive;
et que, de l'aveu même de M. de Buffon, elle
se trouve dans les infusions de toutes les parties
animales, et même dans les infusions des végétaux (1); en sorte que ce caractère étant général,

---

(1) Ce qui est l'hypothèse de Sturmius. Voyez thèse de....
De ortu, dans la collection des thèses de Haller; hypothèse dont M. Hermin prétend trouver des vestiges dans
le traité *De dietâ*, attribué à Hippocrate; mais qui paraît

et ces molécules se trouvant partout, elles ne peuvent spécifier aucune substance.

---

plutôt de quelque philosophe de l'école d'Héraclitemen de Berlin, t. 1.

M. le baron de Rusworm (*Comm. Leip. t.* 25, *p.* 270.) qui, comme je vous le disais, s'est acquis une grande réputation en fait de recherches microscopiques, prétend le contraire. Il distingue les animalcules d'infusion d'avec les vrais animaux spermatiques. Il croit que ces derniers tirent leur origine des germes ou des corps organisés répandus dans l'atmosphère, qui passent dans le corps des animaux avec l'air qu'ils respirent, et les aliments dont ils se nourrissent, qui se déposent dans les liqueurs séminales, seules liqueurs capables de les conserver; où ils vivent, prènent de l'accroissement et se transforment en animaux spermatiques.

Il prétend que ces animaux ne se trouvent que dans la liqueur du mâle et jamais dans celle de la femelle; qu'il en a trouvé dans la liqueur de l'épididime, mais surtout dans les vésicules séminales, où ils achèvent de se former complètement; et qu'il n'en a jamais trouvé dans le corps même des testicules. Si l'on pouvait compter sur ces observations, il s'ensuivrait que les vésicules séminales sont dans le corps des organes de la génération plus importants qu'on ne le croit communément; qu'elles ne servent point seulement à recevoir la semence, et à la tenir en réserve, mais qu'elles la travaillent et qu'elles lui impriment les caractères les plus importants; à peu près comme nous avons dit que la vésicule du fiel (qu'on peut, à tant d'égards, comparer aux vésicules séminales), éla-

2°. C'est que le célèbre Lédermuller n'a souvent aperçu aucun corpuscule en mouvement, dans des liqueurs bien décidément spermatiques, et que M. de Buffon rapporte lui-même, que ces corpuscules manquerent constamment pendant assez long-temps, dans la semence d'un homme, quoiqu'il y eût toutes sortes de raisons de croire que pendant ce temps, cet homme fût devenu père et plusieurs fois.

---

bore aussi la bile qu'elle renferme. Mais, quoi qu'il en soit, il faut toujours reconnaître que l'action de ces vésicules dépend, selon les lois les plus ordinaires de la nature, de l'influence des testicules; quoiqu'il ne soit peut-être pas impossible que les vésicules ne forment de vraie semence peu de temps après l'amputation des testicules, et que ce soit peut-être de cette manière qu'il faille concevoir un fait rapporté par Aristote, qu'un taureau engendra immédiatement après la castration. *Et jam taurus quidem cum statim à castratione iniisset, implevit (De gen. anim. lib. 1. cap. 4.)*

On a beaucoup parlé d'une observation de Cabrole, de cette université, qui dit que dans un soldat exécuté pour fait de viol, on ne trouva point de testicules, quoique les vésicules fussent chargées de semence. Mais il paraît qu'il y a peu de fonds à faire sur cette observation; car il il ne dit pas qu'on ait cherché suffisamment s'ils n'étaient pas dans la cavité du ventre; et le professeur Saporta, qui était présent, n'en tira point la conséquence qu'en tirait Cabrole.

II.   40

3°. C'est que, comme l'a observé M. Néedham,
et comme il est facile de s'en convaincre, en lisant
avec soin le détail des expériences de M. de Buffon,
ces corps en mouvement qu'il a décrits, ne préexistent point dans la substance où il les a aperçus,
mais qu'ils sont les produits de la décomposition de
cette substance. Une chose remarquable dans le
progrès de cette décomposition, c'est que ces substances commencent d'abord par végéter, et ce n'est
que dans la suite, que les filaments ou les rameaux
qu'elles ont poussés, s'ouvrent par leurs extrémités,
et jètent en abondance ces corpuscules en mouvement ; en sorte qu'on saisit ici bien évidemment
l'union du règne animal et du règne végétal, et
qu'on peut suivre facilement le progrès de la nature, qui perfectionne et élève peu à peu le végétal,
et finit enfin par l'animaliser complètement.

Mais ce qui achève de démontrer l'insuffisance
des travaux de M. de Buffon, relativement à la liqueur séminale des femelles, c'est que c'est dans
le corps jaune de l'ovaire qu'il a pris la liqueur sur
laquelle il a fait ses expériences, et qu'il paraît,
par les observations de M. de Haller, que ce corps
jaune résulte de la dégénération d'une des vésicules ; et comme cette dégénération n'a lieu qu'a-
près la conception, il s'ensuit que ce corps jaune,
et tout ce qui s'y trouve, est de formation posté-

rieure à la conception, et que dès-lors, s'il est vrai que la femelle ait une liqueur séminale, ce n'est pas dans le corps jaune qu'elle doit se trouver.

Galien nous apprend qu'une femme qui était veuve depuis quelque temps, éprouvait des tiraillemens fort douloureux dans les reins, et souvent des mouvemens convulsifs dans toutes les parties du corps. Elle fut guérie de cet accident par l'excrétion d'une matière blanche assez épaisse, et cette excrétion se fit avec le plaisir et les mouvemens battus qui consomment l'acte de la génération. Ce fait, et ses analogues très-multipliés, prouvent seulement qu'il se prépare dans les femmes une liqueur, dont l'excrétion nécessaire, devient un des moyens que la nature a employés pour les rapprocher du mâle; mais ces faits ne peuvent pas démontrer le caractère vraiment séminal de cette liqueur (1).

---

(1) Mais cette excrétion a lieu surtout chez les femmes blondes, délicates et très-portées au plaisir et à la tendresse, selon l'observation d'Aristote. (*De gen. anim. lib.* 1, *cap.* 20.) « *Evenit iis quæ nitidæ feminalesque* » *sunt, non ita iis quæ fuscæ atque viragines,* p. 602. La circonstance de l'excrétion de cette humeur prouve bien qu'elle n'est pas réellement séminale, puisqu'il s'en faut bien que cette excrétion ait les mêmes suites dans la

Je ne parlerai point ici des hypothèses de Swammerdam et de Lewenhoeck, qui attribuent la génération à un simple développement; avec cette différence, que Swammerdam et ses sectateurs, placent dans la femelle le sujet de ce développement, en sorte que la première femelle de chaque espèce, renfermait dans l'ovaire, tous les individus qui devaient se présenter dans cette espèce, jusqu'à son entière destruction; au lieu que Lewenhoeck attribue cette prérogative aux mâles, et croit que les fœtus préexistent de tout temps dans la liqueur séminale du mâle. Vous pouvez vous instruire amplement dans tous les livres modernes, de ces deux hypothèses, dont le défaut commun est donc d'attribuer formellement à la matière, une progression infinie qui ne peut avoir d'existence que dans nos idées (1).

---

femme, et qu'elle soit pour elle aussi énervante que pour l'homme : et c'est uniquement par rapport à la femme qu'il est vrai de dire que la faiblesse qui suit l'acte dépend uniquement des mouvements convulsifs, ce que quelques-uns ont dit de l'homme, mais bien à tort.

(1) « *Natura infinitum vetat, infinitum enim fine caret,* » *natura enim semper finem quærit.* » (ARIST. *De gen. anim. lib.* 1, *cap.* 1.) Il n'y a point d'infini dans le réel, parce que la nature tend toujours à des fins qu'elle atteint sûrement, et que l'infini n'a point de fin.

M. de Buffon, mécontent de ces hypothèses, admet dans la nature une matière organique essentiellement active, qui est capable de produire tout ce qui a vie, les animaux et les végétaux. Il admet de plus, dans chaque être vivant, un moule intérieur, c'est-à-dire, qu'il reconnaît dans chacun, la faculté de recevoir la matière organique qu'on lui présente, de l'ordonner, de la disposer d'une manière convenable, pour que sa forme et sa structure se maintiènent sans changement. Tandis que l'animal ou le végétal continue à prendre de l'accroissement, les molécules organiques pénètrent le moule intérieur, non seulement pour le conserver dans le même état, mais encore pour fournir à son extension; et pendant ce temps, ces molécules organiques servent à sa nutrition et à son accroissement. Lorsque l'accroissement est complètement achevé, le moule intérieur, dit M. de Buffon, cesse de s'étendre; alors les molécules organiques ne peuvent plus le pénétrer, sinon pour réparer les pertes qu'il éprouve, c'est-à-dire, que ces molécules ne peuvent plus servir qu'à la nutrition. Celles de ces molécules qui fournissaient ci-devant à l'extension de ce moule, et qui maintenant ne peuvent plus y être admises, parce que ce moule ne peut plus s'étendre, sont renvoyées de chacun des points auxquels elles s'étaient présentées, mais dans lesquels elles n'ont pas été reçues, et s'assemblent toutes dans des réservoirs particuliers, où elles forment la semence. Sans exposer dans le plus grand détail, le système de M. de Buffon (eh! qui sont ceux d'entre vous qui ne seront pas curieux de voir l'exposition de ce système dans son éloquent auteur?) on voit que M. de Buffon, admettant une matière organique active, capable de produire et de se présenter sous toutes les formes qui existent dans la nature, et dont l'indifférence à cet égard, n'est fixée que par le moule intérieur; et assurant d'un autre côté, que les parties de cette matière qui se rendent dans les réservoirs séminaux, se sont présentées seulement au moule intérieur, mais qu'elles n'y ont pas été admises, et qu'elles n'en ont point éprouvé l'action, il est de la dernière évidence que les liqueurs séminales, composées de ces parties ainsi rejetées, n'ont point dépouillé leur caractère d'indifférence, qu'elles n'ont point acquis de caractères spécifiques; que dès-lors, il n'y a point de raison pour que la semence d'un animal reproduise plutôt cet animal, que quelqu'une des formes vivantes qui figurent dans l'univers.

Cette difficulté est seulement relative à la manière dont M. de Buffon a présenté son système; mais une difficulté qui naît du fonds de l'hypothèse et qui frappe également toutes les hypothèses analogues, c'est qu'en supposant, avec M. de Buffon,

et très-anciennement avec Empedocle, que les liqueurs séminales contiènent toutes les parties du
corps vivant où elles se trouvent, qu'elles soient ce
corps même dans l'état de fluidité, et que la fixation de
ces parties soit fondée sur leur analogie de nature, il est
clair que les parties osseuses ayent entr'elles plus de
rapport qu'avec toutes les autres parties, de même que
les artères, les nerfs, les cartilages; il est clair que dans
l'établissement local ou l'agrégation fixe qui se fait
de toutes ces parties fugitives et dispersées , il se
formera des blocs ou des masses d'artères , d'os , de
nerfs, tous distincts les uns des autres , et non
pas distribués et ordonnés comme ils le sont
réellement. De plus , il est facile de voir, que
l'ordre de collection et d'arrangement étant étranger
à la matière , qui , elle-même est indifférente à se
présenter sous telle figure, ou sous telle autre , ce
phénomène , dans ce qu'il a de constant , doit être
rapporté à un principe bien différent de la matière (1).

____

(1) Ce système d'Empedocle avait été parfaitement ré-
futé par ARISTOTE (*De gen anim. t.* 1 , *p.* 18). Il disait
que chaque organe étant composé d'une infinité de parties
similaires, et qui ne sont point cet organe, il ne peut pas
être représenté par une partie unique, mais par un nombre
de parties différentes les unes des autres. Or le principe
de ressemblance (que l'on fait valoir en faveur de ce système) est dans l'acte qui dispose ces parties si dissem-
blables, de manière à en former un organe semblable au
premier, et non pas dans ses parties réunies.

Tout ce qu'on peut dire de la génération, c'est que dans l'acte qui la consomme, le mâle est pour la femelle le sujet d'une sensation déterminée, qui amène le long appareil de mouvements ordonnés, au développement desquels se trouve attachée la production du nouvel être. En sorte que dans les animaux parfaits, dans ceux où les parties sexuelles sont partagées et distribuées sur des individus différents, il paraît que le mâle est le seul principe du mouvement générateur, ou plutôt le seul moyen d'excitation de l'idée productrice, idée qui embrasse en puissance l'individu mâle, et l'individu femelle, et qui peut produire l'un ou l'autre, selon le différent mode de son développement (1).

____

(1) Les expériences de M. l'abbé Spallanzani, qui a fait féconder des femelles en chaleur en injectant dans la matrice des liqueurs séminales obtenues par les voies ordinaires, c'est-à-dire, avec les commotions profondes que la nature a attachées à l'émission de cette liqueur, (et qui me paraît, pour le caractère reproducteur, la circonstance la plus importante, quoique M. Spallanzani n'ait eu aucun égard à cette circonstance), prouve que la qualité fécondante de cette humeur peut se conserver pendant quelque temps après qu'elle est tirée du corps; ce qui peut être analogue au fait que je rapportais ci-devant, d'après Aristote, sur la puissance fécondante du taureau châtré tout récemment; car cette séparation va aussi à éteindre la vie de la semence, qui peut donc encore subsister quelque temps après.

Car quoiqu'il ne soit pas absolument impossible qu'une femme d'une imagination dépravée et constamment appliquée à des objets lascifs, ne puisse produire quelque chose, et que ce soit de cette manière qu'il faille concevoir la formation des môles, qui dans l'espèce humaine et dans les quadrupèdes, sont des corps analogues aux œufs inféconds que donnent les poules qui n'ont point eu de commerce avec le coq; cependant ces môles sont des productions informes, effets de la puissance génératrice des femelles, poussée au dernier degré, mais qui ne peut rien amener de régulier et d'ordonné, que quand elle est réglée et dirigée par la puissance du mâle, seul être chargé par la nature, de l'idée prototype de l'espèce (1).

La manière dont le mâle applique la femelle à concevoir et à réaliser cette idée prototype, n'est peut-être pas attachée nécessairement à la communication d'aucune substance matérielle. Car, sans rappeler ici les expériences nombreuses de Harvey, qui, dans des femelles d'espèces différentes, ouvertes immédiatement après l'accouplement, n'a jamais

---

(1) *Natura enim de vita certari videtur nec posse perficere finemque opponere generationi.* (ARIST. *De gener. anim. lib.* 4, *cap.* 7.) La nature tend à produire l'organique et le vivant, mais d'une manière qui devient alors impuissante.

trouvé dans la matrice un atome de liqueur du mâle ; il y a beaucoup d'espèces dans lesquelles, non seulement l'éjaculation , mais même l'intromission est fort équivoque. Telle est , par exemple, l'espèce de la poule , dont l'accouplement a cependant assez d'effet pour féconder dans une seule fois , tous les œufs qu'une poule doit pondre dans l'espace d'un mois.

J'ai dit que le mâle, dans l'acte de la copulation , détermine la femelle à déployer par ordre les mouvements qui doivent amener le nouvel être. Or ; il peut arriver que cet acte de copulation décide le développement de tous ces mouvements, sans que cet acte ait été réellement fécond. C'est une observation vraiment bien digne de remarque , que celle qu'a faite Harvey (1) sur de petites chiennes, qui avaient été servies par des chiens , mais d'une manière inféconde, à raison de la trop grande disproportion de taille , et qui a vu, qu'au temps qui correspond au terme de la gestation , ces chiennes éprouvent les mêmes symptômes que si elles mettaient bas réellement ; que le lait arrive en abondance à leurs mamelles , et que si on leur présente

____

(1) Cette observation a été faite par plusieurs. *Voyez* BURSERIUS, *Appendix* , *p.* 29.

de petits chiens, elles s'y attachent aussi véritablement, et les défendent avec autant d'ardeur que s'ils
leur appartenaient réellement. Une observation analogue, est celle de M. Werloff, savoir, que les
femmes qui ont avorté, à quelque mois de leur
grossesse qu'elles aient souffert cet avortement,
éprouvent une menstruation très-copieuse, à peu
près comme des vuidanges, dans le mois qui répond
au terme de leur grossesse. *De febribus*, pag. 286,
édit. in-8°. pag..... édit in-4°. Il y a peu de faits
qui, bien examinés, prouvent aussi évidemment, que
l'ordre ou la dépendance où sont les unes des autres,
les opérations du corps vivant, est très-éloigné de
cet ordre physique et nécessaire qu'on est toujours
si porté à y reconnaître. Il y a peu de faits qui mettent dans un si grand jour la nécessité de considérer
toutes ces opérations d'une manière abstraite, et de
les rapporter à un principe simple qui contient en
lui, la totalité de leurs circonstances et l'ordre de
leur développement.

Je suis revenu souvent sur cette nécessité(1), et je
croirais réellement avoir contribué à reposer vos

---

(1) Hippocrate, disait Galien, est le premier des philosophes et des médecins, parce que Hippocrate est le premier qui ait reconnu un principe intelligent dans le système animal, et qui en ait rapporté tous les actes à des

connaissances sur un fondement solide, si j'avais
réussi à vous la rendre sensible.

---

fins déterminées et prévues. « *Hippocrates omnium qui-*
» *dem quos novimus medicorum philosophorumque pri-*
« *mus, ut qui primus operam naturæ novit, hanc semper*
» *tum admiratur tum prædicat quam et juxta nominat,*
» *et solam animalibus ad omnia sufficere dicit ipsamque*
» *per se sine ductore, quæ opus sunt, agere.* »

LEÇON TROISIÈME.

Des organes de la génération de l'homme.

Tout ce qui a vie est sujet à la mort, et l'existence de chaque animal a une espèce de durée que mille causes peuvent resserrer, et qu'aucune ne peut étendre. Cette destructibilité des animaux ne suit pas nécessairement des qualités de la matière dont le corps est formé; car, comme cette matière est éminemment corruptible, et comme, par le moyen de la vie, elle se conserve pendant un temps assez long, il n'y a pas de raison pour que cet acte conservateur ne se soutiène pas en pleine vigueur pendant un espace de temps plus long. La destruction des animaux, et le temps où doit s'opérer cette destruction pour chacun d'eux, sont donc exclusivement fondés sur une loi de la nature, que nous pouvons connaître par l'observation, mais dont nous ne pouvons absolument pénétrer la cause.

Mais cette loi de destruction ne porte que sur les individus, et la nature a rendu chaque espèce immortelle comme elle-même, en attribuant aux individus qui la composent la faculté de se reproduire dans des êtres absolument semblables à eux. Dans quelques espèces, cette faculté existe pleinement dans chaque individu, et chacun peut travailler seul, et travailler efficacement à l'acte qui doit le reproduire. Dans des espèces plus relevées, plus nobles, cette faculté de régénération est partagée, et les organes au moyen desquels elle s'exerce, sont séparés et distribués sur différents individus. Ce ne sont pas seulement les traits de convenance que présentent ces organes, qui annoncent bien évidemment que les individus qui les portent, sont les parties d'un même tout, destinées à concourir chacune à sa manière, à l'accomplissement d'une même fonction, c'est surtout l'instinct qui règle l'action de ces organes et dont l'influence s'étend sur le système entier de leurs affections.

Je ne parlerai dans cette leçon que des organes qui concourent à la génération.

Une circonstance remarquable dans l'histoire des parties de la génération, c'est que ces parties ne se développent et n'entrent en fonction qu'à une certaine époque de la durée de l'animal. Cette époque est pour l'homme, à la fin de la seconde période septénaire, c'est-à-dire, vers la quatorzième année. Nous avons déjà remarqué souvent que toutes les grandes opérations de la nature animale, mar-

chent constamment assujéties à la révolution septénaire. Nous verrons des preuves frappantes de cette
loi dans l'histoire des maladies aiguës où tous les
phénomènes se succèdent plus rapidement, et où
l'ordre de leur succession est plus facile à saisir.
C'est aussi à une période septénaire, c'est-à-dire, environ à la quarante-neuvième année de la vie, que
l'action des testicules commence à faiblir, et que
toutes les facultés éprouvent une débilité radicale,
qui, augmentant sans cesse, conduit enfin inévita-
blement à la mort.

Dès que les testicules sont entrés en exercice,
ils établissent un nouveau centre de vie dont l'action
se porte sur tout le corps, change son habitude et
altère profondément sa substance. Cette influence
est si puissante et si universelle, que non seulement
on trouve la plus grande différence de saveur dans
la chair d'un animal entier et la chair d'un animal
qu'on a privé des testicules par le moyen de la castration, mais encore, dans un mâle bien vigoureux,
chaque partie est pénétrée d'une odeur forte qui
a beaucoup de rapport avec l'odeur propre de la
substance du testicule.

C'est de cette action des testicules, qui, par une
irradiation toujours soutenue, animent et vivifient
toute la masse du corps, que l'animal reçoit cette

plénitude de forces, cette exubérance de vie qui le porte à se reproduire, en sorte qu'en comparant les organes de la génération avec un des principaux foyers de vitalité, par exemple, avec le cœur, on peut dire que, dans le système animal, les testicules sont un organe plus noble, plus important que le cœur, qui le fait subsister d'une vie individuelle, solitaire, et non de la vie de l'espèce.

Aussi, la castration ou l'amputation des testicules produit-elle dans le corps du mâle et de la femelle les altérations les plus marquées ; tous deux cessent dès-lors de vivre pour l'espèce ; et forcés de renoncer pour jamais à l'acte qui devait les reproduire, ils se refusent par la même nécessité à tout ce qui tend à cet acte important par des rapports qui nous sont cachés, mais qui n'en sont pas moins réels. On a recherché la cause physique du changement qu'éprouve la voix dans les mâles soumis à la castration ; on devait donc rechercher la cause physique qui attache si constamment telle modification de la voix à telle passion déterminée. Ce phénomène, de même que le défaut de barbe, l'expression moins prononcée des traits de la figure, la teinte de faiblesse répandue sur toute l'habitude du corps (1), et qui succède au caractère de force et

____

(1) C'est par des conceptions bien grossières qu'on attri-

de courage , sont relatifs aux idées que la nature a
données aux femelles de chaque espèce , et d'après
lesquelles elles doivent connaître sûrement l'individu capable de satisfaire les besoins qu'elles
éprouvent. C'est par les sens que la nature instruit
les animaux de ce qu'ils doivent rechercher ou fuir
parmi les êtres qui les environnent; elle doit donc
y avoir ménagé des qualités corrélatives aux facultés de ces sens; on ne peut nier que l'éducation ,
l'habitude , les préjugés de toute espèce , n'aient
étrangement altéré nos idées primitives sur la valeur
de ces qualités , du moins par rapport à celles qui
sont du ressort de la vue. D'ailleurs, il est des sens,
comme celui de l'odorat, qui ne sont pas , à beaucoup près, aussi dépravés, et qui, peut-être, ne
sont pas susceptibles de l'être autant, parce que les
objets qui les affectent ne se prêtent point aussi
facilement à la raison ou au raisonnement dont
l'homme a tant usé et abusé. Aussi ne peut-on nier

---

bue ces effets à l'action nécessaire de la semence , et plus
précisément à l'irritation qu'elle porte sur le cœur, qui est
stimulé. Car quelle raison pour l'effet de cette excitation
plus vive du cœur, de porter plutôt sur une partie que sur
une autre : et certainement il est triste de voir des opinions de cette espèce défendues par un homme du mérite
de M. Haller. (Voyez sa neuvième *Physiologie*, t. 8 ,
p. 175.)

que les odeurs attachées aux individus mâle et femelle ne soient, dans toutes les espèces, un puissant moyen de les réunir (1).

Dans l'homme, et dans la plupart dés quadrupèdes, les testicules sont situés hors du bas-ventre, et renfermés dans un sac ou une bourse particulière. Ce n'est que dans le premier âge de la vie du fœtus qu'ils sont contenus dans le bas-ventre ; il arrive cependant, quoique très-rarement, qu'ils y restent toujours et ne sortent point au-dehors. On a remarqué que les hommes chez qui se trouve cette conformation, sont plus vigoureux que les autres, ce qui est relatif à ce qui a lieu dans les oiseaux , qui, de tous les animaux, sont peut-être ceux qui éprouvent la plus vive ardeur pour leur

---

(1) Il est très-remarquable que l'influence des organes de la génération portent spécialement sur les parties extérieures du corps ; et on doit rapporter ici l'observation curieuse de M. de Morgagni, qui a vu qu'assez communément chez les femmes stériles il y a une altération dans la peau, qui a quelque chose d'âpre et de rude, et qui quelquefois est couverte d'une pellicule qui tombe et qui se détache en forme d'écailles. La beauté de la peau, la douceur et la délicatesse de son tissu sont donc pour la femme de grands avantages ; et ce sont aussi des avantages que l'instinct de l'homme sait bien apprécier.

famille, et chez lesquels les testicules se trouven recélés dans l'intérieur du bas-ventre.

La structure du testicule a été bien développée par les anatomistes modernes ; et ces organes sont beaucoup mieux connus qu'ils ne l'étaient autrefois ; mais, quelles que soient les connaissances que nous avons acquises sur cet objet, elles sont, il faut en convenir, absolument nulles relativement à la sécrétion qui s'y fait ; car il est clair que, pour comparer deux termes et en tirer des rapports, il faut nécessairement que ces deux termes soient connus ; en sorte que, pour savoir de quelle manière les tescules contribuent à travailler ou à former la semence, il faudrait connaître, non seulement leur appareil de structure, ce que nous pouvons attendre de nos recherches anatomiques, mais encore il faudrait avoir une connaissance complète de la nature de la semence ; or, c'est cette connaissance qui nous manque, et qui nous manquera toujours.

On a beaucoup parlé des travaux microscopiques de Lewenhoeck, qui avait aperçu dans la semence des petits corps en mouvement, et regardait ces corps comme des vers destinés à former un animal semblable à celui dans lequel ils se trouvaient, lorsqu'ils étaient portés dans le corps de la femelle. Les merveilles se multipliaient chaque jour sous le microscope de Lewenhoeck, et il finit par apercevoir dans les allures et les mouvements de ces petits vers spermatiques, des rapports marqués avec les habitudes des animaux avec lesquels ils devaient un jour se transformer, en sorte que les animaux spermatiques de la liqueur du bélier marchaient constamment en troupe de la même manière que les moutons.

Ces prétentions, qui firent alors beaucoup de bruit, n'étaient que ridicules : M. de Plantade, avocat général de cette ville, y répondit en homme d'esprit, lorsqu'il écrivit, sous le nom de Dalempatius, qu'il avait eu le bonheur de saisir enfin la métamorphose d'un de ces vers en homme, et cela dans le temps où sa tête était encore enveloppée d'un capuchon. Cette plaisanterie de M. de Plantade eut son effet, et il y eut bien des savants qui regardèrent comme une chose très-sérieuse cette observation du prétendu docteur Dalempatius (1).

------

(1) Il ne suffit pas, dit M. de Buffon, (et c'est ce qu'on peut appliquer à bien des travaux faits tout récemment) d'avoir un bon microscope, pour faire des observations qui méritent le nom de découvertes. Nous pouvons remarquer ici que tous les instruments sont comme des sens surajoutés à nos sens naturels. Or pour que ces nouveaux sens puissent devenir d'un usage sûr, il faudrait que

L'éloquence de M. de Buffon était bien plus propre à accréditer les idées qu'il a proposées sur la nature des liqueurs spermatiques. M. de Buffon a donc prétendu que les corps en mouvement que présentent les liqueurs spermatiques ne sont point de véritables animaux ; que ce sont des êtres particuliers qui composent proprement le fonds de la nature vivante, et qui, doués d'une énergie toujours subsistante, forment, par leur union ou leur agrégation, tous les corps qui figurent dans l'univers, à titre d'animaux ou de végétaux.

J'ai déjà parlé de ce système de M. de Buffon, qui est le système d'Empedocle. Il suffit de remarquer ici seulement, 1° que ces petits corps en mouvement ne se trouvent point constamment dans la liqueur séminale, et qu'ils manquent quelquefois, lorsqu'on a toutes les raisons de présumer que la liqueur est capable de féconder ; 2° qu'ils se trouvent dans toutes les parties du corps, et non pas seulement dans les liqueurs séminales, qui ne paraissent donc avoir d'autres prérogatives que d'en contenir une plus grande quantité ; 3° c'est que,

---

l'intelligence, qui juge leurs rapports, s'accrût dans la même proportion. Aussi n'est-ce qu'avec beaucoup de circonspection que le médecin sage doit recevoir toutes ces merveilles microscopiques.

comme l'a bien vu M. Néedham, et comme il résulte des observations même de M. de Buffon, c'est que ces corps en mouvement ne préexistent point dans la semence, et sont bien évidemment des produits de sa décomposition. Une chose bien remarquable dans cette décomposition de la semence, c'est que le premier acte est livré à une force vraiment végétative; en sorte que la semence se boursouffle d'abord, qu'elle pousse ensuite des filaments, lesquels se composent, se distribuent et se ramifient de la même manière que les végétaux. Cette semence végète véritablement, et ce n'est qu'au bout d'un certain temps que cette force végétale s'élève à la nature des forces animales. Chacun des filaments de la semence se gonfle vers ses extrémités, s'ouvre et fournit en abondance ces petits corps en mouvement qu'on aperçoit au microscope, et qui, loin d'exister tout formés dans la semence, ne s'y sont produits que sous l'action d'une force de végétation (1). A l'occasion de cette force végétative qui précède l'époque de la force animale, on peut rappeler l'observation de Malpighi sur l'espèce de mousse dont se couvrent les substances animales avant de se corrompre (1). *Scilicet*

______

(1) *Comm. Leipsic. t.* 21 , *p.* 25. *t.* 24, *p.* 114. — 271.

(2) *Confer.* MULLER (*Comm. Leipsic. t.* 21, *p.* 18 *et suiv.* *et* RUSSWORM , *t.* 24, *p.* 271.

est hoc putredinis proprium ut secretæ fæces in quasi flosculorum aut spumæ specimen sese offerant. Sed hoc phænomenon naturæ fatiscentis et transeuntis in alterum statum Malpighius accuratius consideravit, et microscopiorum fide docuit esse quandam vegetationem muscosam vel fungulosam. (Theses pract., HALL., t. 2, p. 237.)

La liqueur séminale est travaillée dans les testicules par une force analogue à la force altérante dont nous avons tant parlé, et dont les actes n'ont aucun rapport avec nos moyens de connaissances. Il paraît que cette force agit à distance, et que sa sphère d'action embrasse une partie des vaisseaux voisins. Galien a observé que le sang prend un caractère bien décidément spermatique vers les extrémités des vaisseaux spermatiques.

Cette liqueur, séparée par les testicules, remonte vers le bas-ventre par un canal qu'on appèle canal déférent (1). Ce canal, parvenu vers l'urètre, s'unit

---

(1) Qui est donc le canal commun de tous les conduits séminaires. Nous pouvons remarquer ici avec M. Swediaur que l'accident que l'on appèle *chaude pisse tombée dans les bourses* paraît être une affection sympathique des testicules, qui dépend d'une affection du canal déférent à

avec le canal de la vésicule séminale, et ces deux conduits, ainsi réunis, percent le canal de l'urètre par une ouverture qui leur est commune, de la même manière que le canal cholédoque et le canal pancréatique forment, par leur réunion, un canal commun, lequel s'ouvre dans le duodénum.

D'après cette disposition, il y a donc une communication bien établie entre la vésicule séminale et le canal déférent, de manière que la liqueur spermatique apportée des testicules, passe dans les vésicules, et y est réservée jusqu'au temps marqué par son évacuation. Cependant il faut remarquer que ce passage de la liqueur séminale dans les vésicules du même nom, ne dépend pas nécessairement de la disposition de ces parties, et qu'en partant des considérations purement anatomiques, on ne voit pas comment toute la liqueur spermatique est portée sûrement dans les vésicules séminales, pourquoi elles ne coule point assidument dans l'urètre, au moins en partie.

---

l'endroit de sa terminaison ; cet accident demande donc des topiques calmants et émollients appliqués sur l'origine de la verge, mais surtout l'opium, (qui, comme nous l'avons déjà remarqué souvent, est le grand moyen de guérison des affections sympathiques) Après avoir fait précéder les saignées, s'il est nécessaire, et surtout les saignées locales, on donne l'opium en lavement.

Il y a dans le voisinage de l'urètre, une grande quantité de corps glanduleux qui séparent une humeur muqueuse, très-différente de la semence. Cette humeur muqueuse contribue à humecter le canal de l'urètre, à faciliter l'éjaculation de la semence, qu'elle rend plus fluide et plus coulante, et à faciliter l'écoulement de l'urine, en défendant le canal de l'impression trop irritante de cette liqueur. Galien dit avoir vu des personnes qui ne pouvaient rendre leur urine qu'a cause du dessèchement des glandes de l'urètre, et qu'il dissipa cet accident, par l'introduction de substances huileuses et mucilagineuses, et par un régime adoucissant et humectant (1).

C'est l'humeur fournie par ces glandes, que quel-

---

(1) La gonorrhée tend puissamment à épuiser l'humeur qui lubréfie naturellement l'urètre. Aussi les injections sont un des grands moyens qu'on puisse employer contre cette maladie (Swediaur). On fait ces injections avec des substances mucilagineuses, auxquelles on ajoute de douces préparations mercurielles, et quelquefois un peu d'opium. Il faut bien prendre garde cependant dans l'usage de ces injections, de ne pas blesser le canal de l'urètre, ce qui pourrait donner lieu à l'infection générale, et transformer ainsi une gonorrhée en une affection vénérienne décidée; quoi qu'en disent M. Tode et quelques autres médecins du plus grand nom, qui prétendent que la gonorrhée ne tient jamais à une cause vraiment vénérienne.

ques eunuques répandent encore avec plaisir, et avec tous les signes les moins équivoques de la virilité.

La liqueur spermatique conservée dans les vésicules séminales, doit être évacuée. Pour que cette évacuation ait son effet, pour que la liqueur séminale puisse remplir son usage, il faut qu'elle soit vibrée avec force ; pour cela, il faut que l'organe par lequel doit se faire ce jet rapide, se dispose convenablement ; il faut qu'il se tende avec force, que le canal de l'urètre soit bien ouvert, et qu'il se présente dans une direction longitudinale.

Cette disposition de l'organe extérieur de la génération ne peut s'expliquer convenablement par des considérations déduites de la disposition de ses muscles, de ses artères, ou de ses veines : on attribue communément cette érection à des muscles qui relèvent la verge, compriment les veines, et s'opposant dès-lors, au retour du sang veineux, déterminent l'introduction de ce sang dans le corps spongieux. Mais les muscles auxquels on attribue cette fonction, doivent imprimer à la verge un mouvement tout contraire ; car, comme leur point d'attache se trouve au-dessous de l'origine des corps caverneux, ces muscles ne peuvent qu'abaisser la verge, et la retirer un peu en arrière ; en sorte qu'il faut reconnaître que ce mouvement d'érection dépend de l'expansion, ou d'un gonflement actif de la part des corps caverneux, et non pas de l'irruption du sang, qui ne s'y jète que parce que ces corps sont distendus pour le recevoir.

L'érection, ou plutôt l'éjaculation de la semence, se consomme par des mouvements convulsifs, c'est-à-dire, des mouvements brusques, rapides et accélérés des vaisseaux qui la portent, et de ceux par lesquels elle doit passer. Si assez souvent, l'épilepsie s'accompagne de l'excrétion de la semence, il faut reconnaître que les mouvements violents, dont le corps est battu, sont ressentis par les organes de la génération. Dans la gonorrhée simple, ou dans l'écoulement involontaire de la semence, il faut admettre dans ces organes, un état habituel de mouvements spasmodiques ou convulsifs. Voilà pourquoi cette affection demande l'emploi des calmants, des antispasmodiques, et ensuite des toniques les plus vifs.

L'organe extérieur de la génération reçoit une très-grande quantité de nerfs. Ces nerfs sont surtout très-développés, et presque à nu sur le gland, qui n'est recouvert que d'une membrane extrêmement fine, en sorte qu'on aperçoit que ces parties peuvent devenir le sujet d'une très-grande sensibilité. Mais quoi qu'il en soit, ce ne sont pas ces considérations anatomiques qui peuvent donner raison du plaisir attaché à l'acte de la copulation. Ce sentiment doit être rapporté à un ordre de causes bien différent, je veux dire à l'intention qu'a eue la nature, d'assurer l'immortalité des espèces, en opposant à la fragilité des individus, la faculté de revivre dans des êtres semblables à eux.

L'amour est donc subordonné dans l'animal, à la nécessité où il est de se détruire, et c'est peut-être à la connaissance sourde et confuse que l'âme prend de cette relation, qu'est dû le sentiment inexprimable de tristesse, si doux pour les personnes d'une vraie et profonde sensibilité, qui paraît se mêler, pour tous les animaux, à la volupté qui accompagne l'acte de la reproduction.

Surgit amari aliquid quod in ipsis floribus angat.
LUCRET. *lib.* 4, *vers.* 1127.

FIN DE LA GÉNÉRATION.

LEÇONS

DE PHYSIOLOGIE.

~~~~~~~~~~~~~~~~~~~~

DE LA TRANSPIRATION.
~~~~~~~~~~~~~~~~~~~~

DE LA TRANSPIRATION.

GALIEN avait bien observé que les forces toniques ou les forces de chaleur, comme il les appèle, c'est-à-dire, les forces qui entretiènent des vibrations, de légers frémissements dans toutes les parties vivantes, sont habituellement dirigées du centre du corps vers chacun des points de la périphérie.

Une utilité évidente de cette disposition habituelle, comme l'avait dit Galien, c'est de répandre, d'une manière uniforme, sur toute l'habitude du corps, les sucs nourriciers qui doivent en opérer la réparation.

Il est bien évident aussi, que cette répartition des forces toniques doit contribuer, avec beaucoup d'efficacité, à conserver le corps, en portant sur l'organe de la peau, les vapeurs qui s'y développent, lesquelles sont, ou les produits des aliments qui n'ont point été complètement élaborés, ou des produits de la décomposition de la substance même du corps, dont toutes les parties sont dans un mouvement de flux ou de déperdition continuelle.

Il ne faut pas croire cependant que le mécanisme des sécrétions soit le seul et unique moyen
de conservation qui soit au pouvoir de la nature
animale. Il n'est pas douteux que ces organes sécrétoires, lorsque leurs fonctions s'exercent d'une
manière convenable, ne suffisent pour emporter,
à mesure qu'ils se forment, les produits hétérogènes
des différentes fermentations vitales ; mais il est
des circonstances extraordinaires, il est des lésions
si profondément établies dans les facultés altérantes
ou digestives, qu'une portion du corps vivant se
déprave et se corrompt, quoique l'appareil des
mouvements excrétoires ou sécrétoires se soutiène
dans toute son intégrité ; et il est bien prouvé,
par les faits de pratique, que le corps vivant peut
devenir le sujet des maladies les plus éminemment
putrides, quoique les sécrétions se fassent comme
à l'ordinaire, et qu'elles soient même plus abon-
dantes.

Si, très-généralement, la plupart des maladies
débutent par une diminution sensible de la transpiration, ce n'est pas que cette diminution soit la
cause réelle de ces maladies ; c'est que dans le
commencement de toutes les maladies, la disposition habituelle des mouvements s'intervertit ; c'est
que ces mouvements se portent de la circonférence
vers le centre, au lieu de se porter du centre vers

la circonférence. Tout appareil nouveau dans l'ordre des mouvements toniques, est constamment précédé d'un resserrement ou d'un spasme de toute l'habitude du corps ; spasme qui est d'autant plus marqué et d'autant plus long-temps soutenu, que les forces toniques doivent se déployer avec plus de vigueur et d'intensité. Nous verrons, dans l'histoire des maladies, des conséquences nombreuses de ce fait, qui, dès-lors, doit être considéré comme un fait général, ou comme une loi de la nature vivante.

Dans l'état naturel, c'est-à-dire, lorsque les facultés digestives ne sont pas dépravées, et qu'il ne se forme dans le corps d'autres matières hétérogènes et corrompues, que celles qui résultent nécessairement des mouvements vitaux ordinaires, la peau contribue puissamment à dépurer le corps, en se prêtant à l'élimination ou la sécrétion des vapeurs qui s'y développent habituellement dans toutes ses parties. C'est sous ce rapport, ou comme organe sécrétoire, que je vais d'abord le considérer.

Il s'élève donc habituellement, de toute l'étendue de la peau, une matière subtile, extrêmement légère, et qui, dans l'état naturel, se dissout complètement dans l'atmosphère, sans altérer sa transparence, et par conséquent sans pouvoir tomber sous nos sens ; c'est ce qu'on appèle transpiration insensible.

Il ne faut pas croire que cette matière, qui s'élève habituellement de la peau, ne soit qu'une eau réduite en vapeur, et poussée hors du corps par l'action du cœur et des vaisseaux, comme on le dit communément.

J'ai rapporté des faits qui démontrent une analogie frappante entre la chaleur animale et la chaleur de combustion ; dès-lors, on est fondé à regarder chaque partie vivante, ainsi que faisaient les anciens, comme étant agitée d'une double force analogue à celle que nous présente la flamme ordinaire ; car la flamme s'entretient par un double mouvement, savoir : par un mouvement expansif, qui part de la matière embrasée, et tend à se propager en tous sens ; et par un mouvement de condensation ou de resserrement, qui alterne et balance le mouvement expansif, et rejète, repousse fortement la flamme sur le foyer de la combustion. Chaque partie vivante est aussi agitée de deux mouvemens à direction contraire, qui s'équilibrent réciproquement ; chaque partie respire, comme disaient les anciens, c'est-à-dire, que chaque partie est agitée d'une force expansive ou d'exhalation,

par laquelle la flamme vitale tend à s'écarter en
tous sens, et d'une force de condensation, par laquelle chaque partie attire fortement les principes
de l'atmosphère, qui sont en rapport de nature
avec elle.

C'est par la force expansive ou la force prédo-
minante de la chaleur, que la matière de la transpiration insensible est poussée hors du corps. Aussi
ne faut-il pas croire que cette élévation de la matière de la transpiration se fasse par un mouvement
uniforme et non interrompu. Il est facile d'expérimenter, au contraire, qu'elle se fait par reprises
alternatives, et par bouffées bien distinctes et
bien nettement détachées ; et cette matière est
vraiment une fumée ou une matière fuligineuse ;
c'est une flamme éteinte, comme l'est la fumée de
la flamme ordinaire. Non seulement cette fumée
ou ces vapeurs, qui s'échappent du corps animal,
sont abondamment chargées de matière électrique,
mais il arrive assez communément qu'elles s'allu-
ment, et que les animaux transpirent une matière
vraiment lumineuse.

La force expansive, par le moyen de laquelle la
matière transpirable est poussée hors du corps, est
continuellement alternée par une force de condensation ou d'inhalation. C'est par elle que toutes les

parties vivantes exposées au contact de l'air, attirent fortement l'air pur, lequel entretient leur chaleur, et finit par s'unir et se combiner intimement avec elles ; en sorte que toutes les substances qui ont été le sujet de la vie, sont éminemment chargées d'air. (Expériences de M. Achard, et de M. l'abbé Richard, rapportées ailleurs).

Il ne faut pas croire que la peau soit percée de pores de différentes espèces, ou plutôt qu'elle présente des vaisseaux de deux ordres différents; les uns destinés à laisser passer la matière transpirable, les autres destinés à recevoir les matières qui doivent passer dans le corps. La peau est également susceptible dans toute son étendue, et d'exhalation et d'inhalation ; ce sont les mêmes voies qui se prêtent à l'une et à l'autre, selon la diversité des mouvements qui s'y exercent, de même que la trachée-artère, comme le disait très-bien Galien, reçoit l'air dans l'inspiration, et le chasse dans l'expiration. Cette distinction de vaisseaux inhalants, et exhalants, est entièrement hypothétique; elle est entièrement fondée sur la prétention des anatomistes, qui voulaient que le corps ne fût qu'un tissu de vaisseaux; prétentions détruites par les expériences plus exactes des anatomistes modernes.

La force d'inhalation ne s'exerce pas sur l'air pur

d'une manière exclusive, et l'air pur n'est pas la seule substance qui se fasse jour à travers la peau, et qui puisse pénétrer dans l'intérieur du corps. Il est facile d'expérimenter que le corps plongé dans l'eau, se charge d'une partie de cette eau : ce n'est guère qu'en admettant cette pénétration qu'on peut concevoir la promptitude des effets du bain, sur les personnes rendues de fatigue, dévorées de soif, et dont toutes les parties sont tellement desséchées, qu'elles ont peine à parler ou à avaler, et qui se sentent refaites tout d'un coup en se plongeant dans l'eau. Mais ce fait de la pénétration de l'eau dans le corps, est acquis par des expériences plus décisives, et on a observé que la quantité d'eau, dans laquelle le corps était resté plongé quelque temps, était considérablement diminuée.

La propriété qu'a le corps vivant, d'altérer et de combiner avec lui quelques-uns des principes du milieu qui l'environne, qui n'a point été connue de Sanctorius, ou du moins à laquelle il n'a point eu égard, rend nécessairement incomplets les résultats de ses expériences. Ces expériences qu'on désigne communément sous le nom de cet auteur, parce qu'il a été un des premiers à les faire, ou du moins à les suivre avec constance, consistent à peser d'une part, la quantité des aliments dont on fait usage, à peser aussi très-exactement tous les produits des évacuations sensibles ; et alors, le corps conservant constamment le même poids, l'excès de pesanteur des aliments, sur les produits réunis de toutes les évacuations sensibles, a dû nécessairement transpirer et par la peau, et par la voie du poumon. Mais il est clair que cette sécrétion ne contient pas seulement l'excès de pesanteur des aliments sur les produits sensibles de toutes les évacuations, mais qu'elle doit contenir encore toute la matière qui est passée dans le corps par voie d'inhalation. Comme cette matière ne peut être connue exactement, il s'ensuit que les expériences analogues à celles de Sanctorius ne donneront jamais, d'une manière précise, la quantité de matière qui s'échappe par l'organe de la peau, et par celui du poumon.

Et ce qui doit jeter beaucoup d'incertitude sur ces expériences, c'est la légèreté relative du corps, produite par les différents gaz qu'il peut contenir ; car on sait qu'il est quelques-uns de ces gaz, et très-éminemment le gaz inflammable, toujours contenu en si grande quantité dans les gros intestins, qui sont spécifiquement plus légers que l'air atmosphérique ; et vous voyez que ce n'est pas tout-à-fait sans fondement que le peuple dit communément, qu'un corps est plus lourd après la mort que pendant la vie. Sur les restrictions à apporter aux conséquences de Sanctorius, vous pouvez consulter une disserta-

tion intéressante de Secker, *De medicinâ staticâ.*
(*Collect. anat.* de Haller, t. 3, p. 559.)

Sanctorius avait bien suivi avec une patience in-
fatigable, ses expériences sur la transpiration ; et
comme il est assez ordinaire à l'esprit de l'homme
de se passionner pour l'objet de ses travaux, il at-
tacha une importance extrême à cette sécrétion, et
il la regarda à peu près comme la règle unique de
la conduite du médecin. Boerrhave, qui exagérait
tout, disait aussi que, pour prévenir les maladies
et pour les guérir, il n'était question que de soutenir la transpiration dans son intégrité naturelle. Ce
dogme, mal entendu, peut avoir les plus funestes conséquences. *Si medicus methodum teneret quâ
stabilem perspirationem servaret, nosceret utique
arcanum quo omnes morbos et chronicos et in-
flammatorios sanaret.* Piquer remarque avec raison que Boerrhave commet ici un paralogisme évident, et que si une partie vivante, affectée de maladie, ne transpire pas comme dans l'état ordinaire,
ce défaut de la transpiration est un accident qui
suit la maladie, qui l'accompagne et qui n'en est
pas la cause. Dire comme Boerrhave, que toutes les
maladies dépendent d'un défaut de transpiration, c'est
employer une expression aussi vague et aussi peu lumineuse que si on disait que toutes les maladies dépendent de faiblesse. Car il est bien évident que dans toutes

les maladies, les forces, au moins les forces volontaires ne s'exercent pas avec autant de vigueur et de constance que dans l'état de santé. Cette force d'inhalation que Sanctorius n'a pas connue, et qui jète nécessairement beaucoup d'imperfection sur les résultats de ses expériences, se produit avec une extrême évidence dans certaines dispositions maladives. Il arrive donc quelquefois que la quantité des évacuations surpasse considérablement la quantité des aliments solides ou liquides, en sorte que cet excédent ne peut être attribué qu'à la quantité de matière qui pénètre dans le corps, par la voie du poumon, et la voie de la peau. M. de Haen a présumé avec raison, qu'il était des espèces d'hydropisies qui ne dépendaient que de l'augmentation de cette force d'inhalation, et de l'attraction puissante que le corps exerce sur les molécules d'eau disséminées dans l'atmosphère. Consultez sur cet objet une dissertation intéressante de M. Krasciwtein *De diabete*, coll. prat. Hall.

Au reste, par rapport aux phénomènes, il n'est pas absolument impossible que le corps vivant change en eau l'air pur qu'il tire de l'atmosphère. Aristote prétend que la vessie urinaire ne se trouve que dans les animaux qui sont fournis de poumons chargés de sang, *Pulmonem sanguineum* (*De part. animal.*, lib. 3, cap. 8), et que, dans certains états, cette transformation trop active détermine dans le corps des quantités d'eau surabondante ; et cette transformation peut même être conçue d'après les idées admises par les plus célèbres chimistes de ce siècle : car la plupart des chimistes croient actuellement que l'eau peut être produite par la combustion du gaz inflammable et de l'air pur. Or, on sait qu'il se forme habituellement du gaz inflammable dans le corps vivant, et que la chaleur qui le pénètre est une véritable chaleur de combustion.

Les moyens de la nature présentent des avantages qui se multiplient d'autant plus, qu'on les étudie avec plus de soin, et qu'on vient à les mieux connaître. La peau contribue donc, comme nous l'avons dit, à dépurer le corps, en se prêtant à l'excrétion des vapeurs qui s'y forment habituellement. Elle sert aussi à faire passer dans le corps l'air pur, nécessaire à la conservation de la chaleur vitale. Mais un autre avantage bien considérable des vapeurs, qui s'élèvent habituellement de toute l'étendue de la peau, et de toute l'étendue des poumons, c'est de produire une certaine quantité de froid.

Nous avons déjà dit que la chaleur animale se soutient constamment au même degré, dans des températures qui excèdent de beaucoup ce degré.

II.   45

Il faut donc alors que le corps vivant résiste à la communication de la chaleur environnante, c'est-à-dire, qu'il faut qu'il produise du froid. Or, il n'est pas douteux que l'évaporation qui se fait sur toute l'étendue de la peau, et sur la surface du poumon, ne soit, dans l'ordre de la nature, un des moyens appliqués à la production de ce froid nécessaire. BRAUN, *Comm. Leips.*, t. 16, *p.* 316. — CULLEN, *ibid.*, t. 7, *p.* 731 — CIGNA, *ibid.*, t. 12, *p.* 537. — BRAUN, *ibid.*, t. 17, *p.* 21-22. — Ce refroidissement est bien plus considérable, quand on diminue le poids de l'atmosphère. BRAUN, *Comm. Leips.*, t. 17, *p.* 22. — Il est très-possible cependant, que l'évaporation de la plus grande partie des liquides, produise du froid, d'une manière encore inconnue, comme l'évaporation des acides très-concentrés produit de la chaleur. — *Comm. Leips.*, t. 21, *p.* 684.

On sait en effet, qu'une liqueur en évaporation, produit une très-grande quantité de froid ; il est facile de voir qu'un liquide qui s'évapore, acquérant un très-grand volume, la quantité de chaleur dont il est chargé, et qui se distribue sur ce volume, s'affaiblit relativement à la chaleur environnante ; et comme la chaleur tend à se mettre en équilibre, les vapeurs, qui ont moins de chaleur que le corps environnant, attirent nécessairement la chaleur de ee corps environnant, c'est-à-dire, qu'ils produisent du froid.

La théorie qui paraît aujourd'hui la plus reçue sur ce phénomène de refroidissement par l'évaporation, c'est que l'état gazeux ou vaporeux d'un corps est dû à sa combinaison avec une très-grande quantité de principe de feu, ou du principe matériel de la chaleur ; en sorte qu'un corps qui passe à l'état de vapeur, et qui dès-lors se charge d'une très-grande quantité de chaleur, doit en dépouiller les corps voisins, et par conséquent y produire du froid.

Mais l'évaporation ne peut pas être regardée comme la cause unique de refroidissement pour les êtres animés, puisque le refroidissement peut avoir lieu dans des circonstances où l'évaporation est impossible, comme sous les eaux (BUFFON, HALLER, *Auct.*, *lib.* 5, *sect.* 2, *p.* 15, d'après M. COCCHI).

L'acide vitriolique, et l'acide nitreux bien concentré, produisent de la chaleur en s'évaporant ; ce qu'on attribue à l'union des acides avec les molécules aqueuses contenues dans l'atmosphère. (ACHARD, *Comm. Leips.*, *t.* 21, *p.* 684) Il paraît que les huiles exprimées et distillées, ne produisent point de froid (BRAUN, *Comm. Leips.*, *t.* 16, *p.* 310).

MM. Cullen, Fordyce, Hunter, reconnaissent dans les animaux, la propriété de produire réellement du froid (HALLER, *Auct., lib.* 4, *sect.* 2, *p.* 17. — *Comm. Leips.*, *t.* 26, *p.* 280.).

Cette loi de la nature, savoir, que l'évaporation est un puissant moyen de refroidissement, a été principalement constatée par les expériences de MM. Gronovius, Cullen, Braun, et de Cigna; mais ce n'est point une découverte récente. Je trouve que Platon, dans son Timée, dit que la sueur qui sort en abondance dans les grandes chaleurs, a pour utilité principale de rafraîchir le corps. Dans tous les pays, le peuple est en possession de pratiques qui sont nécessairement fondées sur cette connaissance. Ainsi, dans tous les pays, pour rafraîchir les boissons, on enveloppe d'un linge mouillé, les vases qui les contiènent; et dans cet état, on les expose à toute l'ardeur du soleil.

L'évaporation cutanée et l'évaporation pulmonaire contribuent certainement à rafraîchir; cependant il ne faut pas croire que ce moyen de refroidissement soit le seul qui soit au pouvoir de la nature vivante; car ce refroidissement peut avoir lieu dans des circonstances qui ne permettent aucune évaporation. Ainsi il est bien certain que l'évaporation ne peut se faire sous les eaux; et ce-

pendant des êtres animés, animaux ou végétaux,
peuvent soutenir leur chaleur au-dessous de la chaleur de l'eau dans laquelle ils sont plongés. M. Cocchi
a vu des grenouilles vivre dans les bains de Pise dont
le degré de chaleur approche du degré d'ébullition.
M. Sonnerat a trouvé différentes espèces de plantes
et des poissons dans des eaux décidément bouil-
lantes. (Buffon, *Suppl.*, t. 8, pag. 198, etc. ;
Haller, *Auctuar.*, lib. 5, p. 14). Il faut nécessairement admettre, avec MM. Cullen, Hunter, que la
matière vivante a vraiment la faculté de produire
du froid par des moyens que nous ne pouvons concevoir, et cette faculté génératrice du froid paraît
surtout très-considérable dans les végétaux et les
animaux à sang froid. (Haller, *Auctuar.*, lib. 6,
sect. 6, p. 14.)

FIN DE LA TRANSPIRATION.

LEÇONS

DE PHYSIOLOGIE.

DE LA RESPIRATION.

RESPIRATION.

Nous avons déjà dit que les êtres vivants, animaux et végétaux, jouissent tous d'une température qui leur est propre, et par laquelle ils diffèrent, soit en plus, soit en moins, de la température du milieu qui les environne. D'après l'état habituel de cette température, les animaux sont très-généralement distingués en animaux à sang froid et en animaux à sang chaud. Les animaux à sang chaud, ainsi appelés parce que leur chaleur propre excède de beaucoup la chaleur du milieu ambiant, respirent, c'est-à-dire, qu'il sont fournis d'organes appliqués à recevoir l'air en masse, et à le repousser au dehors par des mouvements dont l'alternative se soutient sans interruption pendant la durée totale de leur vie. Une circonstance remarquable dans l'organisation de ces animaux, c'est que le cœur, ou le centre du systeme vasculaire est double, et qu'il contient deux ventricules et deux oreillettes, et que les organes de la respiration sont tellement disposés, que, pour que le sang parviène des cavités droites du cœur vers les cavités gauches, il faut qu'il passe au moins, pour la plus grande partie, par les organes de la respiration. Je dis pour la plus grande partie : car, sans parler des cas rares, où les conduits de communication qui se trouvent dans le fœtus, entre la cavité droite et la cavité gauche, subsistent encore largement ouverts dans un âge déjà avancé, il est assez probable qu'une petite portion du sang pénètre habituellement du ventricule droit dans le ventricule gauche, en passant à travers les trous dont la cloison mitoyenne est percée.

J'ai parlé des mouvements de dilatation et de contraction de la poitrine et des puissances musculaires qui opèrent ces mouvements, et nous avons observé que la nature, en opposant ainsi les uns aux autres les muscles de la poitrine et les muscles du bas-ventre dans l'exercice de la respiration, avait attaché à cette fonction importante un balancement continuel qui ébranle tous les viscères du bas-ventre ; ce qui dispose avantageusement ces viscères au jeu de leurs fonctions, non pas d'une manière mécanique et nécessaire, mais d'après cette loi primordiale qui lie entre elles toutes les fonctions d'un système vivant, qui les enchaîne les unes aux autres, et qui fait, de leur succession ordonnée, la cause la plus puissante de l'entretien et du rétablissement continuel des forces de ce système.

J'ai parlé aussi de l'influence de la respiration

sur le mouvement du sang veineux, et nous avons vu qu'à chaque expiration, le poumon, fortement appliqué sur l'origine des veines caves, repousse le sang avec beaucoup d'action vers les veines de la tête. Cette cause, qui trouble sans relâche la constance et l'uniformité des mouvements établis par les sectateurs rigides de Harvey, a été parfaitement constatée par les expériences nombreuses de Lamure, Haller, Valsalva, Valsdorff.

La poitrine se contracte et se dilate alternativement, et les poumons qui sont suspendus dans sa cavité se prêtent à ces mouvements. Ils se dilatent donc en tous sens, et l'air s'y jète à raison de son élasticité : c'est ce qui constitue l'inspiration. Les poumons se contractent par la contraction de la poitrine, et l'air en est chassé : c'est ce qui constitue l'expiration.

Il ne faut pas croire, cependant, que les poumons absolument passifs, ne fassent qu'obéir à ce mouvement de la poitrine. Le poumon est pénétré d'une force très-réelle, par laquelle il est appliqué d'une manière active à l'exercice de sa fonction ; car, quoiqu'on objecte ordinairement qu'au moins, dans l'homme et les quadrupèdes à sang chaud, le poumon est très-généralement dépouillé de fibres musculaires, nous avons souvent répondu à cette objection, et nous avons rapporté bien des faits qui prouvent, contre l'opinion de l'illustre M. Haller, que, dans le corps animal, les forces motrices ne sont point attachées d'une manière exclusive aux fibres décidément musculaires. C'est surtout dans l'état maladif que s'annonce cette force propre du poumon. Willis, et après lui, Morgagni, ont reconnu avec raison qu'il est une sorte d'asthme dépendant d'un affaiblissement ou d'une espèce de paràlysie de la substance du poumon ; et tous les praticiens conviènent que l'asthme convulsif ou l'asthme sec, comme ils l'appèlent, tient à une affection spasmosdique établie sur le corps du poumon, qui le resserre du manière fixe, et s'oppose à ses mouvements de dilatation. Il est remarquable que cet état de contraction est l'état dans lequel se trouve généralement le poumon dans ceux qui sont morts suffoqués soit dans les eaux, soit dans quelque substance gazeuse. En sorte qu'il faut reconnaître que le poumon se resserre et résiste de tout son effort à l'introduction de tout ce qui n'est pas de l'air pur ou respirable, et qu'en effet, comme l'a dit M. Cygna, le genre de mort de ceux qui périssent suffoqués, est très-analogue au genre de mort de ceux qui succombent à un accès d'asthme convulsif. *Vero simile animalia si eò posita ex convulsivo asthmate interire.* (Voyez *Mémoires de l'académie de Turin.*)

Dans l'inspiration, le poumon se dilate et s'étend selon toutes les dimensions. Alors le sang y flue avec beaucoup d'action, non seulement parce que les vaisseaux qui s'y enveloppent lui offrent moins de résistance, mais surtout parce que les poumons, vivement excités par l'action de l'air qui s'applique sur leur surface, deviènent un centre vers lequel se dirigent les forces et les mouvements; et cette vive détermination du sang est surtout bien manifeste dans les premiers temps de la respiration; car le sang, qui, dans le fœtus, se porte en grande partie dans les artères du cordon ombilical, change bientôt son cours dans l'enfant qui a respiré, et se porte vers le poumon en abondance. C'est ce changement dans le cours du sang, introduit par l'action excitante et attractive du poumon, qui fait que la ligature du cordon ombilical, quoique très-utile, n'est pas d'une nécessité indispensable et absolue, comme l'ont très-bien reconnu Fanton, Schultz, Burton, Roederer, et quelques autres.

M. Avenbrunger remarque que l'opération de l'empyème est assez souvent suivie d'une inflammation de poumon : ce qui dépend sans doute de ce que le poumon, débarrassé de la matière qui y gênait ses mouvements, et se développant plus pleinement, il reçoit alors une plus grande quantité d'air; ce qui doit porter sur lui une quantité de sang plus abondante. (STOLL, t. 3 , p. 207.) Aussi cet auteur (Avenbrunger) recommande-t-il, comme une précaution très-importante dans cette opération, de n'évacuer le pus, ou toute autre matière, que peu à peu. (*Ibid.*)

D'après la manière dont les vaisseaux artériels et veineux suivent la distribution des bronches, on voit que, dans l'état de contraction du poumon, ces vaisseaux sont coupés, selon leur longueur, de plis et replis multipliés, en sorte que leur calibre est entièrement fermé, et qu'ils opposent un obstacle invincible au cours du sang. Au contraire, dans l'inspiration, lorsque les branches sont pleinement développées par l'air qu'elles renferment, les vaisseaux sanguins se déploient sur toute leur longueur, ils se disposent sur une ligne droite , et ouvrent au sang un passage libre et facile.

Il n'est donc pas douteux que dans l'homme et les animaux à sang chaud, qui respirent à sa manière, la respiration, en distendant et dilatant les poumons, ne les mette en état de se laisser aisément pénétrer par le sang, et que, dans ces animaux, un des usages de cette fonction ne soit de porter le sang des cavités droites du cœur dans les cavités gauches, ce qui constitue, comme nous l'avons dit, la petite circulation, prise par opposition avec la grande circulation, qui consiste dans le passage des cavités gauches dans les cavités droites, en traversant toute l'étendue du corps.

Aussi le fœtus qui ne respire pas et dont les poumons ne peuvent laisser passer le sang, a des conduits particuliers par le moyen desquels le sang est transmis tout d'un coup des cavités droites du cœur dans les cavités gauches. Il y a donc une large communication ouverte entre les deux oreillettes; et une grande partie du sang de l'oreillette droite passe directement dans l'oreillette gauche. De plus, la portion du sang qui a échappé à l'action de l'oreillette, et qui est conduit du ventricule droit dans l'artère pulmonaire, est portée par un conduit artériel dans l'aorte, qui, à cette époque de la vie, doit être considérée comme un tronc principal dont l'artère pulmonaire n'est qu'une branche, en sorte que le poumon ne reçoit alors que la quantité de sang nécessaire à sa nutrition.

Mais quoique la respiration, par les mouvements continuels qu'elle imprime au poumon, soit absolument nécessaire pour que le sang passe des cavités droites dans les cavités gauches du cœur, il ne faut pas croire que ce soit le grand et unique usage de la respiration, comme l'ont avancé les auteurs qui voulaient subordonner tous les phénomènes de l'éco-

nomie vivante au mouvement progressif du sang,
tel que Harvey l'avait enseigné.

D'abord, c'est que l'élasticité de l'air est la seule
propriété qui rende le poumon perméable, et que
cette propriété peut éprouver des variations très-
considérables, sans que la respiration soit sensiblement affectée. Ainsi, si on compare l'air des endroits fort bas avec celui des montagnes fort élevées,
on trouvera une différence de plus de moitié dans
leurs degrés respectifs d'élasticité. Cependant les
hommes, du moins les hommes bien constitués,
respirent avec une égale facilité dans les endroits
fort profonds et dans les lieux fort élevés. C'est ce
qu'on a vu bien évidemment dans les expériences
qui ont été faites avec la machine aérostatique. Car,
quoique les physiciens qui ont été élevés dans cette
machine aient été portés dans un air dont l'élasticité
doit être beaucoup plus faible que celle de l'air que
nous respirons sur la surface de la terre, il ne paraît
pas cependant qu'ils aient éprouvé aucune gêne sensible dans la respiration. (Poids de l'atmosphère.—
Combien sont futiles les considérations déduites de
cette qualité.)

2° C'est que, quoique tous les fluides élastiques
puissent ouvrir le poumon et le rendre perméable,
cependant il n'y a que l'air qui puisse y entretenir

la respiration, en sorte que la vie s'éteint préci-
pitamment dans les fluides gazeux, quoique quelques-uns aient beaucoup plus d'élasticité que l'air
commun.

3° C'est qu'il n'est point du tout croyable que
l'arrêt du sang dans le poumon puisse être aussi
soudainement mortel que l'est réellement le défaut
de respiration.

Enfin, c'est que les conduits qui, dans le fœtus,
transmettent tout d'un coup le sang des cavités
droites du cœur, dans les cavités gauches, se sont
trouvés ouverts dans des adultes qui étaient morts,
suffoqués aussi promptement que ceux chez qui ces
conduits sont absolument fermés, comme ils le sont
plus généralement.

Un second usage bien important de la respiration, c'est qu'elle sert à soutenir et à exciter assidument les forces vitales, par l'impression que l'air
pur porte sur toute la substance du poumon. Ainsi,
MM...... Berger, Hales, Taylius, ont vu que
les jeunes animaux, deviènent sensiblement plus
vigoureux, dès que la respiration est établie; et
cette excitation trop brusque, et pas assez ménagée, peut, comme toutes les autres, devenir fu-
neste, lorsque le fœtus est très-affaibli. Voilà

pourquoi , comme l'a heureusement remarqué M. de Sauvages, le jour le plus mortel, est le premier jour de la vie.

A cette occasion , je remarque avec M. Hunter qu'une précaution bien importante dans le traitement des asphyxies, c'est lorsqu'il se manifeste des signes de vie, de proportionner le secours à l'état des forces, et d'éviter les excitants trop actifs.

M. de Blémond a expérimenté, dans des animaux épuisés par des évacuations de sang, que le sang qui ne coulait plus, reprenait son mouvement et coulait de nouveau , lorsqu'on poussait de l'air dans le poumon; et Haller a vu qu'on augmentait ou qu'on diminuait à volonté la rapidité de ce jet du sang , selon que l'on soufflait l'air dans le poumon, avec une action plus forte ou plus faible.

Bartholin et beaucoup d'autres, ont remarqué que les gens qui sont exposés à un froid rigoureux, sont sujets à éprouver une faim excessive, et qui peut décider une défaillance mortelle, quand elle n'est pas promptement satisfaite. Nous parlerons ailleurs de ce phénomène. Mais ce qui nous importe ici, c'est que cette faim excessive, est accompagnée de bâillements continuels. Or, ces bâillements ont bien évidemment pour objet, de soutenir

les forces en excitant vivement le poumon. Car,
comme l'a bien exposé M. Walther, dans le bâil-
lement, le poumon descend profondément, puis il
revient avec beaucoup d'action contre l'air inspiré.
(Vanhelmont, *asperam arteriam quœ trahitur
binis digitis deorsum motu.... De Febr.*,
c. 9, nº 30, p. 44.) En sorte qu'il résulte de
ce mouvement du poumon, un frottement plus
considérable de l'air contre la surface. C'est par la
même raison que, dans le commencement des fièvres, on éprouve le besoin des bâillements et des
pandiculations; car alors, le système général des
forces toniques est sensiblement affaibli, comme
nous le dirons ailleurs.

Mais cette action excitante et fortifiante de l'air,
appliquée sur la surface du poumon, paraît surtout
d'une manière bien évidente, dans la fameuse expérience de Hoock, ou plutôt de Vesale; car
Vesale paraît le premier qui ait fixé, pour ainsi
dire, la vie fugitive d'un animal, en lui soufflant
fortement de l'air dans la poitrine.

Aussi cette insufflation de l'air dans le poumon,
et surtout de l'air déphlogistiqué, s'il était possible
de s'en procurer, est le plus puissant moyen qu'on
puisse employer dans les états d'asphyxie, lorsque
l'exercice des forces vitales est seulement suspendu

par défaut de respiration, et que toutes les parties sont encore liées entr'elles, et très-éminemment avec l'estomac, comme dit très-bien M. Hunter, et sont encore susceptibles, à raison de cette connexion, de recevoir les impressions portées sur quelques parties, et de reprendre ainsi leurs fonctions par l'effet de cette excitation synergique. Cette insufflation de l'air dans le poumon, ou l'excitation du poumon, se répète sûrement sur tout le système, et rétablit ses mouvements, et ce moyen est suffisant dans le premier moment d'asphyxie. Ce n'est que lorsque cet état est plus avancé qu'il faut y joindre d'autres moyens d'excitation, comme par exemple, la vapeur d'alkali volatil qu'on porte dans les narines, l'irritation du larynx, et surtout, d'après la grande sympathie que l'estomac soutient avec chacune des parties du système, il faut tâcher d'introduire avec ménagement, comme par exemple, par le moyen d'une petite seringue, différents stimulants dans ce viscère, en même temps que par une douce chaleur, et par des frictions faites sur l'habitude du corps, on anime l'organe extérieur, et on le met en état de ressentir l'excitation portée sur l'estomac. Parmi ces moyens d'excitation de la peau, on emploie avantageusement le chaud ou le froid, selon les causes de l'asphyxie. Dans l'asphyxie des noyés, il faut employer une chaleur douce ; et l'aspersion d'eau froide, ou de vinaigre dans l'as-

phyxie des pendus, dans ceux qui ont été exposés
à une vapeur de charbon, à celle des latrines ou
de quelqu'autre gaz méphitique ; dans ceux qui ont
été frappés par la foudre, ou dont l'asphyxie est
dépendante de quelqu'affection nerveuse, comme
chez les hommes vaporeux et les femmes histéri-
ques. (*Comm. Leips.*, *Supp.* 3 ; *Décade*, p. 554
et 555.) Mais la précaution la plus importante,
comme nous le disions tout à l'heure, c'est d'affaiblir ces moyens d'excitation, lorsque la vie commence à s'établir, et de proportionner leur degré
d'activité à l'état où se trouvent les forces, qui ne
se rétablissent que par des gradations lentes et ménagées (*Comm. Leips.*, t. 23, p. 469.)

Un troisième usage de la respiration, c'est de
tempérer et de modérer la chaleur du corps ; car il
est facile de sentir, comme l'a dit M. Stévenon,
que lorsque le corps est pénétré d'une chaleur vive,
nous précipitons les mouvements de la respiration,
qui non seulement deviènent alors plus fréquents,
mais qui sont encore plus grands et plus développés ;
au lieu que lorsque le corps est moins échauffé, les
mouvements de la respiration sont plus petits, plus
courts, et moins fréquents, quoique Stahl, et avant
lui, Campanella, aient prétendu que la respiration
échauffe.

Mais ce réfroidissement qui est attaché à l'exercice de la respiration, ne doit pas seulement être attribué, comme on le fait communément, à l'impression d'un air plus froid que le sang ; car, comme nous l'avons dit, cette circonstance n'est pas absolument nécessaire, et le corps animal peut conserver long-temps son degré propre de chaleur, dans une atmosphère beaucoup plus chaude que lui. Ce refroidissement dépend donc surtout des vapeurs qui se forment habituellement, et en très-grande quantité, sur la surface du poumon. Car on sait aujourd'hui, d'après les travaux de MM. Cullen, Gronevius et Braun, que l'évaporation est une cause puissante de ce refroidissement.

Ce qu'on attribue aujourd'hui assez comumnément à ce que les corps, pour prendre la forme de vapeurs, doivent se combiner avec une très-grande quantité de matières de chaleur, et que dès-lors ils soutirent la chaleur libre et sensible des corps environnants.

Nous devons remarquer ici, que les vapeurs qui se produisent assidument sur la surface du poumon, et qui passent dans l'atmosphère, sont très-analogues à celles qui se forment sur tous les points de l'organe de la peau (1). Aussi y a-t-il entre le pou-

____

(1) Expériences du comte de Milly, qui prouvent que la matière de la transpiration est un gaz méphitique.

mon et la peau, une sympathie qui est démontrée par des faits que la pratique présente journellement, et l'on sait qu'une des causes les plus fréquentes des rhumes de poitrine, c'est le refroidissement subit de l'organe de la peau, et la suppression de la transpiration. (HALLER, *tom.* 3, *p.* 301.)

Quoiqu'il me paraisse extrêmement probable que les accidents qui suivent le refroidissement, et qu'on attribue à la matière de la transpiration retenue, dépendent plutôt de la matière du froid qui a passé dans le corps par voie d'inhalation, et qui se porte sur les organes relativement affaiblis, où elle produit des affections qu'on appèle communément rhumatismales, et dont le grand moyen curatif, quand ces affections sont absolument simples, sont les sudorifiques, et surtout les narcotiques, et très-éminemment l'application des vésicatoires. Mais ce n'est pas l'objet qui doit nous occuper ici.

Le sentiment de froid que le principe de la vie éprouve assidument sur la surface du poumon, est donc une cause occasionnelle qui le ramène sans cesse a son degré de chaleur propre, et qui lui devient nécessaire pour soutenir à un degré d'activité convenable, les forces génératrices de cette chaleur, comme l'a bien dit M. Barthez.

Je viens de vous exposer quelques-uns des usages

de la respiration ; dans la leçon suivante, je parlerai de la voix, qui dépend aussi de la respiration ; et qui est un des plus grands usages que cette fonction assure aux animaux.

Mais ces usages de la respiration sont secondaires, et il faut reconnaître, comme nous l'avons dit en parlant du sang, que la respiration fait passer dans le corps animal, l'air pur qui est absolument nécessaire pour entretenir la chaleur qui brûle dans toutes ses parties ; car la chaleur animale est véritablement une chaleur de combustion. L'air pur est aussi indispensable pour l'entretien de la vie, que pour l'entretien du feu ordinaire, et y contribue de la même manière, comme l'a très-bien expliqué M. de Buffon, dans son traité des *Eléments*. Ce système était aussi celui des anciens, comme vous pouvez le voir dans différents ouvrages de Galien, et surtout dans son traité *De utilitate respirationis*. (Purification de l'air par les végétaux. Priestley, ingen. houss, Comment. lips., tom. 24, pag. 74; tom. 23, pag. 466; tom. 21, pag. 196).

Le fœtus ne respire pas, mais il faut reconnaître que le fœtus tire, de sa mère, l'air pur qui lui est nécessaire pour entretenir sa chaleur propre. Aussi tous les accoucheurs savent-ils que la ligature du

cordon ombilical, quand elle est assez forte pour
intercepter toute communication entre le fœtus et
la mère, devient promptement mortelle. Galien
avait vu, d'une manière plus exacte, que la ligature des veines ombilicales éteint soudainement
les mouvements du cœur et des artères dans le
fœtus. Aussi, dès que le fœtus est détaché du
sein de la mère, il faut qu'il respire ou qu'il pé-
risse, comme l'a très-bien dit Harvey. C'est ce que
l'on connaît communément sous le nom de *Pro-
bléme de Harvey*.

La poitrine est bien évidemment appliquée à
recevoir l'air ; cependant, il est vraiment bien remarquable que ses mouvements puissent se soutenir encore quelque temps dans des circonstances
qui rendent absolument impossible cette réception d'air. M. Haller a expérimenté qu'en liant
fortement la trachée-artère, de manière que l'air
ne pût plus pénétrer dans le poumon, les mouve-
vements alternatifs de la poitrine se soutenaient
encore dans le même ordre. Il a vu, et beaucoup
d'autres observateurs (Swammerdam et de Blemont),
ont vu, comme lui, qu'après avoir ouvert largement
les deux cavités de la poitrine, les mouvements
de la respiration se soutiènent encore assez long-
temps, quoique les poumons, affaissés et compri-
més par tout le poids de l'atmosphère, ne puissent

plus se prêter à ses mouvements. *Ampliter per-forato pectore etsi pergat respiratio, pulmo tamen quiescit.* (Eléments physiolog. , tom. 8 , pag. 229).

C'est ainsi que, quoique les mouvements du cœur et des artères soient destinés à assurer le mouvement progressif du sang, cependant ces mouvements peuvent se présenter assez long-temps, dans le même ordre, dans un système vasculaire entièrement épuisé de sang et de toute autre liqueur. C'est ainsi que, quoique la formation du lait se rapporte à l'acte de la génération, et qu'il soit destiné à en nourrir les produits, cependant cette formation du lait peut avoir lieu sans que l'acte de la copulation ait eu réellement son effet, comme le prouvent l'observation frappante de Harvey et celle de M. Werloff, que nous avons rapportées en parlant de la génération. Le premier a vu que des petites chiennes qui avaient été servies par des chiens, mais d'une manière inefficace, à cause de la disproportion de la taille, éprouvèrent, au temps qui correspondait au terme de la gestation, les mêmes symptômes que si elles eussent mis bas réellement, et qu'alors le lait arriva en abondance vers les mamelles. M. Blasière, dans les *Addenda*, à son traité des fièvres, rapporte quelques exemples de ce fait, et M. Fouquet m'a dit en avoir vu un dans cette ville. Une observation analogue, et dont la connaissance peut être très-utile dans la pratique, est celle qu'a faite l'illustre M. Werloff (*De febrib.*, pag. 28), savoir, que les femmes qui ont avorté, à quelque mois de leur grossesse qu'elles aient souffert cet avortement, éprouvent une menstruation abondante et presque aussi copieuse que les vidanges qui suivent l'accouchement naturel, dans le mois qui correspond au terme de leur grossesse.

Tous ces faits prouvent, comme nous l'avons dit tant de fois, que le principe de la vie est sans cesse appliqué à produire toutes les fonctions, selon l'ordre des idées qu'il a reçues de son auteur; idées qui sont en lui d'une manière intellectuelle, intuitive, non réfléchie, et qui ne se produisent et ne se manifestent que par la régularité des actes qui en émanent.

On a beaucoup disputé pour savoir s'il y a habituellement de l'air contenu entre le poumon et la plèvre. Les expériences de M. de Haller ont parfaitement démontré que la surface du poumon est contiguë à la plèvre, et qu'il n'y a point d'intervalle entre l'un et l'autre. C'est aussi ce que Galien avait vu; mais Galien avait vu de plus, que, quoiqu'il n'y ait point d'air naturellement dans la cavité de la poitrine, cependant cet air y passe très-facilement à l'instant de la mort, parce que le poumon, dont les forces sont entièrement tombées, n'est plus en état de le contenir, comme il le fait dans l'état de vie. Voilà ce qui donne la raison des variétés que présentent les expériences; car M. Hamberger et beaucoup d'autres, ont souvent trouvé de l'air entre la plèvre et le poumon *Voyez* Galien, *De admin. anatom.*, l. 8, n° 13. Haller, l. 8, pag. 123, fait dire généralement à Galien, qu'il y a de l'air entre le poumon et la plèvre : *olim Galenus pulmonem à plevrâ dissidere docuit*, ce qui est inexact.

FIN DE LA RESPIRATION.

LEÇONS

DE PHYSIOLOGIE.

DE LA VOIX.

DE LA VOIX.

Nous avons vu qu'à chaque acte d'expiration, le poumon pousse et jète au-dehors une matière gazeuse aériforme, composée des parties de l'air inspiré, qui n'ont pu être assimilées à la substance du corps, et d'une portion des débris de la substance animale, incessamment détruite et décomposée par la chaleur, qui en pénètre toute la masse.

Mais les moyens de la nature, comme nous l'avons déjà remarqué, présentent des usages qui se multiplient à mesure que nous les étudions avec plus de soin, et que nous venons à les mieux connaître. Il est vraiment bien digne de remarque, que ces matières gazeuses élastiques, qui doivent nécessairement être chassées hors du corps, parce qu'elles ne font plus partie de sa mixtion, deviènent, dans l'acte même de leur excrétion, la cause matérielle d'une des plus importantes fonctions de l'animal; et que, par les mouvements de vibration dont elles sont susceptibles, elles servent de véhicule à ses affections et à ses pensées.

On peut dire même avec Galien, et avec assez d'apparence de vérité, que la principale destination du poumon, se rapporte à la formation de la voix. Car, quoique l'air remplisse des usages bien autrement importants, et que l'air pur soit même le véritable aliment de la vie, il y aurait, d'après les célèbres expériences de M. Lavoisier sur la décomposition de l'eau en air pur et en gaz inflammable, un travail bien important à suivre sur les moyens que la nature emploie chez les poissons et les animaux analogues, pour décomposer l'eau dans laquelle ils vivent, et pour la réduire à l'état d'air pur, nécessaire à la conservation de leur chaleur vitale. Il paraît en général, que cette décomposition de l'eau en gaz inflammable, et en air pur, est un procédé familier à la nature vivante. Ainsi on sait que les végétaux, qui se nourrissent éminemment de gaz inflammable, donnent une très-grande quantité d'air pur, quand ils sont exposés à la lumière; ce qui tient sans doute à ce que l'eau qu'ils tirent de l'atmosphère, se décompose, et que le gaz inflammable s'assimile à leur substance et la nourrit, et que l'air pur s'échappe et passe dans l'atmosphère, qu'il charge ainsi du principe le plus essentiel à la vie des animaux. Cependant, à la rigueur, l'air peut remplir cet usage indépendamment du poumon, puisqu'il entre dans le corps animal par toutes les parties qui sont en contact avec lui; et que, sous ce point de vue, il est vrai de dire avec les anciens, que chaque partie respire; au lieu que l'air doit nécessairement être assemblé en masse, pour que ces parties constitutives deviènent susceptibles de ces frémissements auxquels la production du son est attachée. Or, il n'y a que les poumons qui reçoivent ainsi l'air en masse. Aussi, les poumons et la formation de la voix, sont deux choses qui coexistent dans le système animal; en sorte que tous les animaux qui sont fournis de poumons, donnent de la voix, et que tous ceux qui en sont privés, sont condamnés par la nature à un silence éternel.

L'animal, comme nous l'avons dit, applique les organes de ses sens, et les applique d'une manière active, à l'étude des objets qui l'environnent. Il juge des impressions que font ces objets, d'après des idées qu'il a reçues immédiatement de la nature, et qui sont parfaitement indépendantes de toute instruction, quoi que disent la plupart des philosophes modernes; et il manifeste au dehors, le jugement qu'il a porté sur ces objets, ou plutôt, il réagit sur eux, d'après la manière dont il en a été affecté. Or, ces moyens de réaction sont de deux espèces bien différentes : c'est par les muscles et les organes musculaires, que l'animal agit sur les objets grossiers et matériels, et qu'il exprime et témoigne ses relations purement physiques; et c'est principalement par la voix que l'animal agit sur le monde intellectuel et sensible, qu'il produit au dehors ses affections et ses pensées, et qu'il établit l'ordre de ses relations décidément morales.

Comme l'amour, ou le sentiment qui se rapporte à la régénération, est celui qui agit avec le plus d'empire sur la nature animale, c'est aussi celui qui affecte et modifie les organes de la voix de la manière la plus profonde et la plus durable. Non seulement il est beaucoup d'animaux, comme les oiseaux, par exemple, dont l'action des organes de la voix, répond constamment à l'action des organes de la génération, en sorte qu'assez généralement, ces oiseaux ne donnent de voix que dans la saison où ils ressentent les ardeurs de l'amour; mais dans tous les animaux, les organes de la génération ont une influence évidente sur les organes de la voix; et le ton de la voix ne se décide et ne prend un caractère fixe et bien marqué, que lorsque l'animal est en état de travailler avec fruit pour l'espèce, et qu'il peut réellement se reproduire. On a mal à propos expliqué ce phénomène par des changements physiques, que le progrès de l'âge introduit nécessairement dans les organes de la voix; car il n'y a point de raison pour que ces changements se fassent précisément à la même époque, dans des individus qui sont si différents les uns des autres par leur constitution physique et matérielle. Ce phénomène doit être exclusivement rapporté à

cette loi de la nature, qui, en donnant des désirs à
l'animal, doit lui donner aussi les moyens de les
transmettre aux êtres que ces désirs intéressent, et
qui seuls sont capables de les satisfaire. Cette action des organes de la génération sur les organes de
la voix, remplit donc un usage même fort important; et dès-lors, cette action n'est pas proprement
sympathique, mais elle doit être rangée dans la
classe des synergies, comme nous l'avons exposé
ci-devant.

La trachée-artère est composée, dans toute sa
longueur, de cerceaux cartilagineux, attachés les
uns aux autres par des membranes qui remplissent
les intervalles que ces cerceaux laissent entr'eux.
Chaque cerceau ne forme pas un anneau complet,
et qui embrasse la trachée-artère dans toute sa circonférence, mais chacun est complété et achevé
par une substance membraneuse. Comme ces membranes se correpondent, il en résulte pour la trachée-artère, une bande membraneuse qui suit sa
longueur; et une circonstance remarquable par
rapport à cette bande membraneuse, c'est qu'elle
est placée postérieurement, et appliquée sur l'œsophage; en sorte qu'il en résulte un avantage bien
sensible pour la liberté des mouvements de déglu-
tition.

La trachée-artère est terminée, dans sa partie supérieure, par différents cartilages dont l'assemblage forme le larynx. De ces cartilages, l'un est placé antérieurement ; il est le plus grand de tous, et a été appelé *thyroïde*, à cause de sa ressemblance avec un bouclier. Le second, qu'on appèle *cricoïde*, est plus petit, et sert de fondement à tout le larynx ; c'est le seul qui s'articule avec la trachée-artère. Enfin, les *Arythenoïdes* sont placés sur le cricoïde. Ce sont ces cartilages arythenoïdes qui présentent sur leur surface intérieure deux ligaments, l'un supérieur, l'autre inférieur. C'est l'ouverture que laissent entr'eux ces deux ligaments qui se correspondent dans chacun des deux cartilages aryhtenoïdes qui forme proprement la glotte.

C'est bien évidemment dans cette ouverture supérieure de la trachée-artère que se forme la voix. On a éprouvé que les animaux dont la trachée-artère est percée, et qui ne respirent plus par la glotte, ne donnent plus de voix. On sait aussi que la glotte ne peut s'appliquer d'une manière convenable à la formation de la voix, qu'autant qu'elle est incessamment animée par l'influence synergique du système nerveux, ou qu'autant qu'elle communique librement avec le cerveau par le moyen des nerfs ; en sorte qu'il en est de la glotte comme de toutes les autres parties, et spécialement des parties musculaires, dont les fonctions s'arrêtent et se suspendent aussi tout d'un coup, par toutes les causes qui coupent et interceptent brusquement les sympathies qu'elles doivent soutenir avec le cerveau.

On a donc vu qu'en coupant et en liant fortement l'un des nerfs récurrents, la section ou la ligature complète d'un de ces nerfs diminuait de moitié l'intensité de la voix, et que la section ou la compression de ces deux nerfs, détruisait soudainement la voix: Galien, dans son bel ouvrage *De locis affectis*, *liber* 1, nous apprend que l'impression de froid portée sur les nerfs récurrents, dans une opération chirurgicale, faite au cou pendant un temps très-froid, avait éteint presqu'entièrement la voix, et que cet accident fut dissipé par des applications échauffantes, faites sur le trajet de ce nerf. Baillou, etc.

Dodart a prétendu que la formation des différents tons de la voix dépendait des différents degrés d'ouverture de la glotte; en sorte qu'il a assimilé l'organe de la voix à un instrument à vent, dans lequel la variété des sons dépend exclusivement des différents degrés d'ouverture de l'anche, comme cela est très-évident dans le hautbois. Dodart a facilement trouvé les puissances musculaires propres à opérer ces variations dans l'ouverture de la glotte. Car il est bien certain, par exemple, que les hyothyroïdiens, et surtout les arythenoïdiens obliques et les transverses ressérrent la glotte, et que les crico-arythenoïdiens la dilatent.

Cependant, les expériences de M. Ferrein ont démontré que ces variations dans l'ouverture de la glotte, ne suffisent point pour la production des différents tons de la voix. M. Ferrein a donc vu, qu'en variant l'ouverture de la glotte, on peut bien renforcer un ton ou l'affaiblir, mais sans porter aucun changement dans sa nature ou dans son rapport du grave à l'aigu; en sorte qu'un ton reste toujours le même, tant que la tension des ligaments de la glotte, se soutient au même degré, et que ce ton change et devient plus grave ou plus aigu, selon que ces différents ligaments se relâchent ou se tendent à différents degrés. D'après ces expériences, Ferrein a donc comparé l'organe de la voix, à un instrument à cordes, dont tout l'artifice consiste aussi dans la tension différente des cordes; en sorte que l'air qui passe sur ces ligaments de la glotte, tire du son de ces ligaments, de la même manière qu'un archet tire du son d'une corde de violon.

Je trouve que Galien, dans son second livre de la philosophie d'Hippocrate et de Platon, avait employé une comparaison analogue; car il dit que l'air devient sonore en froissant les cartilages du larynx.

qui agissent sur lui de la même manière qu'un archet sur les cordes d'un instrument. *Percutitur a summæ partis asperæ arteriæ cartilaginibus, perinde ut plectro quodam, ex sufflatio hæc, atque ita in vocem evadit.* En sorte que la seule différence qu'il y ait ici entre Galien et Ferrein, c'est que celui-ci attribuait à l'air ce que Galien attribuait aux cartilages du larynx; mais tous deux ont comparé l'organe de la voix à un instrument à cordes.

Il est probable que les ligaments de la glotte, ou les cordes vocales, comme les appèle Ferrein, sont tendus à tous les degrés qui sont nécessaires à la production des différents tons de la voix, par les mouvements combinés du thyroïde qui se porte en avant, et des arythenoïdes qui se portent en arrière. Ce mouvement en avant du thyroïde, est si réel qu'on a observé la luxation de ce cartilage, à la suite d'un effort de voix très-aiguë; et si l'on voulait absolument contester la réalité de ce mouvement, et soutenir que ce cartilage n'a d'autres mouvements que ceux qui lui sont communs avec le larynx en entier, encore ne serait-on pas fondé à rejeter l'hypothèse de Ferrein, et à admettre celle de Dodart. D'abord, c'est que cette hypothèse de Dodart a été détruite d'une manière positive, par les expériences de Ferrein, qui ont démontré que l'ouverture de la glotte pouvait s'agrandir ou se resserrer à différents degrés, sans que le son éprouvât aucun changement dans ses rapports du grave à l'aigu. En second lieu, c'est que l'hypothèse de Ferrein ne demande de la part du cartilage thyroïde, qu'un mouvement très-léger, puisque cet auteur a prouvé qu'une différence de deux ou trois lignes dans la longueur des ligaments de la glotte suffisait pour donner tous les tons dont la voix humaine est susceptible. Troisièmement, c'est que l'analogie nous porte à reconnaître que ces ligaments peuvent être relâchés ou tendus immédiatement par l'action du principe qui les anime, ainsi que toutes les parties du corps. Car nous avons vu que le principe de vie entretient dans toutes les parties un mouvement tonique, dont il peut augmenter ou affaiblir l'intensité, toujours proportionnellement aux effets qu'il a intention d'obtenir. En un mot, cet admirable effet est produit par le concours de la tension des ligaments et de divers degrés d'ouverture de la glotte. Car il paraît, comme le dit Vogel, qu'il faut combiner les idées de Dodart et celles de Ferrein (*Comm. Leips. supp.* 2ᵉ *décade, p.* 641.), et considérer l'organe de la voix comme étant à la fois un instrument à vent, et un instrument à cordes (Dissertation de Vogel, *De Laringe humanâ et vocis formatione,* .... 1747); et se trouve dans une collection *Rad. ang. Vogel opera med. selecta.* Gottingue, 1764, *in-4°.*

La voix, formée dans la glotte de la manière
dont nous venons de l'exposer, prend plus de force
et de douceur en résonnant dans les différents sinus
qui appartiènent à l'organe de l'odorat. Aussi est-il
bien connu que la voix prend un caractère fort désagréable lorque l'ouverture des narines ne se prête
point librement au passage de l'air sonore.

Rancidulum quoddam balbâ de nare loquuntur.

Il y a deux espèces de voix, la voix de parole et
la voix de chant. Un des caractères de différence
qui se trouvent entre ces deux espèces de voix, c'est
que la voix de chant se forme exclusivement dans
le larynx; au lieu que la voix de parole demande
de plus l'action des différentes parties de la bouche.
Une autre différence bien tranchée, qui paraît se
trouver entre ces deux espèces de voix, c'est que,
dans la voix de chant, les sons doivent être soutenus assez long-temps pour faire entendre sensiblement leurs harmoniques, et que l'organe doit passer
d'un ton à un autre par des intervalles appréciables;
ce qui n'a pas lieu dans la voix de parole, où l'organe ne reste pas assez long-temps sur chaque son,
pour que ses harmoniques soient entendus, et où
la succession d'un son à un autre se fait d'une manière brusque, et par dégrés absolument incom-
mensurables. Au reste, cette différence entre la

voix de parole et la voix de chant est telle, que, comme l'a observé M. Dodart, si nous n'avons pas entendu chanter quelqu'un, quelque connaissance que nous ayons de sa voix de parole, nous ne le reconnaîtrons pas à sa voix de chant.

Le voix de chant est destinée à exprimer la manière dont les objets nous affectent : le chant est bien décidément le langage des passions ou des émotions de l'âme.

La voix de parole exprime, au contraire, le jugement que nous portons sur les objets considérés en eux-mêmes, ou sur les relations qu'ils ont entre eux ; et ce langage en soi est dénué de tous les caractères du sentiment ; c'est-à-dire, qu'il n'énonce formellement aucun retour sur nous-mêmes.

Ces deux espèces de voix se trouvent naturellement réunies dans ce qu'on appèle l'*accent*. Je remarque, à cette occasion (Consultez Condillac, *Essai sur les Connaissances humaines*.), que les langues anciennes étaient bien plus fortement accentuées que ne le sont les langues modernes. Cet accent était même assez marqué pour que la déclamation ordinaire des anciens fût susceptible d'être notée. Aussi les langues anciennes se prêtaient-elles avec beaucoup plus d'avantage aux grands mouvements des passions. Voilà pourquoi l'éloquence et la poésie exerçaient sur le peuple un si puissant empire, et pourquoi les musiciens, les poètes et les orateurs obtenaient des effets qui nous paraissent aujourd'hui fabuleux, parce que, d'après la constitution de nos langues modernes, nos hommes de génie se trouvent réduits à des moyens infiniment plus stériles et plus faibles.

Il y a aussi, à l'égard de l'accent, une différence très-marquée entre les langues modernes, comparées entre elles; et peut-être, de toutes ces langues, la langue française est celle qui est le plus complètement dépouillée de tout accent; aussi cette langue, qui n'a presque point d'action sur le cœur, est-elle extrêmement propre à parler à l'esprit; et si, relativement aux charmes de la poésie et de l'éloquence, les Français le cèdent évidemment aux autres nations de l'Europe, il paraît que, de l'aveu général, ils l'emportent sur elles du côté du sens et de la philosophie; et c'est avec raison que Charles-Quint, en comparant les langues pour leurs avantages respectifs, disait qu'il emploierait le français pour parler à un ami.

Le chant est bien évidemment d'institution naturelle et non arbitraire, c'est-à-dire, que la nature a lié tel son à l'expression de telle passion déterminée; en sorte que le musicien qui doit étudier et rechercher ces sons, a beaucoup plus d'avantages que les autres artistes, puisqu'il emploie des caractères qui ont une action égale sur tous les hommes, et dont ils peuvent trouver toujours la valeur dans le fonds de sensibilité que la nature **a** réparti à chacun d'eux.

Mais ces sons, que la musique emploie, et qui nous remuent avec tant d'empire, ont le grand désavantage de ne produire que des émotions fugitives, des émotions du moment, et de ne laisser dans l'âme aucune impression dont elle ne puisse réellement se rendre maîtresse, et s'approprier par la réflexion. Et voilà, pour le remarquer en passant, une raison puissante de la décadence des lettres, et des peuples qui se donnent entièrement à la musique : car leurs hommes de génie n'emploient sur le peuple que des moyens qui échappent, qui passent, et ne fournissent à l'âme aucune pâture solide. Voyez, disait souvent Voltaire, *ce que sont devenus les Italiens depuis qu'ils se sont mis à chanter.*

Par rapport aux langues, on croit assez généralement qu'elles sont d'institution humaine, et que les mots qu'elles emploient n'ont, avec les idées exprimées, que des relations purement arbitraires et conventionnelles.

Il me semble, cependant, que l'immortel J.-J.

Rousseau, dont les ouvrages ont été tant critiqués, et si peu entendus, a démontré d'une manière satisfaisante, dans son discours sur l'inégalité des conditions, que l'établissement des langues, par des moyens purement humains, est une chose absolument impossible; et, comme il dit : *La parole a été nécessaire pour établir l'usage de la parole.*

Mais la fausseté des opinions vulgaires sur l'origine des langues est surtout bien solidement démontrée par les travaux du savant et ingénieux auteur du monde primitif. M. Court de Gebelin a donc fait voir que toutes les langues ont une source commune dans une seule et même langue, sur laquelle il serait impossible de concevoir que les hommes de tous les temps et de tous les lieux fussent tombés d'accord, si cette langue mère, fondamentale, primitive, indépendante de toute convention, ne leur avait été donnée par la nature, et si elle n'avait sa cause ou sa raison dans la constitution même de l'homme. Ce n'est pas ici le lieu de rechercher les causes qui ont agi sur cette langue primitive, pour l'altérer et lui imprimer les modifications si variées sous lesquelles elle se présente chez les différents peuples de la terre; il me suffira de vous faire entrevoir l'action de quelques-unes de ces causes. Vous devez consulter, sur cet objet, l'ouvrage de Borrichius, médecin de Copenhague, *de Causis Linguarum diversitatis*, et le *Monde primitif* de M. de Gebelin, et le savant ouvrage de M. Desbrosses, *Traité de la Formation mécanique des Langues*; ouvrage plein de génie, de vues profondes, et qui a fourni le fonds d'idées développées dans le *Monde primitif.*

On a remarqué, par exemple, que, dans les pays chauds, la prononciation était plus gutturale, et que les articulations dépendaient plus précisément de l'action des parties intérieures de l'organe; au lieu que, dans les pays froids, toutes les articulations sont labiales, et sont dues manifestement à l'action des parties extérieures de l'instrument vocal. Hippocrate, dans son bel ouvrage *De aëre, locis et aquis*, observe que les habitants du bord du Phase qui vivent dans un air gras et humide, ont la voix grave et chargée d'aspirations.

On voit aisément la raison de cet effet; car une température douce doit inviter la nature à dilater l'organe de la voix, et à lui permettre de déployer toute l'étendue de mouvements dont il est susceptible; au lieu que l'impression du froid le retient dans un état de contrainte et de resserrement continuel; en sorte que, chez les habitants des pays froids, c'est sur les parties les plus externes de

l'organe que doit porter tout l'effort et toute l'action
de la voix.

On a remarqué que, chez la plupart des peuples
de l'Amérique, les idiomes manquent des lettres
b, *p*, *m*, *f*, dont la prononciation demande évidemment l'action des lèvres. Le célèbre Ammann
rapporte cet effet, avec beaucoup de raison, à l'u-
sage où sont ces peuples de se percer les lèvres, et
d'y porter de gros anneaux suspendus.

La langue chinoise manque de la lettre *r* : l'auteur de l'article *Langue*, dans l'encyclopédie,
l'attribue à la mollesse de ce peuple, qui ne lui permet pas le mouvement rude auquel la prononciation
de cette lettre est attachée. M. Haller donne, de
cet effet, une raison beaucoup plus satisfaisante,
en l'attribuant à la conformation particulière des
Chinois; car, comme ils ont les dents supérieures
fort avancées, par rapport aux dents inférieures,
ils doivent trouver beaucoup de difficulté à prononcer cette lettre, qui demande que la langue
s'applique sur les dents de la mâchoire supérieure.

Vous voyez combien il est important d'étudier
les parties aux mouvements desquelles la production de chaque lettre est attachée. Lorsque Molière,
dit fort bien l'illustre M. Diderot, plaisantait les

grammairiens, il abandonnait le caractère de phi-losophe, et il ne prenait pas garde qu'il donnait des soufflets aux auteurs qu'il respectait le plus, sur la joue du *Bourgeois gentilhomme*.

FIN DE LA VOIX.

LEÇONS

DE PHYSIOLOGIE.

~~~~~~~~~~~~~~~~~~~~~~~~~~

TRAITÉ DES SENS.
~~~~~~~~~~~~~~~~~~~~~~~~~~

DE LA VUE.

DANS le système animal , les organes des sens
s'appliquent essentiellement aux objets extérieurs ,
et c'est par eux que la nature instruit les animaux de
ce qu'ils doivent fuir ou rechercher parmi ces objets.
Dès-lors, ces organes doivent offrir une structure
relative à ces objets extérieurs , et les fonctions qu'ils
exercent doivent être réglées suivant les lois auxquelles sont assujétis ces objets , avec lesquels ils
sont en rapport ; en sorte qu'en étudiant d'une
part , l'objet physique de l'organe , et s'attachant ,
d'une autre part , à développer la structure de
l'organe , nous pouvons saisir , entre ces deux ordres de phénomènes , des analogies qui se multiplient à mesure que nous acquérons plus de connaissances , surtout si nous agrandissons le champ
de nos travaux anatomiques , et si nous les appli-
quons à la fois à un grand nombre d'espèces différentes ; car , comme nous l'avons déjà remarqué ,
la nature , dans la conformation des animaux , paraît s'être asservie à un seul plan, à un plan uniforme
et général , dont il est nombre de détails qui n'ont
d'usage que dans quelques espèces , et qui , dans
d'autres espèces , ne s'annoncent et ne se produi-

sent que par des formes avortées, par des ébauches timides et incomplètes, qui ne peuvent absolument remplir aucun usage. Sans sortir de notre sujet, nous en trouvons un exemple frappant dans la membrane clignotante ou dans la troisième paupière qui, dans les oiseaux, est assez considérable pour se déployer sur le globe de l'œil, pour l'embrasser ou le recouvrir dans toute son étendue, et qui, dans les quadrupèdes, et surtout dans l'homme, est réduite à une pellicule si petite et si fortement attachée à l'angle interne, qu'elle n'a presqu'aucun mouvement, et qu'elle n'est d'aucun avantage pour la fonction que l'œil doit remplir.

Je ne dois point rechercher ici l'essence ou la nature de la lumière ; je la considérerai seulement dans ses rapports avec la vision ; je me bornerai à l'envisager comme un instrument destiné à nous rendre les objets visibles, et je considérerai quelques-unes des lois, par le moyen desquelles elle atteint cette fin ou cette destination.

Les corps frappés par la lumière, et qui sont propres à la réfléchir, la réfléchissent constamment par rayons ou par traits divergents ; et plus généralement, chaque point matériel, relativement à la propriété qu'il a de projeter ou de réfléchir la lumière, peut être considéré comme un centre, duquel partent un nombre indéfini de rayons qui

se dispersent en tous sens, et tendent à se distribuer dans toute l'étendue de sa sphère, et qui,
dès-lors, sont d'autant plus écartés, qu'ils sont
pris à une plus grande distance du point de départ
ou de réflexion.

Chacun de ces rayons s'avance constamment en
ligne droite, quand il est contenu dans le même
milieu; quand il passe dans un milieu différent, ce
rayon se brise ou s'infléchit en s'approchant de la
perpendiculaire; lorsque ce nouveau milieu a plus
de densité que celui qu'il quitte; et qu'en s'éloignant de la perpendiculaire, lorsque ce nouveau
milieu a une densité moindre; mais, soit qu'il s'approche ou qu'il s'éloigne de la perpendiculaire,
l'angle qui forme cette nouvelle direction, et
qu'on appèle angle de réfraction, est avec l'angle
sous lequel il coupe la surface du nouveau milieu,
et qu'on appèle l'angle d'incidence, dans un rapport qui est toujours le même. Ce rapport, constant
entre les angles de réfraction et d'incidence, ou
plutôt entre les sinus respectifs de ces angles, ce
principe est le fondement de toute la dioptrique.

C'est bien évidemment d'après ces lois que suit la
lumière dans sa propagation, que se trouve réglée
la structure de l'œil; car, comme la vision ne peut
se faire d'une manière nette, qu'autant que les
rayons lumineux s'unissent et coïncident sur la

rétine, qui est la partie vraiment sensible de l'organe, il fallait assembler dans l'organe de l'œil, des moyens capables de changer la direction que les objets visibles impriment aux rayons; il fallait que les rayons devinssent convergents, de divergents qu'ils étaient, ou qu'ils acquîssent une tendance commune. Or, c'est ce que font bien évidemment les humeurs ou les membranes différentes, dont l'œil est composé ; car, comme ces humeurs et ces membranes ont une densité plus considérable que l'air, il est clair que les rayons de lumière, en passant de l'air dans l'œil, se réfractent, s'approchent de la perpendiculaire, et qu'ils tendent ainsi à se réunir dans un point commun.

On voit, avec une égale évidence, que la forme sphérique de l'œil doit puissamment contribuer à effectuer cette concentration nécessaire des rayons lumineux ; car, dans le faisceau de lumière, ou dans le nombre des rayons qui tombent sur la surface convexe de l'œil, il est clair que les rayons extérieurs ou les rayons les plus éloignés de la partie centrale, tombent sous un angle le plus ouvert; et, comme l'angle de réfraction est proportionnel a l'angle d'incidence, ces rayons extérieurs éprouvent une réfraction plus considérable, et, par conséquent, leur réunion ou leur concentration se fera plus promptement.

Je me contente ici d'envisager d'une manière générale, comment se fait la vision, parce que les détails ne sont point de notre objet, et que je dois supposer qu'il n'est question que de vous rappeler des connaissances que la physique a dû vous donner.

Je continue donc à m'occuper des analogies que la structure de l'œil présente, avec les lois auxquelles la lumière est assujétie.

La lumière n'est pas une substance homogène, comme on l'a cru pendant long-temps. Les travaux de Newton ont prouvé qu'un rayon de lumière, tel qu'il est fourni par le soleil, est composé de sept rayons différents ; savoir , du rayon violet, indigo, bleu, vert, jaune, orangé, rouge. Chacun de ces rayons primitifs est non seulement teint d'une couleur particulière, mais chacun jouit d'un degré de réfrangibilité qui n'appartient qu'à lui, et qui le distingue de tous les autres. De ces rayons, le rayon rouge est le plus fort, et celui qui résiste avec le plus d'avantage aux moyens de réfraction qui lui sont appliqués ; et le rayon violet est le plus faible, et celui qui se prête le plus pleinement aux différentes formes de réfraction. D'après cela, il est clair que si l'œil n'avait qu'une même force de réfraction , chaque rayon de lumière souffrirait une décomposition dans le globe de l'œil, et irait peindre en conséquence sur la rétine, la couleur attachée à chacun des éléments qui le composent. Pour prévenir cette décomposition de la lumière, et pour rendre distincte la vision de chaque objet, il a fallu assembler dans l'œil des substances différentes, et distribuer à ces substances des forces de réfraction, dont l'action répondît aux différents degrés de réfrangibilité des rayons primitifs.

M. Euler, en examinant les moyens que la nature a employés dans le globe de l'œil, pour prévenir la dispersion des rayons primitifs, et qui consistent donc à accorder les moyens de réfraction avec la nature différemment réfrangible des objets sur lesquels ces forces doivent s'exercer, a mis sur la voie des lunettes achromatiques, qui ont beaucoup plus d'effet que toutes les lunettes connues jusqu'à ce jour, et dont tout l'artifice est de rassembler des objectifs qui jouissent de différentes forces de réfraction.

Je n'ai encore parlé que des rapports généraux que la structure de l'œil présente avec la lumière. Mais il ne suffit pas que l'œil soit capable de voir : nous ne voulons pas voir en général, mais nous voulons voir tel ou tel objet particulier. Pour cela, il faut que la structure de l'organe se modifie et s'accommode aux variétés de circonstances dans lesquelles se trouve chaque objet particulier que nous voulons apercevoir.

D'abord, l'œil s'accommode aux différents degrés de lumière, par le mouvement de la prunelle, qui se resserre à une vive lumière, et qui s'agrandit à une lumière faible (Fontana). Ces mouvements dépendent bien évidemment de l'iris, qui se dilate d'une manière active pour resserrer la prunelle, et qui se contracte et se retire pour l'agrandir. Une chose remarquable dans ces mouvements de l'iris, c'est qu'ils sont exclusivement subordonnés aux impressions portées sur la rétine. Car, selon l'expérience de MM. Fontana, Caldain et Haller, si on fait tomber un faisceau de lumière sur l'iris, cette partie ne se meut pas sensiblement, et la prunelle reste constamment au même degré d'ouverture. Au contraire, lorsque la lumière est dirigée sur une partie vraiment sensible de la rétine, l'iris se dilate, et la prunelle se resserre, et elle se resserre d'autant plus, que la lumière est plus vive, et que la rétine est plus fortement irritée.

En second lieu, la vision distincte embrasse une latitude très-étendue; c'est-à-dire, que nous pouvons apercevoir un objet, et l'apercevoir aussi distinctement, quoique à des degrés de distance fort différents. Or, en négligeant même cette précision, qui ne nous est pas nécessaire, il est clair qu'un objet très-rapproché, projète des rayons qui sont très-divergents; en sorte que leur foyer ou leur point de réunion, doit se trouver plus éloigné. Afin donc que l'œil s'accommode à la perception de l'objet ainsi rapproché, il faut donc ajouter à sa force de réfraction, agrandir le diamètre qui mesure sa profondeur, et reculer la rétine sur laquelle doit se trouver le point de coïncidence des rayons, pour que la vision s'exécute d'une manière distincte. Au contraire, lorsque le même objet est fort éloigné, les rayons sont beaucoup moins divergents; dès-lors, leur réunion doit se faire plus facilement et plus promptement. Pour que l'œil s'accommode à la perception des objets visibles fort éloignés, il faut donc affaiblir sa force de réfraction, diminuer son diamètre longitudinal, et porter la rétine un peu en avant.

Ces différences de configuration de l'œil, peuvent dépendre, comme l'a dit Képler, ou de l'action du corps ciliaire, qui serre un peu le cristallin et augmente sa convexité, et qui peut même le porter en avant, ou l'approcher de la cornée; elles peuvent dépendre aussi des muscles droits, qui sont appliqués sur le globe de l'œil, et qui, en le comprimant sur ses côtés, peuvent le prolonger et augmenter le

diamètre qui mesure sa profondeur. Enfin, ces con-
figurations différentes peuvent s'effectuer par des
moyens qui ne sont pas encore bien connus. Mais
de quelque manière qu'elles se fassent et quels que
soient les instruments que la nature emploie pour
les produire, elles se font enfin. La structure de
l'œil varie bien évidemment, et ses différentes parties se composent diversement, selon que l'objet
qu'il est question d'apercevoir est à des distances
différentes. Or, ces mouvements qui sont en rapport avec l'objet à apercevoir, doivent être conçus
et ordonnés d'après la connaissance de cet objet ; en
sorte que la faculté de sentir, ou la faculté d'employer les organes des sens, suppose la connaissance anticipée, confuse, mais très-sûre, de tous
les objets de sensation sur lesquels ces organes doivent s'exercer.

Et encore ne parlé-je que des changements sensibles et grossiers introduits dans la structure de
l'organe, et ne parlé-je point encore des mouvements établis et soutenus dans la partie vraiment
sensible de l'organe, et qui, devant être, comme
l'a bien expliqué Stahl, nécessairement en rapport
avec l'objet de la sensation, supposent que le principe
qui les établit, a connaissance de cet objet, puisqu'il est évident que pour ordonner un rapport
entre deux termes, il faut que ces deux termes
soient connus.

La sensation que l'on regarde communément comme un premier phénomène sur lequel on peut établir et reposer le système entier des connaissances, n'est donc au contraire qu'un phénomène subordonné, et qui suppose nécessairement dans l'être qui l'éprouve, des phénomènes antérieurs, auxquels elle se trouve liée, par des rapports que nous sommes forcés d'admettre, mais dont nous n'aurons jamais une connaissance nette et distincte. Nous apercevons ici évidemment que les connaissances réfléchies, et que nous pouvons vraiment nous approprier, sont déduites ou tirées des connaissances intellectuelles, intuitives et confuses. Mais la loi qui développe ainsi une portion de nos connaissances intuitives, toujours proportionnellement à l'exercice des sens, et qui les soumet à notre réflexion, est la loi de la nature, que nous pouvons observer ; mais qui, comme toutes les autres lois primitives, nous reste toujours inconnue dans son essence ou dans sa cause.

Nous avons vu que l'organe de l'œil s'accommode à l'intensité plus ou moins vive de la lumière, par le mouvement de l'iris, et aux degrés d'éloignement des objets, en modifiant sa réfraction, et augmentant ou diminuant le diamètre de sa longueur. Il est probable que l'œil s'accommode aussi aux différences de couleur des objets, c'est-à-dire, que l'œil doit s'ordonner ou se disposer différemment, selon que l'objet est diversement coloré. Nous ne pouvons point encore savoir en quoi consiste cette disposition particulière de l'œil. Mais ce qui nous conduit à l'admettre, c'est que la perception des couleurs n'est point liée nécessairement aux phénomènes de la vision ; c'est-à-dire, que nous pouvons parfaitement voir les objets, sans apercevoir les teintes qui les colorent. Ainsi il est des personnes pour qui les objets sont dépouillés de couleurs, ou pour qui les couleurs n'ont point d'existence, quoique ces personnes aperçoivent et distinguent très-nettement les limites qui les circonscrivent. On a vu dernièrement un exemple célèbre de ce phénomène, dans la personne de M. Colardeau. (1) (M. Néedham en rapporte deux autres dans les Recherches microscopiques, deuxième partie, p. 33). Il faut que chez ces personnes, l'organe de l'œil ne soit pas propre à se prêter à la modification particulière, à laquelle se trouve attachée la sensation des couleurs. Il y aurait là-dessus des recherches bien curieuses à suivre, si les objets n'étaient pas aussi rares.

2° Ce qui nous porte surtout à établir que l'œil

------

(1) *Comm. Leips. t.* 23. *p.* 585, d'après les *Transactions philosophiques* de 1777.

doit se disposer d'une manière active à la sensation des couleurs, c'est qu'il est bien connu que l'œil a la propriété de produire spontanément la lumière, ainsi que toutes les couleurs primitives. Un phénomène vraiment remarquable dans la production spontanée de ces couleurs, c'est qu'elles peuvent se trouver en relation avec des sensations intérieures : ainsi, selon l'observation de Galien, il arrive communément que, dans l'imminence d'une hémorrhagie critique, on aperçoit des objets fortement colorés en rouge.

D'après la conformation de l'œil, il est aisé de voir que les rayons qui partent d'un objet, se croisant dans l'ouverture de la prunelle, vont peindre l'objet sur la rétine, dans une situation renversée. On croit donc ordinairement que l'âme voit naturellement les objets renversés, et que si elle vient à les voir différemment et à les situer comme ils sont réellement, ce n'est que par l'effet de l'habitude ou de l'exercice du tact, qui corrige à la longue ce jugement erroné sur la position des objets. Il est facile d'observer, avec le fameux George Berkeley, évêque de Cloyne, que, quoique l'image de l'objet soit effectivement tracée au fond de l'œil dans une situation renversée, cependant l'âme doit naturellement, et sans le secours d'aucune expérience, les redresser, c'est-à-dire, voir en haut l'extrémité supérieure, et voir en bas l'extrémité inférieure ; et, en effet, ces termes de haut et de bas sont des termes relatifs, et qui n'ont de valeur que par le terme auquel nous le comparons, c'est-à-dire, que nous jugeons en haut tout ce qui répond à la voûte céleste, et en bas tout ce qui répond à la terre. Or il est bien évident que le ciel se peint dans la partie inférieure du fond de l'œil, et que la terre se peint dans la partie supérieure : dès-lors nous rapportons à la voûte céleste l'extrémité de l'objet qui se peint dans la partie inférieure de l'œil, et nous rapportons à la terre l'extrémité qui se peint dans la partie la plus supérieure ; c'est-à-dire, que nous établissons naturellement entre ces deux extrémités la relation qu'elles ont, et que nous situons l'objet tel qu'il est réellement.

Chaque objet visible trace son image dans chacun des yeux. Cependant la sensation est simple, parce que ces images affectent des parties de la rétine qui se correspondent : ce qui le prouve, c'est que la sensation devient double lorsqu'on change la position des axes optiques, parce que chacune de ces images ne tombe plus sur des portions correspondantes. Et ceci est parfaitement relatif à ce qui arrive au toucher, lorsqu'on passe un des doigts sur le doigt voisin, et que l'on fait rouler une boule sur ces doigts ainsi croisés, de manière qu'elle touche dans le même temps, ou du moins dans des temps très-rapprochés le coté externe de l'un de ces doigts et le côté interne de l'autre; car comme les parties qui sont affectées alors ne sont pas correspondantes, l'impression devient distincte et la boule qui est une paraît double. Il paraît même que le plus communément nous n'apercevons réellement qu'une seule image, c'est-à-dire, que dans un grand nombre de circonstances nous ne nous servons que d'un seul œil, savoir, de celui qui est le plus fort, et que l'autre, qui est relativement plus faible, nous est inutile. C'est un fait bien connu des peintres, qui, pour représenter les objets avec vérité, doivent les distribuer sur la toile de la même manière que s'ils ne devaient affecter qu'un seul œil, c'est-à-dire, qu'ils doivent établir entr'eux le même ordre, la même relation qu'un seul œil y fait apercevoir. Or il n'est pas douteux que nous n'arrangions fort différemment les objets dans l'espace, que nous ne les rétablissions dans différents lieux, et que nous ne les fassions correspondre à différents points selon que nous les voyons avec un seul œil ou avec les deux à la fois. Cependant cette différence dans le lieu des objets n'en apporte point dans nos mouvements; et celui qui se sert habituellement des deux yeux, et celui qui n'en emploie qu'un, parce que l'autre est d'une faiblesse relative trop considérable, voient certainement le même objet dans des lieux différents, et cependant tous deux se dirigent aussi sûrement par rapport à ces mêmes objets. Ce ne peut être que d'après des connaissances dont ils sont redevables à l'exercice du tact, qui leur apprend jusqu'à quel point ils doivent se fier aux rapports de la vue. Ce n'est pas, comme le pensent quelques modernes, que la vue ne puisse nous donner aucune idée de la distance ou de l'étendue. Cette opinion est démentie par la nature même de la vision, qui nous représente et doit nous représenter nécessairement plusieurs points colorés et visibles (et l'idée de l'étendue résulte nécessairement de la coëxistence des différentes sensations). Mais pour que le corps soit ordonné sûrement par rapport à ces différents points, ou aux différentes portions de l'espace, il faut qu'il applique tous les moyens de connaissance qu'il a reçus de la nature, qu'il fasse marcher de concert tous nos sens, bien assuré qu'il n'y a de résultats vraiment solides, et qui puissent sûrement diriger ses mouvements, que ceux qui sont d'accord avec l'ensemble de ses moyens de perception.

DE L'OUIE.

MON objet n'est point ici de rechercher la nature ou l'essence du son, considéré comme propriété physique ; je m'appuierai seulement sur les hypothèses les plus généralement admises, ou plutôt j'énoncerai quelques-unes des lois principales de l'acoustique, c'est-à-dire, les lois qui règlent l'ordre et la succession des phénomènes du son, et je tâcherai de saisir les rapports que présentent ces lois avec l'appareil de structure de l'organe de l'ouïe.

Le son, dans les corps qui le produisent, peut être regardé comme l'effet d'un mouvement qui fait frémir ou vibrer plus ou moins rapidement chacune des molécules dont ces corps sonores sont composés.

Le son, dans l'air, et plus généralement dans les milieux qui le propagent, peut être conçu comme distribué en une infinité de rayons divergents, ou qui tendent à se répandre dans toute l'étendue de la sphère dont on suppose le centre occupé par le corps sonore.

Chacun de ces rayons se répand librement, et

uniformément, tant qu'il ne rencontre point d'obstacle. Une circonstance remarquable dans ce mouvement, c'est que sa vitesse ne dépend point de sa force. Les expériences de Gassendi, de Derham, et de beaucoup d'autres physiciens, ont prouvé qu'un son très-fort et un son très-faible, parcourent dans le même temps, des espaces absolument égaux.

Mais lorsque ces rayons qui se répandent ainsi uniformément, rencontrent des obstacles, ils se réfléchissent de manière que l'angle de réflexion est constamment égal à l'angle d'incidence.

On peut donc augmenter l'intensité des sons, par des moyens analogues à ceux qu'on emploie pour rendre la lumière plus vive et plus étendue ; c'est-à-dire, en rassemblant une grande quantité de rayons sonores, et en les resserrant dans un espace très-petit. C'est une propriété du son, dont on a tiré un parti très-avantageux pour la structure des porte-voix, ou des cornets destinés à transmettre la voix à de grandes distances.

D'après cette loi d'acoustique, on voit évidemment la cause finale ou l'utilité physique de l'appareil de structure que l'organe de l'ouie présente à l'extérieur. Car, comme dans la plupart des animaux, l'oreille extérieure forme des espèces de cornets, dont l'embouchure est très-ouverte, et qui diminue successivement jusqu'au conduit auditif, où il se termine, il n'est pas douteux que ces cornets ainsi disposés, ne reçoivent une plus grande quantité de rayons, qu'ils ne les condensent, et qu'ils ne les transmettent en masse, et par conséquent avec plus d'effet, vers les parties intérieures de l'oreille.

Dans l'homme, dont l'oreille externe ne présente point un cornet aussi considérable, et qui surtout, n'a pas la mobilité nécessaire pour se prêter avec avantage à la collection ou à la concentration des rayons sonores, la surface antérieure présente plusieurs éminences fort saillantes; et selon l'observation vraiment intéressante de Boerrhave, ces éminences forment des courbes dont la nature est telle, que si on tire des lignes droites à quelque point que ce soit de ces courbes, et qu'on tire des lignes de réflexion, qui fassent avec ces courbes, ou plutôt avec leurs tangentes, un angle égal à ceux que font avec ces mêmes tangentes, les lignes d'incidence, toutes ces lignes de réflexion viendront ultérieurement se réunir en un seul foyer, qui se trouve dans le conduit auditif; et dès-lors, ce conduit auditif est le foyer commun de toutes les courbes qui forment les différentes éminences de l'oreille externe.

Le son ne se réfléchit pas seulement comme la lumière, en faisant l'angle de réflexion égal à l'angle d'incidence, et les moyens d'augmenter son intensité ne se bornent pas à faire converger les rayons sonores, ou à les diriger vers un point commun. Le son a de plus, la propriété d'exciter des vibrations dans le corps sonore qu'il frappe; de cette manière, le son primitif est fortifié à mesure qu'il avance, en s'unissant avec tous les sons secondaires qu'il produit dans son cours.

C'est à cette loi que tient la production de l'écho qui a lieu toutes les fois que les corps qui résonnent ou qui répètent les sons primitifs, sont assez éloignés du point de départ du son primitif, pour que ces deux sons, savoir, le son primitif ou direct, et le son réfléchi, arrivent à l'organe dans des temps sensiblement différents.

D'après cette loi d'acoustique, il est facile d'assigner l'utilité des substances osseuses et cartilagineuses qui composent l'organe de l'ouie, puisque ces substances étant éminemment élastiques, elles se prêtent avec plus d'avantage à l'impression du son, et le répètent avec plus d'effet. C'est bien évidemment à cette loi que se rapportent les différentes cavités sphériques que présente l'organe; car, comme ces cavités embrassent un espace fort étendu, leurs parois offrent une plus grande quantité de corps à ressort. Dès-lors, les sons réfléchis sont plus multipliés, et le son principal, qui se renforce de tous ces sons réfléchis, prend une très-grande intensité.

La cavité de la caisse, qui est la seconde cavité de l'oreille, communique librement avec les cellules creusées dans l'apophyse mastoïde, et dans l'apophyse pierreuse de l'os des tempes. Ces cellules sont peu développées dans le premier âge de la vie, et c'est une des raisons pour lesquelles le sens de l'ouïe a alors moins de finesse qu'il n'en prend dans la suite.

L'anatomie comparée démontre un plus grand nombre de ces cavités dans l'oreille des animaux, qui ont une grande délicatesse dans ce sens. Ainsi, dans tous les oiseaux, qui, de tous les animaux, sont ceux peut-être qui sont pourvus le plus avantageusement à cet égard, non seulement les cavités intérieures des deux oreilles communiquent entr'elles par deux ouvertures, l'une placée au-dessus, et l'autre au-dessous du cerveau ; mais encore, l'intérieur du crâne présente des cellules communiquantes, qui sont distribuées sur toute son étendue.

Le son n'agit pas seulement sur les corps durs et

élastiques, et qui sont susceptibles de vibrations dans leurs molécules constitutives, il agit surtout d'une manière spéciale, et comme par élection, sur les corps qui sont à l'unisson de celui qui les produit, ou qui sont avec lui en rapport harmonique.

On sait que la nature d'un son, ou le ton, est déterminé par le nombre des vibrations que fournissent, dans un temps donné, les molécules du corps sonore, et que le nombre de vibrations dépend et de la substance de ce corps sonore, de son degré de tension et de sa longueur; en sorte qu'en supposant, par exemple, pour plus grande simplicité, deux cordes de même substance, tendues également, et qui soient de même longueur, ces deux cordes seront à l'unisson, c'est-à-dire, qu'elles fourniront dans le même temps, le même nombre de vibrations, et que les sons produits par chacune d'elles, seront parfaitement identiques; en supposant que ces cordes, toujours de même substance et de même tension, soient de longueur inégale, et que leurs longueurs soient dans le rapport de 1 à 2, les vibrations qu'elles fourniront dans un temps donné, seront dans le même rapport de 1 à 2, et ces deux cordes donneront l'*octave*; si leurs longueurs sont dans le rapport de 2 à 3, elles donneront la *quinte*; la *tierce majeure*, si leurs longueurs sont dans le rapport de 4 à 5; et la *tierce mineure*, si elles sont dans le rapport de 5 à 6.

Or, si on fait sonner une corde ou un instrument quelconque, non seulement le son produit alors, excite des frémissements sympathiques dans tous les corps qui sont à l'unisson ou qui peuvent donner le même son, mais aussi dans tous les corps qui sont en rapport harmonique, c'est-à-dire qni peuvent donner des sons commensurables avec le premier; en sorte que, dans un son qui paraît simple, une oreille attentive et exercée saisit facilement plusieurs sons différents, savoir : l'octave du son principal, l'octave de sa quinte et la double octave de sa tierce, et l'on voit frémir toutes les cordes qni sont à l'unisson de ces sons là.

C'est à cette propriété qu'a le son d'agir spécifiquement, et comme par voie de sympathie, sur tous les corps qui sont avec lui en rapport harmonique, que se rapporte bien évidemment la structure du limaçon, qui est placé dans la troisième cavité de l'oreille, et surtout la structure de la lame du limaçon, qui forme un véritable triangle rectangle, qui présente, depuis sa base jusqu'à sa pointe des lignes de toutes les longueurs, lesquelles répondent harmoniquement à tous les corps sonores, et sont susceptibles de se prêter à tous les tons.

Les détails dans lesquels nous venons d'entrer, peuvent nous servir à rendre raison des phénomènes de structure que présente l'organe de l'ouie ; en sorte que, comme nous avons vu que l'organisation de l'œil était décidée d'après les lois de l'optique, nous trouverons aussi que l'organisation de l'oreille est décidée d'après les lois de l'acoustique, c'est-à-dire, d'après les lois qui règlent l'ordre et la succession des phénomènes du son. Ce que nous savons déjà nous donne lieu de penser que nous pouvons multiplier nos connaissances à cet égard, et faire des découvertes précieuses, relativement à la nature du son, en faisant marcher de front les recherches physiques sur la nature du son, et les recherches anatomiques sur la structure des organes, par le moyen desquels les animaux prènent connaissance de cette qualité.

Mais ces rapports généraux ne suffisent pas ; et comme nous avons vu que l'œil devait s'adapter à son objet, il faut aussi que l'organe de l'ouie se dispose d'une manière active pour recevoir l'impression des sons, et que cette disposition soit différente, selon la nature de chaque son.

Cette application active de la part de l'âme, paraît d'une manière bien évidente dans certains états maladifs, ou à des instants fort rapprochés ; tantôt on entend fort distinctement, et tantôt on n'entend que confusément, et même point du tout, comme l'a observé Hippocrate: *Audiebat inæqualiter quædam quidem prompte, etiamsi submisse quid diceretur, quædam vero altiori voce pronuntiare opportebat.* (Epid. 7 , *Vallesius*, pag. 807 et 811).

En parlant de la manière dont l'organe se dispose à la perception des tons, je ne les considérerai que dans leur rapport du grave à l'aigu, et du fort au faible. Indépendamment de ces qualités, les sons présentent encore un caractère qu'il est facile de saisir, et qui les distingue bien nettement. Ainsi, en supposant deux instruments, une flûte et un hautbois, par exemple, qui soient parfaitement à l'unisson, et qui donnent des sons également forts ; quoique ces deux sons soient parfaitement identiques, et dans leur rapport du grave à l'aigu, et dans leur rapport du fort au faible, cependant le son du hautbois porte un caractère bien marqué, et qui ne permet pas de le confondre avec celui de la flûte. Ce caractère, qui affecte le son en totalité, et qui paraît dépendre de la nature du corps qui le fournit, est ce qu'on appèle le caractère ou la qualité du timbre. Or il n'est pas douteux que l'organe ne présente des moyens relatifs à cette qualité, mais c'est ce que nous ne pouvons counaître encore, parce que cette qualité du son est un objet neuf, et qui n'a point du tout été étudiée par les physiciens.

La manière dont l'organe se dipose à la perception des sons, selon qu'ils sont forts ou faibles, paraît surtout, d'une manière bien évidente, dans les animaux qui, comme l'a très-bien vu Aristote, ou plutôt, comme il est facile de l'observer soi-même, ouvrent, à différents degrés, l'oreille interne, la portent et la dirigent sûrement vers l'endroit d'où part le bruit qu'ils veulent entendre avec précision.

Nous pouvons remarquer ici que l'unique différence qui se trouve entre l'homme et les animaux, dépend du principe de la réflexion, par lequel l'homme peut apercevoir et étudier une petite partie de ce qu'il fait, au lieu que l'animal, privé de cette faculté, fait tout sans rien apercevoir, et sans être susceptible, par conséquent, d'aucune perfectibilité; car, d'ailleurs, le principe d'action est le même dans l'animal et dans l'homme; et il n'y a pas, dans celui-ci, une seule action qui suppose plus d'intelligence que celles qui s'exécutent dans l'animal le plus brute en apparence.

On a fait une observation curieuse sur la disposition habituelle de l'oreille externe dans les animaux. Les animaux faibles et timides, et qui n'ont que la fuite pour moyen de conservation, ont l'oreille dirigée de devant en arrière ; tels sont le lièvre et le lapin ; les animaux féroces et destinés à se nourrir de chair, ont l'oreille tournée en avant, comme le lion et le chat ; les animaux carnivores, et qui chassent aux oiseaux, comme le renard, ont l'ouverture de l'oreille tournée en haut ; ceux qui, comme le putois et la belette, cherchent leur proie sur la terre, l'ont dirigée vers le bas. Nous avons déjà eu occasion de remarquer plusieurs fois que l'organisation de chaque animal est constamment d'accord avec l'instinct ou la nature du principe qui est appliqué à mettre en jeu cette organisation, et nous en voyons une preuve bien frappante dans cette disposition de l'oreille extérieure. Nous pourrions aussi trouver, dans ces faits d'anatomie comparée, une nouvelle preuve de ce que nous avons dit ailleurs, savoir ; que l'homme paraît destiné à se nourrir de chair ; car l'oreille de l'homme est aussi ouverte en avant, comme celle du lion, du tigre, du chat, qui sont des animaux éminemment carnivores.

La cavité du tambour est complètement séparée du conduit auditif, par la membrane du tympan. C'est en tendant cette membrane à divers degrés, que l'animal se dispose à la perception des sons, dans leur rapport du grave à l'aigu. Cette tension paraît dépendre d'un muscle, qui s'attache dans un léger sillon, creusé au-dessus de l'origine de la trompe d'Eustache, et au marteau, et qui applique fortement le marteau sur la membrane. Mais ce qu'il nous importe de remarquer, c'est que cette membrane doit être tendue harmoniquement avec le corps sonore, et que cette tension harmonique ne peut être décidée d'une manière sûre, que d'après la connaissance de l'état où se trouve le corps sonore; en sorte que nous retrouvons encore ici, ce que nous avons déjà vu dans l'organe de l'œil, savoir, que la sensation ne peut s'établir que sur des mouvements qui supposent une connaissance anticipée de l'objet de la sensation.

La cavité de la caisse est occupée dans sa longueur par une suite d'osselets. C'est par ces osselets, que les impressions de la membrane du tambour, se transmettent dans le vestibule ou la troisième cavité de l'oreille, où elles pénètrent principalement par la fenêtre ovale, dans laquelle l'étrier s'introduit sensiblement.

Les phénomènes dont je viens de faire l'énumération, et qui se passent dans l'organe de l'oreille proprement dit, c'est-à-dire, d'après l'explication que nous avons donnée ci-devant, dans l'appareil de machines établi entre la partie vraiment sensible et l'objet extérieur, constitue, pour ainsi parler, le matériel de la sensation : mais pour que la sensation soit complète, ce phénomène doit décider des phénomènes d'un tout autre ordre, dans la partie vraiment sensible.

La partie vraiment sensible paraît plus diffuse, et plus irrégulièrement répandue que celle de l'œil, ce qui paraît relatif à la différence des objets des sons, puisque le son n'est pas capable de se réunir et de se concentrer aussi précisément que la lumière. Il paraît donc que l'impression des sons peut être ressentie dans toute l'étendue de la troisième cavité, et qu'on peut regarder comme instrument immédiat de l'ouie, et l'expansion membraneuse qui se trouve dans le vestibule, et les rameaux nerveux qui, très-probablement, s'appliquent sur toute l'étendue de la lame spirale du limaçon, et ceux qui se distribuent dans les canaux semi-circulaires.

Non seulement l'ouie nous donne connaissance des corps qui nous environnent et qu'il nous importe de fuir, où de rechercher ; non seulement elle devient le fondement de toute la puissance et de toute la grandeur de l'homme, par la facilité qu'elle lui donne d'entrer en société de pensées avec ses semblables, la nature a attaché encore du plaisir à l'exercice de ce sens, comme à l'exercice de tous les autres.

Les plaisirs que nous devons au sens du goût et de l'odorat, dépendent des rapports que nous apercevons, quoique d'une manière obscure, intuitive, et non réfléchie, entre les objets de ces sens et la nature de notre corps, dont ces objets sont destinés à faire partie ; en sorte que ces sens sont les sens animaux par excellence, et tout ce que nous leur devons, se rapporte exclusivement au corps.

Il n'en est pas de même des autres sens, surtout de la vue ou de l'ouie ; les objets de ces sens peuvent être reproduits à volonté par la mémoire ; ils peuvent être fixés par l'attention, et nous pouvons, en les étudiant, parvenir à des connaissances dénuées de toute relation avec notre corps. Ces sens appartiènent donc à l'intelligence, et dès-lors, nous pouvons leur devoir des plaisirs très-indépendants de notre corps et de ses besoins.

Les plaisirs dont nous sommes redevables à l'ouie, sont de deux sortes ; ou ils nous font entendre les sons que la nature a attachés à l'expression de chaque passion ; et alors non seulement ils portent en nous ces passions dont ils sont les expressions naturelles ; mais indépendamment des charmes de ces émotions, nous goûtons le plaisir d'une imitation exacte et heureuse, ou bien, nous entendons des sons qui, sans passer jusqu'au cœur, flattent l'oreille agréablement, mais d'une manière plus intellectuelle, pour ainsi dire, et plus dépouillée de tout retour sur nous-mêmes. Tel est le plaisir attaché à l'harmonie, ou plutôt, à la concordance de certains sons, plaisir bien différent de celui que nous devons à la mélodie, ou à l'art d'éveiller les passions par les sons que la nature y a attachés.

Toutes les causes que l'on a assignées du plaisir que nous donne une certaine suite de sons ou la consonnance (Dict. de Musique, art. *conson-nance*) de certains sons, sont absolument fausses. Il paraît extrêmement probable que l'idée du corps et de ce qui s'y passe étant l'idée la plus familière à l'âme tant qu'elle est liée avec lui, la cause de ce plaisir est dans le rapport que l'âme aperçoit entre l'ordre des sons et l'ordre des mouvements qu'elle règle dans le corps, de même que le plaisir que nous donne la symétrie, a des analogies frappantes avec l'idée qui sert à l'âme à régler la structure de son corps, dans lequel les lois de la symétrie sont observées avec tant de justesse et de précision.

DU GOUT.

Tous les sens s'appliquent sur les objets extérieurs,
mais il y a entr'eux une très-grande différence , et
relativement aux objets sur lesquels ils s'appliquent,
et relativement à la manière dont se fait cette application. Les uns , comme les organes du toucher ,
de la vue , de l'ouïe , s'appliquent sur des objets ou
plutôt sur des qualités qui nous sont toujours parfaitement étrangères , qui ne peuvent point s'identifier
avec nous , devenir partie de nous-mêmes , et qui
n'ont , avec nous, d'autres rapports que des rapports
purement physiques ou mécaniques , c'est-à-dire ,
des rapports résultants de grandeur , de figure , de
masse , de mouvement , de locomotion.

Les connaissances que nous devons à l'exercice
de ces sens , ne nous intéressent , par rapport à
notre corps, que pour le placer ou le situer convenablement ; en sorte que c'est principalement à
ces sens que se trouvent subordonnés les actes de
l'organe musculaire ; car il est évident que ce n'est
que par le moyen des muscles , et plus généralement par le mouvement de transport ou de locomotion , que nous pouvons réagir sur des objets

qui n'entretiènent avec nous , d'autres relations que des relations physiques ou mécaniques.

Je parle des connaissances qui nous intéressent par rapport à notre corps ; car , indépendamment de ces connaissances relatives au corps, ces sens du toucher , de la vue et de l'ouïe, appartiènent spécialement à l'intelligence , et nous fournissent tous les éléments de nos connaissances réfléchies ; car , comme les objets de ces sens peuvent être reproduits par la mémoire, et arrêtés et fixés par l'attention , il est clair que nous pouvons étudier ces objets , les comparer entr'eux , et ordonner ainsi un système de rapports intellectuels ou de connaissances , qui n'ont rien de commun avec le corps.

Les sens dont je parle ici , s'exercent d'une manière bien manifestement mécanique ; et les organes de ces. sens présentent des phénomènes de structure décidés, d'une manière bien évidente, sur l'objet ou la qualité qui doit affecter ces organes ; car , quoique le sens du toucher soit distribué sur toute l'étendue de la peau, et que, dès-lors , on puisse soutenir que ce sens n'est pas organique, il est facile de voir cependant que c'est principalement dans la main que réside le toucher, et il n'est pas douteux que la main , à raison de sa confor-

mation, ne puisse prendre des figures très-multipliées, et qu'elle ne puisse s'accommoder, dès-
lors avec beaucoup d'avantage, aux différentes inégalités des surfaces ; que, de cette manière, le
sentiment du toucher ne soit plus délicat, et que
nous ne prenions des connaissances plus sûres et
plus exactes des qualités tactiles des corps. C'est
avec beaucoup d'apparence de vérité, que l'on peut
rapporter à cette forme avantageuse de la main, la
prééminence de l'homme sur le reste des animaux. Ce
n'est pas, comme le soutenait Anaxagore, et comme
on le répète assez communément, que cet avantage
de forme soit la cause physique de la supériorité
de l'homme, car il resterait toujours à assigner la
raison de l'excellence de cette conformation ; mais
c'est que, d'après les lois de la nature, et d'après
l'ordre et l'harmonie qu'elle a préétablis entre tous
ses ouvrages, les perceptions que chaque principe de vie ou chaque monade, si vous voulez
parler comme Leibnitz, doit développer par sa
force intérieure, sont des actes correspondants à
l'organisation de la machine à laquelle ce principe
est uni.

Ce mécanisme se produit aussi d'une manière
bien évidente dans les sens de l'ouïe ou de la vue ;
en sorte que chaque organe de ces sens présente,
à chaque instant, des phénomènes corrélatifs à

ceux que l'objet ou la qualité sensible produit à l'extérieur. Mais ce qui passe toute conception mécanique, c'est l'acte qui dispose cet organe, qui l'applique d'une manière convenable; car, comme un organe ne peut être convenablement appliqué à apercevoir un objet que par des mouvements dont les circonstances soient réglées sur l'objet extérieur à apercevoir, ces mouvements supposent nécessairement, pour cause efficiente, un principe qui ait déjà une connaissance de cet objet; en sorte que, dans l'exercice de ces sens, le principe de la vie ne fait que développer les connaissances qu'il contient déjà, et ne fait qu'étudier les mouvements et, plus généralement, les phénomènes qu'il établit lui-même dans les organes qu'il emploie. C'est de cette manière qu'il faut expliquer ce vers d'Empedocle. Gal. *de Hip. et Plat. decretis, lib.* 7, *chap.* 5 :

Conspicimus terram tellure, liquore liquorem
Aere naturam aeream, ignem cernimus igne.

C'est-à-dire que les organes des sens n'étant tels, que par les rapports qu'ils ont avec les objets de nos sensations, nous pouvons, par le développement de ces rapports, parvenir à acquérir sur ces objets, toutes les connaissances qui nous intéressent; en sorte que le principe de vie contient en lui-

même toutes les sensations qu'il doit éprouver ;
que ces sensations sont toutes enveloppées, d'une
manière abstraite, dans l'organisation du corps
qu'il anime ; et que si ce développement s'est fait
de manière que chacun se trouve constamment en
rapport avec l'ensemble des circonstances extérieures, ce n'est que d'après l'ordre que l'auteur de
la nature a établi entre toutes les parties de la
création. *Visio, gustatio, etc., sunt effectus im-
mediati vitæ ludentis per sua organa (* Vanhelmont, *De lithiasi, n° 29.)*

Je trouve que Vanhelmont s'est très-bien expliqué
sur cet objet : «*Sicut etiam* (dit-il) *non sat est,*
» *esse oculum, medium, spiritumque vitalem,*
» *ut fiat visio : sed insuper exigitur applicatio*
» *spiritûs visualis ad visionem. Ideoque effectus*
» *videndi ut ut prorsus ordinarius, superat to-*
» *tam naturam elementalem quia vitæ ipsius*
» *continet iconem, ac symbolum : eò quòd visio,*
» *gustatio, odoratio tactio, etc, effectus imme-*
» *diati vitæ, ludentis per sua organa. Ibid, cap.*
» *9, n° 29* ». Les sens dépendent immédiatement de la vie ou de l'âme qui s'exerce dans ces
organes.

Les sens dont nous parlons, savoir, le toucher,
la vue et l'ouïe, établissent donc des relations pu-

rement mécaniques, et que j'appèlerais volontiers
externes et superficielles ; et ces sens présentent dans
leurs organes, et leur mode d'application, des rapports évidents avec leurs objets ; rapports qui peuvent plus se multiplier à mesure que nous faisons
plus de recherches, et sur l'état physique de l'objet, et sur les phénomènes de structure de l'organe.
Un autre caractère distinctif de ces sens, c'est que
nous ne pouvons réagir sur leurs objets, en nous
coordonnant avec eux, que par le mouvement de locomotion qui s'exécute aussi, comme nous l'avons
vu, selon des moyens bien décidément physiques,
ou mécaniques ; quoique ce mouvement de locomotion qui suit l'impression des objets, ne soit pas
plus mécanique dans son principe, ou dans la cause
qui l'établit et le soutient, que ne l'est le mouvement par lequel chaque organe sensible est appliqué à son objet d'une manière convenable.

Mais il est des sens d'une autre espèce, qui tiènent de bien plus près à l'animalité, et qui ouvrent à
l'animal un ordre de rapports qui l'intéressent bien
davantage : tels sont les organes du goût et de l'o-
dorat, qui ne se bornent plus, comme les autres
sens, à éclairer l'animal sur les qualités purement
extérieures des objets, mais qui l'instruisent des
qualités intérieures, des qualités constitutives, des
qualités de tempérament, comme parlaient les

anciens, et qui lui marquent sûrement quelles sont les substances qui peuvent s'assimiler à lui, et sur lesquelles ses forces digestives peuvent se déployer avec avantage.

Ces sens sont, dans le système animal, éminemment corrélatifs, à la faculté digestive, comme les sens de la vue, de l'ouïe et du toucher sont éminemment et exclusivement corrélatifs à la force de locomotion. Et comme la force digestive est une force entièrement inorganique, et que ses actes n'ont point de rapport nécessaire avec les phénomènes de structure, les sens du goût et de l'odorat, qui sont donc relatifs à la force digestive, ne sont pas, à beaucoup près, aussi décidément organiques que le sont les autres sens. Car, si nous examinons la structure des parties destinées au goût et à l'odorat, nous n'y trouverons d'autre rapport physique, que le simple rapport de grandeur, c'est-à-dire, que nous trouverons que ces parties ont une étendue assez considérable pour que les impressions des corpuscules sapides et odorants soient plus multipliées, au lieu que dans les autres sens, par exemple, dans celui de la vue, nous trouvons une organisation bien évidemment décidée d'après les lois de l'optique, en sorte que nous pouvons rendre raison de cette organisation, c'est-à-dire, que nous pouvons marquer nettement les rapports qu'il y a entre telle loi de la lumière , et la forme sphérique du globe de l'œil , et le rapport qu'il y a entre telle autre loi de la lumière, et le nombre des différentes forces de réfraction assemblées dans l'organe de l'œil.

De plus, dans les organes du goût et de l'odorat, les objets de la sensation s'appliquent tout d'un coup sur la partie sensible de l'organe ; et si nous examinons le jeu de ces organes , nous n'y apercevons qu'un simple mouvement d'érection ou de turgescence, par lequel chaque partie de l'organe s'avance vers l'objet de la sensation, et lui présente une plus grande surface afin de se prêter plus pleinement à son impression. Mais nous n'apercevons rien de commun entre ce mouvement de turgescence ou d'expansion, et la nature du corps, soit savoureux, soit odorant ; au lieu que dans les autres sens , il y a un appareil de machines établi entre l'objet de la sensation , et la partie vraiment sensible, ou la partie qui doit en recevoir l'impression ; et que cet appareil de machines se dispose ou présente un ordre de mouvements dont nous pouvons saisir les raisons physiques d'une manière nette et distincte.

Les sens du goût et de l'odorat ne sont donc pas à beaucoup près aussi organiques que les autres sens ; et la véritable raison de cette différence , c'est que dans le système animal, ces sens se rapportent à la force digestive, et que cette force digestive n'est point du tout liée à l'organisation.

Dans l'histoire des maladies, nous tirerons parti du rapport que nous établissons ici entre la force digestive, et les organes du goût et de l'odorat, pour rendre raison des altérations singulières qu'offrent ces sens dans les maladies putrides, en prenant ce mot dans l'acception des anciens, pour désigner généralement toutes les maladies dans lesquelles la force digestive est dépravée, quelle que soit d'ailleurs l'espèce de cette dépravation.

La langue est regardée comme l'organe principal du goût; cependant ce n'en est pas l'organe exclusif; et Perrault a observé, et il est très-facile de s'assurer que, pour que la sensation soit exacte et complète, il faut que toute la partie intérieure de la bouche y contribue également.

La surface de la langue, surtout dans sa partie antérieure, est hérissée de petits corps ou d'espèces de mamelons. Ces mamelons, dont la structure a été bien étudiée par Bellini et Malpighi, sont composés de tissus cellulaires, de vaisseaux sanguins, artériels et veineux, et de nerfs assez développés. Bellini a cru que ces parties étaient les seules qui pussent recevoir les impressions des saveurs. Cette opinion n'est pas fondée. D'abord, c'est qu'on trouve des mamelons d'une structure absolument analogue sur le plan extérieur de toute l'étendue de la peau, et que cependant le sentiment du goût est affecté d'une manière exclusive aux parties intérieures de la bouche ; et surtout, c'est qu'il est dans l'intérieur de la bouche, et même sur la langue, des parties qui ne présentent point de semblables mamelons, ou du moins dont les mamelons sont très-peu développés, quoique ces parties soient capables de goûter : et quoique Bellini objecte que la pointe de la langue, qui est le plus abondamment fournie de mamelons, est aussi la plus sensible, cette plus grande sensibilité de la pointe de la langue n'est vraie que de certains corps ; car si le sel marin et les corps analogues affectent plus particulièrement la pointe de la langue, la saveur du concombre sauvage paraît affecter spécialement sa base, qui n'a que peu ou point de mamelons.

Ces mamelons, qui sont distribués sur la surface de la langue, et qui ne sont point les organes exclusifs du goût, sont tous, au moins pour la plupart, dirigés d'avant en arrière, selon la remarque de Malpighi. Sous cet aspect, ces petits corps peuvent être considérés comme des répétitions parfaitement inutiles d'une structure très-utile dans certains animaux, comme l'aigle, le cygne, et beaucoup d'autres dont la langue est hérissée de corpuscules, soit cartilagineux, soit osseux, et qui étant disposés de devant en arrière, servent à ces animaux à saisir leur proie, à la retenir fortement, et à la diriger vers l'œsophage.

On croit communément que les sels sont les seuls corps capables d'affecter le sens du goût ; et Bellini a prétendu que la nature de chaque saveur était déterminée par la forme et la figure de l'espèce des sels qui produit cette saveur. Il est facile d'observer, contre cette hypothèse de Bellini, que, quoiqu'on aperçoive que certaines dispositions de parties doivent agir diversement sur l'organe, cependant nous ne pouvons saisir aucune espèce de relation entre cette diversité d'action et la sensation attachée à l'exercice du goût. En second lieu, on sait aujourd'hui que la forme des sels n'est point une chose constante et invariable, et qu'une même espèce de sel, en conservant sa saveur propre, peut présenter des figures fort différentes, selon la diversité des circonstances dans lesquelles s'est opérée la cristallisation. C'est ainsi que les cristaux de sel marin peuvent être, ou des cubes pleins et solides, ou des pyramides creuses composées de quadrilatères placés les uns sur les autres, selon les procédés différents dont on s'est servi pour les préparer ; enfin, il est des corps qui se présentent sous la même forme, comme l'arsenic, le sucre, le sel d'absynthe, qui tous paraissent composés de petits cubes, quoique chacun de ces corps affecte l'organe du goût d'une manière bien différente.

Enfin, c'est que cette hypothèse de Bellini fait perdre de vue les circonstances vraiment intéressantes du phénomène qu'elle veut expliquer, je veux dire la relation des saveurs avec les qualités nutritives des corps qui sont doués de ces saveurs : comme ce ne sont point les sels qui nourrissent, il est clair qu'en attachant aux sels, d'une manière exclusive, la propriété d'affecter l'organe du goût, on coupe et on divise des choses que la nature a liées essentiellement.

Il paraît que l'organe du goût est plus exquis et plus parfait dans la plupart des animaux que dans l'homme, et que ces animaux peuvent s'en rapporter plus sûrement à ce sens sur les qualités nuisibles ou salutaires des corps qui les environnent. Ceci pourrait cependant n'être qu'une fausse apparence fondée sur ce que les objets que nous comparons sont inégalement dépravés, ou que tous deux n'ont pas travaillé de la même manière pour acquérir le point de perfection qu'ils pouvaient atteindre. Car quoique chaque animal soit pénétré d'un principe qui contient en soi, d'une manière abstraite,

l'idée de chacun des actes que cet animal doit produire, il n'est pas douteux cependant que la facile
production de ces actes ne s'acquière par l'exercice,
et qu'elle ne soit l'effet d'une longue et fréquente
répétition de ces actes. Or, l'habitude de vivre en
société nous fait compter sur un fonds de connaissances que nous y trouvons acquis, et nous dispense
de les acquérir par nous-mêmes; en sorte que le
sens du goût peu exercé contracte, par ce manque
d'exercice, une imperfection d'abord purement individuelle, et qui peut à la longue devenir un défaut de l'espèce, en se transmettant par voie de
génération. Ainsi, les Sauvages, qui doivent tout
tirer d'eux-mêmes, et qui n'ont rien à attendre
de leurs semblables, parviènent, par un exercice
assidu, à une finesse et à une délicatesse de goût
égale, à peu de chose près, à ce que l'on voit dans
les animaux. D'un autre côté, les animaux qui vivent
en troupe, et qui doivent par conséquent se transmettre réciproquement leurs connaissances, présentent une imperfection dans l'organe du goût,
qui, à cet égard, les assimile, en quelque sorte, à
l'homme. Ainsi, on rapporte que les troupeaux
élevés sur les Alpes se nourrissent très-bien sur ces
montagnes, et évitent très-sûrement les plantes vé-
néneuses qui s'y trouvent en abondance, au lieu
que ceux que l'on y transporte à un certain âge sont
très-sujets à s'empoisonner.

DE L'ODORAT.

Le sens de l'odorat est du même ordre que celui du goût, et se rapporte également à la force digestive; et par cette raison, ses moyens ne sont pas plus décidément organiques que ceux du goût, ou plutôt il n'entretient point avec son objet des relations aussi évidentes que les autres sens, et spécialement que les sens de la vue et de l'ouïe.

Car quoique l'organe de l'odorat offre des excavations profondes, et que quelques-unes présentent des feuillets osseux roulés les uns sur les autres, et que la membrane pituitaire, qui est le siége de l'odorat, s'applique sur tous ces feuillets et recouvre tout l'intérieur de ces cavités, il est facile de remarquer que ces excavations répétées ont un usage qui se rapporte plus décidément à la voix, comme nous le verrons dans la suite, qu'à l'exercice de l'odorat. De plus, nous n'apercevons dans cet appareil qu'un simple rapport de grandeur : nous voyons seulement que, par cette disposition, la membrane pituitaire présentant une surface très-étendue, les impressions que font les corps odorants sont plus répétées; mais nous ne voyons pas davantage comment se fait chacune de ces impressions, que l'on peut regarder comme les éléments de la sensation.

Nous voyons encore qu'à raison de sa situation, l'organe de l'odorat, se trouvant pleinement exposé à l'action de l'air, les molécules odorantes dont l'air est chargé, sont fortement appliquées contre l'organe à chaque inspiration, et que, dès-lors, ces molécules l'ébranlent plus vivement. Aussi est-il très-certain que l'exercice de l'odorat est lié avec l'application forte de l'air contre l'organe, de manière que, selon l'expérience de Lower, et de Perrault, les animaux dont la trachée-artère a été percée, et qui ne respirent plus par le nez, deviènent insensibles à l'impression des odeurs ; et il est facile de prouver que pour recevoir les odeurs avec plus d'exactitude et de précision, on rend le mouvement d'inspiration plus fort et plus fréquent, et que par les différentes agitations qu'on imprime aux ailes du nez, on porte et on dirige l'action de l'air sur l'organe de l'odorat. Mais ces différents moyens ne tendent qu'à imprimer une plus grande quantité de mouvements aux molécules odorantes; et comme l'action de tous les corps, augmente d'intensité, à mesure que leur quantité de mouvements est plus considérable, le mécanisme employé ici, et qui s'applique également à tous les corps, n'a donc rien de particulier relativement aux corps odorants ; et dès-lors, c'est vainement que nous voudrions rechercher dans ce mécanisme, des rapports décidés d'après la nature des corps odorants, considérés comme tels.

Si nous recherchons dans les autres sens ce qui constitue leurs rapports avec leur objet, nous trouverons que ces rapports existent, non dans la partie vraiment sensible des organes affectés à ces sens, mais dans l'appareil d'instruments placés au-devant de cette partie sensible, et établi entr'elle et l'objet extérieur, dont elle doit recevoir l'impression. Ainsi c'est uniquement dans le globe de l'œil, que nous avons trouvé des phénomènes de structure corrélatifs aux lois que suit la propagation de la lumière, et à celles qui règlent ses différentes réfractions. Nous ne trouvons rien de semblable dans la rétine, et même la rétine est d'une mollesse si grande, qu'à proprement parler, elle ne présente aucun état fixe, aucune organisation bien décidée. Nous avons vu que le globe de l'œil, par la force de son mécanisme, assemblait sur la rétine les rayons lumineux, et les disposait dans le même ordre où il se trouvent, quand ils sont projetés ou réfléchis par chacun des points de l'objet sensible. Mais pour que la sensation s'achève, pour que les rayons ainsi distribués sur la rétine soient aperçus, il faut que la rétine se dispose à leur perception. Nous ne pouvons pas déterminer préci-

sément en quoi consiste ces mouvements ; nous savons seulement que ces mouvements doivent être en
rapport de nature avec la lumière , et que dès-lors ,
le principe qui les établit , doit contenir formellement en soi , l'idée de la lumière, et qu'il doit avoir
une connaissance anticipée de la lumière, connaissance confuse , *occultata* , comme le disait Hippocrate , intuitive , et qui reste telle jusqu'à ce
qu'elle ait été développée par l'exercice de l'organe.
Mais ce que nous apercevons bien nettement, c'est
que ces mouvements *lumineux* , pour ainsi parler,
établis dans la rétine, embrassent toute son étendue,
affectent uniformément chacun de ses points , et
que dès-lors, ces mouvements ne sont point *orga-*
niques , ou qu'ils ne sont point attachés à tel ou tel
appareil de structure , à tel ordre d'agrégation ou
de collection.

Il faut donc distinguer dans chaque organe des
sens, la partie vraiment sensible, et l'appareil de machines établi au-devant de cette partie sensible. Il
faut bien distinguer aussi la manière dont chacune
de ces parties concourt à la sensation. L'appareil
de machines placé au-devant de la partie vraiment
sensible y contribue par des mouvements bien décidément organiques et qui établissent le matériel
de la sensation. La partie sensible y contribue par
des mouvements qui sont de même ordre que ceux

de l'objet de la sensation ; et ces mouvements qui affectent en totalité la partie sensible, sont dès-lors absolument inorganiques. Or, dans l'organe de l'odorat, l'objet de la sensation tombe tout d'un coup sur la partie vraiment sensible, et l'affecte immédiatement et sans intermède ; et dès-lors ce sens ne présente dans sa fonction que des mouvements inorganiques, et dont nous ne pouvons saisir les rapports avec les objets sur lesquels il s'applique.

Si le sens de l'odorat ne présente pas des moyens mécaniques, comme le sens du toucher et surtout de la vue et de l'ouïe, c'est que ces derniers sens ne portent que sur des qualités exérieures et superficielles, au lieu que le sens de l'odorat, de même que celui du goût, nous instruit des qualités intérieures, et nous marque quels sont les corps sur lesquels peut s'exercer la force digestive, qui n'est point une force superficielle, mais qui pénètre l'intérieur des masses et agit pleinement et à la fois dans toutes leurs dimensions.

Les corps ne peuvent affecter le sens du goût que lorsqu'ils sont réduits en consistance d'humeurs ; et c'est à les réduire à cet état que sert principalement la salive qui contribue non seulement à développer et à exalter les saveurs, mais qui est un moyen absolument nécessaire à l'exercice du goût.

On pourrait dire que les aliments solides, qui se dissolvent et prènent la consistance aqueuse, produisent du froid, puisque pour prendre cette consistance ils doivent se combiner avec une plus grande quantité de principe de chaleur.

De même, pour affecter le sens de l'odorat, les corps doivent être réduits à l'état d'air ou de vapeur. Nous pouvons remarquer que sans changer de nature, ou sans perdre leurs qualités essentielles et constitutives, les corps, selon la quantité de feu qui les pénètre ou les anime, peuvent se présenter successivement sous la forme de terre, ou sous la forme concrète, ou sous la forme d'eau ou d'humidité, et sous la forme d'air ou de vapeur; et c'est ce qui paraît évident par rapport à l'eau qui, toujours la même et sans changer de forme, peut être glace, ou eau proprement dite, ou gaz; car il y a bien raison de croire, comme l'ont avancé les antagonistes de M. Lavoisier, que le gaz inflammable est essentiellement de l'eau.

L'odeur de bouc et de certaines espèces se retrouve dans quelques espèces. . . . . et dans le gnaphalium; en sorte qu'il doit y avoir réellement autant de substances gazeuses ou aériformes, comme l'a très-bien dit Vanhelmont, qu'il y a de corps différents dans la nature. Ce qui le prouve, c'est que deux sens, qui, selon les vues de la nature, ont la même destination, et qui doivent nous fournir des connaissances du même ordre, sont affectés exclusivement, l'un par l'état aqueux ou par des corps réduits en consistance d'humeur, et l'autre par l'état gazeux ou vaporeux, c'est-à-dire par des corps réduits en consistance d'air.

Comme tous les corps sont susceptibles d'être réduits à l'état gazeux, tous aussi sont odorants, c'est-à-dire, sont susceptibles d'affecter sensiblement l'organe de l'odorat. Pour cela, il n'est question que de mettre en jeu le principe d'expansibilité ou de chaleur qui les anime tous, quoiqu'à des degrés différents; ou, si vous voulez parler avec la plupart des chimistes modernes, il n'est question que de les mettre en état de se combiner avec une grande quantité de chaleur; et comme le frottement est un des plus puissants moyens de mettre en jeu le principe d'expansibilité, quelque durs, solides et desséchés qu'ils puissent être, il n'en est aucun qui ne puisse devenir odorant, lorsqu'il est exposé pendant un temps suffisant à un frottement rude et brusquement répété, comme l'ont prouvé les expériences du célèbre Beccaria.

Il paraît qu'il existe des odeurs primitives et fondamentales, auxquelles on peut rapporter toutes les odeurs particulières, comme à autant d'éléments ou de chefs principaux. Telles sont les odeurs qui se retrouvent dans les trois règnes de la nature. Ainsi le musc, qui est une production animale, se retrouve dans des individus du règne végétal, comme dans la graine du houx, dans la feuille de certaines espèces de géranium, de certaines espèces de chardons, de mauves, etc. Il se retrouve aussi dans la dissolution de l'or par certaines menstrues.

L'odeur de la violette se retrouve dans le sel marin préparé de certaine manière, et aussi dans l'urine des animaux altérées par l'usage de la thérébentine. L'odeur de l'ail se retrouve dans certains minéraux, dans l'assa-fœtida, dans la petite ciguë, et dans le crapaud.

D'après ces faits, recueillis avec soin par MM. Linné et Haller, on peut espérer de distribuer par ordre les corps odorants, et de rapporter les odeurs à certaines classes. Cependant quelque multipliés que soient ces travaux, nous ne parviendrons jamais, sur la physique des odeurs, à des connaissances aussi précises que sur la physique des sons, des couleurs et des qualités tactiles. Nos arts manqueront toujours des moyens propres à les imiter et à les reproduire; et cela, parce que les odeurs sont des sensations qui ne peuvent pas être rappelées par la mémoire, qui ne peuvent pas devenir le sujet de la réflexion, que dès-lors nous ne pouvons point étudier et nous approprier, comme les objets du toucher, de la vue et de l'ouïe, qui sont vraiment les sens de l'intelligence, parce que ce sont les seuls dont les objets peuvent être reproduits et arrêtés à notre volonté.

Nous disons que nous ne pouvons nous rappeler les odeurs et les soumettre à la réflexion ; c'est ce dont il est facile de nous assurer ; car si nous voulons nous rappeler l'odeur la plus familière, celle de la rose, par exemple, nous nous rappelons parfaitement la couleur de cette fleur, sa grandeur, l'endroit où nous l'avons vue le plus fréquemment, c'est-à-dire, que nous nous rappelons nettement toutes les circonstances relatives aux sens du toucher et de la vue ; mais tous nos efforts pour nous en rappeler l'odeur sont inutiles. Cependant si on nous présente cette odeur mêlée avec plusieurs autres, non seulement nous la distinguons de toutes les autres, mais nous la reconnaissons très-sûrement. Or cette reconnaissance ne peut se faire que parce que nous comparons l'odeur présente avec une odeur dont nous avons l'idée, et que nous jugeons de l'identité de ces deux termes. Nous avons donc réellement l'idée de l'odeur que nous savons si sûrement reconnaître : et cependant cette idée est en nous sans que nous puissions la reproduire à volonté et nous en rendre compte. C'est un exemple frappant de ces idées intellectuelles, dont nous avons tant parlé, qui sont dans l'âme, sans qu'elles puissent l'affecter sensiblement, et qui, à cet égard, peuvent être comparées à toutes celles qui règlent les fonctions vitales proprement dites.

Non seulement l'âme perçoit les odeurs, mais elle juge encore des rapports qu'ont avec son corps les substances auxquelles ces odeurs sont attachées; c'est la connaissance intuitive de ces rapports qui constitue l'essence des odeurs agréables ou désagréables dans leurs nuances infiniment multipliées; car dans les mouvements de la nature bien ordonnés, et qui ne sont pas dépravés par l'habitude, le plaisir que nous trouvons dans la possession des objets est toujours exactement mesuré sur l'utilité que nous en retirons pour la conservation du corps ou de l'espèce; et la douleur qu'ils nous font éprouver est d'autant plus vive, qu'ils tendent plus directement à détruire l'un ou l'autre; et sans doute il n'y a rien, dans l'étude de l'homme, d'aussi étonnant que la faculté qu'il a de connaître ainsi tout d'un coup les objets de ses sensations, sans s'aider du secours de la comparaison et du raisonnement. Il semble, comme le disait Stahl, que ce soit un faible rayon de la lumière ineffable qui éclairait l'homme avant sa chute, et qui lui développait pleinement l'essence des êtres : car l'Ecriture dit qu'à l'aspect des objets de la création il donna à chacun un nom qui indiquait l'ensemble de ses propriétés.

Le sens de l'odorat se rapporte, comme nous l'avons dit, à la faculté digestive ; il se rapporte aussi à l'acte de la reproduction. Nous avons déjà observé que les odeurs attachées aux individus mâle et femelle, sont, dans toutes les espèces, un puissant moyen de les retenir. Il n'est personne qui n'ait ressenti combien certaines odeurs agissent puissamment sur le tempérament, et qui d'après les inquiétudes vagues qu'elles excitent, n'ait éprouvé bien nettement que le sens de l'odorat est capable d'exciter des désirs qu'il est bien loin de pouvoir satisfaire. « Je ne sais, disait l'éloquent Rousseau, si » l'on doit féliciter ou plaindre l'homme sage, ou » peu sensible, qu'un bouquet sur le sein de sa maî- » tresse ne fit palpiter jamais. »

Ce que nous avons dit de l'imperfection acquise du sens du goût, peut également s'appliquer au sens de l'odorat. On dit que les sauvages du Canada se rendent dès leur jeunesse l'odorat si subtil, que quoiqu'ils aient des chiens, ils ne daignent pas s'en

servir à la chasse, et se servent de chiens à eux-
mêmes. Il n'est pas douteux que l'habitude de vivre
avec ses semblables, et de compter sur leur secours
n'ait altéré dans l'homme la finesse des sens, quoiqu'il soit impossible de déterminer l'étendue de
cette altération.

FIN.

TABLE

DES LEÇONS D'ANGIOLOGIE, DE NÉVROLOGIE DE SPLANCHNOLOGIE, etc.

CONTENUES DANS CE VOLUME.

ANGIOLOGIE.

NÉVROLOGIE.

SPLANCHNOLOGIE.

GÉNÉRATION.

TRANSPIRATION.

RESPIRATION.

DE LA VOIX.

DES SENS.

FIN DE LA TABLE.

ERRATA.

Tome 2, page 393 : Rancidulum, *lisez* : Rancidulum.

Page 405 : *Au lieu de*, Quand il passe dans un milieu différent, ce rayon se brise ou s'infléchit en s'approchant de la perpendiculaire; lorsque ce nouveau milieu a plus de densité que celui qu'il quitte; et qu'en s'éloignant de la perpendiculaire, lorsque ce nouveau milieu a une densité moindre, etc.

Lisez : ce rayon se brise ou s'infléchit en s'approchant de la perpendiculaire, lorsque ce nouveau milieu a plus de densité que celui qu'il quitte, et en s'éloignant de la perpendiculaire, lorsque ce nouveau milieu a une densité moindre.

Nota (pour le lecteur.) On n'a point relevé les *Errata* du premier volume, et on n'a pas corrigé tous ceux du second, parce que le lecteur les corrigera facilement de lui-même, et parce qu'il ne s'est point glissé de contresens dans l'impression du texte de M. de Grimaud.